Ouvrages qui se trouvent à la même

Cours de Mathématiques à l'école centrale des Quatre-Nations, par S. F. Lacroix, membre de l'Institut national, ouvrages adoptés par le gouvernement pour les Lycées et les Ecoles secondaires, 7 vol. in-8.   28 fr. 5o. c.

Chaque volume se vend séparément, savoir :

Traité élémentaire d'Arithmétique, 5e édition,   2 fr.

Elémens d'Algèbre, 5e édition,   4 fr.

Elémens de Géométrie, précédés de réflexions sur l'ordre à suivre dans ces élémens, sur la manière de les écrire et sur la méthode en mathématiques, 4e édition,   4 fr.

Traité élémentaire de Trigonométrie rectiligne et sphérique, et d'application de l'Algèbre à la Géométrie,   4 fr.

Complément des Elémens d'Algèbre, 3e édit.   4 fr.

Complément des Elémens de Géométrie, ou Elémens de Géométrie descriptive, seconde édition,   5 fr.

Traité élémentaire de Calcul différentiel et de Calcul intégral, seconde édition,   7 fr. 5o c.

Recueil de diverses propositions de Géométrie résolues ou démontrées par l'analyse, pour servir de suite au Traité élémentaire de l'application de l'Algèbre à la Géométrie de Lacroix, par Puissant,   2 f.

Essai sur l'Enseignement, par P. S. Lacroix, vol. in-8.   5 fr.

Traité élémentaire de Mécanique, par L. B. Francœur, professeur aux Ecoles centrales de Paris, et répétiteur d'analyse à l'Ecole polytechnique : ouvrage destiné pour l'enseignement dans les Lycées nationaux et à l'Ecole polytechnique ; troisième édition considérablement augmentée, in-8,   7 fr.

Il a été tiré quelques exemplaires sur format in-4,   12 fr.

Traité d'Arithmétique, à l'usage des ingénieurs du Cadastre, etc. ; par A. A. L. Reynaud, 1 vol. in-8.   5 fr.

Elémens de Géométrie, par A. M. Legendre,   6 fr.

Nouvelle théorie des parallèles, avec un appendice contenant la manière de perfectionner la Théorie des parallèles de A. M. Legendre, in-8.   2 fr.

Nouveau traité géométrique de l'arpentage, à l'usage des personnes qui se destinent à la mesure des terreins et à la levée des plans, par Lefèvre, 2 vol. in-8 avec 25 planches,   12 fr.

Traité élémentaire d'Arithmétique, à l'usage des jeunes gens, par Garnier, ex-professeur à l'Ecole polytechnique, vol. in-12,   1 f. 80 c.

Elémens d'Algèbre à l'usage des aspirans à l'Ecole polytechnique, par le même, vol. in-8.   4 fr.

Suite de ces Elémens, deuxième partie,   4 fr.

Cours complet de Bezout, à l'usage des gardes du pavillon de la marine du commerce et des élèves de l'Ecole polytechnique, 7 vol. in-8, édition revue et augmentée d'un volume par Garnier, ex-professeur, d'analyse à cette école,   52 fr.

Chaque volume se vend séparément, savoir :

Arithmétique,   2 f. 5o c.

Géométrie,   4 fr.

Algèbre,   5 fr.

Ces trois volumes ont été réimprimés avec des observations essentielles. L'Arithmétique est suivie d'un traité de nouveaux poids et mesures, d'additions très-étendues et de tables de Logarithmes comme il n'y en a pas encore paru.

Les notes à l'Algèbre sont augmentées de plus du double.

Mécanique, 2 vol. in-8.   10 fr.
Notes sur les calculs différentiel et intégral, faisant suite à la Méca-
    nique,   5 fr.
Traité de Navigation, ce dernier a été augmenté de deux tables de
    Logarithmes des nombres, et ceux des sinus, cosinus, tangentes et
    cotangentes, beaucoup plus exactes et plus étendues que les an-
    ciennes,   5 fr.
Notes et additions aux trois premières sections du Traité de Naviga-
    tion de Bezout, par Ant. Reboul, in-8.   3 fr.
Cours élémentaire et complet de Mathématiques pures, rédigé par la
    Caille, augmenté par Marie et éclairci par Théveneau, ancien pro-
    fesseur de Mathématiques des gardes de la marine à Brest; nouvelle
    édition, revue avec soin, belle impression sur caractères Didot,
    beau papier, avec 12 planches; gros vol. in-8 de 556 p.   6 fr. 50 c.
Cours d'Arithmétique à l'usage des écoles centrales et du commerce,
    par Théveneau, in 8.   5 fr.
Cours d'analyse algébrique, à l'usage des élèves de l'Ecole polytech-
    nique, rédigé en conformité du programme arrêté par le conseil de
    perfectionnement de cette Ecole, précédé de Notes sur la partie
    élémentaire de l'algèbre, par Garnier, 1 vol. in 4.   6 fr.
Elémens d'Algèbre, par Clairaut, sixième édition, avec des Notes et
    des additions très-étendues; précédés d'un traité d'Arithmétique, par
    Théveneau, et une instruction sur les nouveaux poids et mesures,
    2 vol. in-8.   9 fr.
Essais de Géométrie analytique, par F. Lefrançois, officier d'artillerie
    seconde édition revue et augmentée, vol. in 8.   2 fr. 50 c.
Leçons élémentaires d'Arithmétique et d'Algèbre, par Tedenat, associé
    de l'Institut national, in-8.   4 fr.
Leçons élémentaires de Géométrie, par le même, in-8.   5 fr.
Leçons élémentaires d'application de l'Algèbre à la Géométrie, et des
    calculs différentiel et intégral, par le même, 2 vol. in-8.   8 fr.
Hydrographie démontrée et appliquée à toutes les parties du pilotage,
    à l'usage des élèves ou aspirans de la marine militaire ou marchande,
    par Lassale, in-8.   6 fr.
Traité de Mécanique céleste, par P. S. Laplace, 4 vol. in-4.   60 fr.
Le même, en vélin, grand papier,   200 fr.
Exposition du Système du monde, par le même, in-4.   12 fr.
Cours de Physique céleste, ou leçons données sur l'Exposition du Sys-
    tème du monde, données en l'an X à l'Ecole polytechnique, par J. H.
    Hassenfratz, instituteur de physique, un gros vol. in-8, avec 29
    planches,   7 fr.
Tableaux de Physique, ou Introduction à cette science, à l'usage des
    Elèves de l'Ecole Polytechnique, par M. Baruël, professeur à cette
    Ecole, nouvelle édition, entièrement refondue et augm; in-fo.   10 f.
Johannis Wallis s. t. d. Geometriæ professoris Savialin in celeberrimâ
    academiâ Oxoniensi de algebrâ tractatus; historicus et practicus anno
    1685 anglicé editus; nunc auctus latinè.
Cum variis appendicibus partim priùs editis anglicè, partim nunc pri-
    mùm editis. Oxoniæ 1693, 3 vol. in-fol.
Diophanti Alexandrini arithmaticorum libri sex, et de numeris multan-
    gulis liber unus cum commentariis C. G. Bacheti V. C. et observatio-
    nibus D. P. de Fermat, senatoris Tolosani. Tolosæ 1670, in-fo.
Varia opera mathematica D. Petri de Fermat. Tolosæ 1679, in folio.
Traité de Géodésie, par Puissant, in-4°.   fr.

ÉLÉMENS

D'ALGÈBRE,

A L'USAGE

DE L'ÉCOLE CENTRALE

DES QUATRE-NATIONS,

PAR S. F. LACROIX,

SIXIÈME ÉDITION,
revue et corrigée.

A PARIS,

Chez COURCIER, Imprimeur – Libraire pour les
Mathématiques, quai des Augustins, n° 57.

AN 1807.

AVIS DU LIBRAIRE.

Les motifs qui ont déterminé le plan de ces Élémens d'Algèbre, sont exposés dans les Essais sur l'Enseignement en général et sur celui des Mathématiques en particulier, publiés par l'Auteur; et comprenant l'analyse de toutes les parties de son Cours, ainsi que l'indication de la marche qu'il a suivie dans ses leçons.

Tous Exemplaire qui ne porterais pas comme ci-dessous les signatures de l'Auteur et du Libraire, sera contrefait. Les mesures necessaires seront prises pour atteindre, conformément à la loi, les fabricateurs et les débitans de ces Exemplaires. *Lacroix*

Véry

TABLE.

— TABLE. ix

Alphabet pour faciliter la lecture des calculs où l'on fait usage des lettres grecques.

A α............ Alpha.
B β ς.......... Bêta.
Γ γ ϝ γ........ Gamma.
Δ δ............ Delta.
E ε............ Epsilon.
Z ζ............ Zêta.
H η............ Éta.
Θ θ ϑ.......... Thêta.
I ι............ Iota.
K κ............ Cappa.
Λ λ............ Lambda.
M μ............ Mu.
N ν............ Nu.
Ξ ξ............ Xi.
O ο............ Omicron.
Π π ϖ.......... Pi.
P ρ ϱ.......... Rho.
Σ σ ς.......... Sigma.
T τ ϑ.......... Tau.
Υ υ............ Upsilon.
Φ φ............ Phi.
X χ............ Chi.
Ψ ψ............ Psi.
Ω ω............ Oméga.

ÉLÉMENS

ÉLÉMENS
D'ALGÈBRE.

Notions préliminaires sur le passage de l'Arithmétique à l'Algèbre, explication et usage des signes algébriques.

1. On a dû remarquer dans le *Traité élémentaire d'Arithmétique*, plusieurs questions dont la solution se compose de deux parties : l'une ayant pour but de chercher auxquelles des quatre *opérations fondamentales*, se rapporte la détermination du nombre inconnu par le moyen des nombres donnés ; et l'autre l'application de ces règles. La première partie, indépendante de toute manière d'écrire les nombres ou de tout système de numération, repose entièrement sur le développement des conséquences qui résultent explicitement ou implicitement de l'énoncé, ou de la manière dont cet énoncé lie les nombres donnés aux nombres inconnus, c'est-à-dire, des relations qu'il établit entre ces nombres. En général on peut, si ces relations ne sont pas compliquées, trouver par le simple raisonnement, la valeur des nombres inconnus. Il faut pour cela décomposer les conditions que ren-

Elémens d'Algèbre.   A

ferment les relations énoncées, en traduisant ces
relations dans une suite de phrases équivalentes,
dont la dernière doit être conçue en ces termes :
*L'inconnue égale la somme, ou la différence, ou le
produit, ou le quotient de telles et telles grandeurs.*
L'exemple suivant éclaircira ce que ces notions générales
pourraient renfermer d'obscur.

*Partager un nombre donné en deux parties telles, que
la première surpasse la seconde d'un excès donné.*

Pour y parvenir, on observera, 1°. que

*La plus grande des deux parties est égale à la plus
petite, augmentée de l'excès donné,*
et que par conséquent, si la plus petite partie était connue, en lui ajoutant cet excès, on aurait la plus grande :
2°. que

*La plus grande partie ajoutée avec la plus petite
partie, forme le nombre à partager.*

Substituant dans cette dernière phrase, à l'expression :
la plus grande partie, la phrase équivalente trouvée
plus haut, on aura

*La plus petite partie, plus l'excès donné, plus encore
la plus petite partie, forment le nombre à partager.*

Mais il est évident que cette phrase peut être abrégée,
en l'énonçant ainsi :

*Deux fois la plus petite partie, ajoutées avec l'excès
donné, forment le nombre à partager ;* et on en conclut
nécessairement que

*Deux fois la plus petite partie sont égales au nombre à
partager, diminué de l'excès donné.*

Cette dernière phrase faisant connaître le double de
la plus petite partie, on en déduira que

*La plus petite partie est égale à la moitié de la diffé-
rence entre le nombre à partager et l'excès donné,*

Ou, ce qui est la même chose, que

La plus petite partie est égale à la moitié du nombre à partager, moins la moitié de l'excès donné.

Voilà donc la question proposée résolue, puisque pour obtenir les parties cherchées, il suffit de faire des opérations purement arithmétiques sur des nombres connus.

Si, par exemple, le nombre à partager était 9, et l'excès de la plus grande partie sur la plus petite, 5, la plus petite partie serait, d'après la règle ci-dessus, égale à $\frac{9}{2}$ moins $\frac{5}{2}$, ou à $\frac{4}{2}$, ou enfin à 2; et la plus grande, composée de la plus petite plus l'excès 5, serait égale à 7.

2. Les raisonnemens, fort simples dans le problème proposé ci-dessus, mais très-compliqués dans d'autres, se composant, en général, d'un certain nombre d'expressions, telles que *ajouté à, diminué de, est égal à,* etc. répétées fréquemment, et qui tiennent aux opérations par lesquelles les grandeurs qui entrent dans l'énoncé de la question, sont liées entre elles, il est visible qu'on abrégerait beaucoup en représentant chacune de ces expressions par un signe; et c'est aussi ce qu'on fait, comme il suit:

Pour indiquer l'addition, on se sert du signe $+$, qui signifie *plus*.

Pour la soustraction, on se sert du signe $-$, qui signifie *moins*.

Pour la multiplication, on se sert du signe $\times$, qui signifie *multiplié par*.

Pour écrire que deux quantités doivent être divisées l'une par l'autre, on place la seconde sous la première, et on les sépare par un trait : $\frac{5}{4}$ signifie 5 *divisé par* 4.

Enfin pour marquer que deux quantités sont égales, on met entre leurs expressions le signe $=$, qui signifie *égale*.

Ces abréviations, quoique déjà très-considérables, ne suffisent pas encore, car on est obligé de répéter souvent *le nombre à partager*, *le nombre donné, etc. la plus petite partie*, *le nombre cherché, etc.* ce qui alonge beaucoup. A l'égard des données, l'expédient qui s'est offert le premier, a été de prendre, pour les. représenter, des nombres déterminés qui servent d'exemple, comme on en use en arithmétique ; mais la chose n'étant pas possible à l'égard des nombres inconnus, on y a substitué un signe de convention, qui a varié avec le temps. On s'est enfin accordé à employer les lettres de l'alphabet ; presque toujours on se sert des dernières, comme en arithmétique on met une x pour le quatrième terme d'une proportion dont on ne connaît que les trois premiers ; et c'est de l'usage de ces divers signes qu'est résulté l'*Algèbre*.

Je vais par leur moyen, reprendre la question du n° 1, et je représenterai l'inconnue ou le plus petit nombre par une lettre, x, par exemple, le nombre à partager et l'excès donné, par les deux nombres 9 et 5 ; la plus grande des parties cherchées sera exprimée par $x+5$, et leur somme par $x+5+x$: on aura donc

$$x+5+x=9 ;$$

mais en écrivant $2x$ pour le double de la quantité x, il en résultera

$$2x+5=9.$$

Cette expression montrant qu'il faut ajouter 5 au nombre $2x$ pour former 9, j'en conclurai que $2x=9-5$, ou que $2x=4$ et qu'enfin $x=\frac{4}{2}=2$.

En rapprochant maintenant ce que signifient les phrases abrégées que je viens d'écrire au moyen des signes convenus, de celles qui m'ont conduit à la solution par le raisonnement seul, on verra que les unes ne sont que la traduction des autres.

Le nombre 2, résultat des opérations précédentes,

ne convient qu'à l'exemple particulier que j'ai choisi, tandis que le raisonnement seul , en apprenant que *la plus petite partie est égale à la moitié du nombre à partager , moins la moitié de l'excès donné,* fait voir comment le nombre inconnu se compose avec les nombres donnés , et fournit une règle, à l'aide de laquelle on peut résoudre tous les cas particuliers compris dans la question.

Cet avantage du raisonnement employé seul, tient à ce qu'en ne désignant aucun nombre en particulier , les nombres donnés passent sans altération d'une phrase à l'autre , tandis qu'en considérant des nombres déterminés, on effectue à mesure toutes les opérations qui se présentent sur ces nombres ; et quand on est parvenu au résultat, rien ne retrace comment le nombre 2 , auquel on peut arriver par une infinité d'opérations différentes, a été formé par les nombres donnés 9 et 5.

3. On évitera ces inconvéniens en représentant , par des caractères indépendans de toute valeur particulière, et sur lesquels on ne puisse par conséquent effectuer aucun calcul, le *nombre à partager* et *l'excès donné.* Les lettres de l'alphabet sont très-propres à cet usage ; et la question proposée peut , par leur moyen, s'énoncer ainsi :

Partager un nombre connu, représenté par a, *en deux parties telles , que la plus grande ait sur la plus petite un excès donné, représenté par* b.

Désignant toujours la plus petite par x,
La plus grande sera exprimée par $x + b$;
Leur somme, ou le nombre à partager, sera équivalent à $x + x + b$, ou à $2x + b$.

La première condition de la question donnera donc

$$2x + b = a.$$

Maintenant il est visible que s'il faut ajouter au double de x ou à $2x$, la quantité b, pour faire la quantité a; il

A 3

en résulte qu'il faut diminuer a de b pour obtenir $2x$, et que par conséquent $2x = a - b$.

On conclura de là que la moitié de $2x$ ou $x = \dfrac{a}{2} - \dfrac{b}{2}$.

Ce dernier résultat étant traduit en langage ordinaire, par la substitution des mots et des phrases que désignent les lettres et les signes qu'il renferme, donne la règle trouvée ci-dessus, d'après laquelle, *pour obtenir la plus petite des parties cherchées, on doit, de la moitié du nombre à partager, ou de $\dfrac{a}{2}$, retrancher la moitié de l'excès donné, ou $\dfrac{b}{2}$.*

Connaissant la plus petite partie, on aura la plus grande en ajoutant à la plus petite l'excès donné. Cette remarque est suffisante pour achever de résoudre la question proposée; mais l'Algèbre donne plus, elle fournit une règle pour calculer la plus grande partie sans le secours de la plus petite, et voici comment : $\dfrac{a}{2} - \dfrac{b}{2}$ étant la valeur de celle-ci, en l'augmentant de l'excès b, on aura pour la plus grande partie, $\dfrac{a}{2} - \dfrac{b}{2} + b$; or, $\dfrac{a}{2} - \dfrac{b}{2} + b$ exprime qu'après avoir retranché de $\dfrac{a}{2}$ la moitié de b, il faut ajouter au reste b tout entier, ou deux moitiés de b, ce qui se réduit à augmenter $\dfrac{a}{2}$ d'une moitié de b ou de $\dfrac{b}{2}$. Il est évident par-là que $\dfrac{a}{2} - \dfrac{b}{2} + b$ revient à $\dfrac{a}{2} + \dfrac{b}{2}$; et en traduisant cette expression, on apprend que *la plus grande des deux parties cherchées est égale à la moitié du nombre à partager plus la moitié de l'excès donné.*

Dans la question particulière dont je me suis occupé en premier lieu, le nombre à partager était 9, l'excès d'une partie sur l'autre, 5 ; pour la résoudre par les règles auxquelles je viens de parvenir, il faudra effectuer sur les nombres 9 et 5 les opérations indiquées sur a et sur b.

La moitié de 9 étant $\frac{9}{2}$, et celle de 5 étant $\frac{5}{2}$, on aura pour la plus petite partie,

$$\frac{9}{2} - \frac{5}{2} = \frac{4}{2} = 2,$$

pour la plus grande,

$$\frac{9}{2} + \frac{5}{2} = \frac{14}{2} = 7.$$

4. J'ai désigné ci-dessus par x la plus petite des deux parties, et j'en ai déduit la plus grande ; si l'on voulait chercher immédiatement cette dernière, on observerait qu'en la représentant par x, l'autre serait $x-b$, puisqu'on passe de la plus grande à la plus petite, en retranchant l'excès de la première sur la seconde. Le nombre à partager serait alors exprimé par $x + x - b$ ou par $2x - b$, et on aurait par conséquent

$$2x - b = a.$$

Ce résultat fait voir que $2x$ surpasse la quantité a de la quantité b, et que par conséquent $2x = a + b$. En prenant la moitié de $2x$ et de la quantité qui lui est égale, pour avoir la valeur de x, on tire de là

$$x = \frac{a}{2} + \frac{b}{2},$$

ce qui donne, pour calculer la plus grande des deux parties cherchées, la même règle que ci-dessus. Je

A 4

ne m'arrêterai pas à en déduire l'expression de la plus petite.

La même relation entre des nombres donnés et inconnus, peut être énoncée de plusieurs manières très-différentes ; celle qui a conduit à la question précédente, est aussi celle qui résulte de l'énoncé que voici :

Connaissant la somme a *de deux nombres, et leur différence* b *, trouver chacun de ces nombres ;* puisqu'en d'autres termes le nombre à partager est la somme des deux parties cherchées, et que leur différence est l'excès de la plus grande sur la plus petite. Ce changement dans les termes de l'énoncé étant appliqué aux règles trouvées ci-dessus, elles donnent :

Le plus petit des deux nombres cherchés est égal à la moitié de la somme moins la moitié de la différence.

Le plus grand est égal à la moitié de la somme plus la moitié de la différence.

5. Voici une question analogue à la précédente, mais un peu plus compliquée :

Partager un nombre donné en trois parties telles, que l'excès de la moyenne sur la plus petite soit un nombre donné, et l'excès de la plus grande sur la moyenne soit un autre nombre donné.

Pour fixer les idées, je donnerai d'abord aux nombres connus des valeurs déterminées.

Je supposerai que le nombre à partager soit 230,

Que l'excès de la partie moyenne sur la plus petite soit 40,

Que l'excès de la plus grande partie sur la moyenne soit 60.

Désignant la plus petite partie par x,

La moyenne sera la plus petite plus 40, ou $x + 40$,

Et la plus grande sera la moyenne plus 60, ou $x + 40 + 60$.

Or les trois parties prises ensemble doivent faire le nombre à partager ; donc

$$x + x + 40 + x + 40 + 60 = 230.$$

En réunissant d'une part les nombres donnés , et de l'autre les nombres inconnus, x se trouvera 3 fois dans le résultat, et pour abréger, on écrira

$$3x + 140 = 230.$$

Mais puisqu'il faut ajouter 140 au triple de x pour faire 230, il s'ensuit qu'en ôtant 140 de 230, on aura précisément le triple de x, ou que

$$3x = 230 - 140,$$

ou que

$$3x = 90 ;$$

et il suit de là que $x = \frac{90}{3}$ ou $= 30$.

En ajoutant à 30 l'excès 40 de la moyenne sur la plus petite , on aura 70 pour la partie moyenne.

En ajoutant à 70 l'excès 60 de la plus grande partie sur la moyenne, on aura 130 pour la plus grande partie.

6. Si les nombres connus étaient différens de ceux que j'ai mis dans l'énoncé , on résoudrait encore la question en suivant la marche tracée dans le numéro précédent ; mais on serait obligé de répéter tous les raisonnemens et toutes les opérations par lesquelles on est parvenu au nombre 30, parce que rien ne montre comment ce nombre se compose des nombres donnés, 230, 40 et 60. Pour rendre la solution indépendante des valeurs particulières des nombres, et faire voir comment la valeur de l'inconnue se forme au moyen des quantités connues, je vais énoncer le problème ainsi :

Partager le nombre donné a en trois parties telles, que

l'excès de la moyenne sur la plus petite soit un nombre donné b*, et l'excès de la plus grande sur la moyenne soit un nombre donné* c.

En désignant comme ci-dessus par x la quantité inconnue, et en écrivant, à l'aide des signes convenus et de symboles, a, b, c, qui représentent les quantités connues de la question, les raisonnemens faits précédemment sur les nombres, on formera de nouveau

la plus petite partie x,
la moyenne $x + b$,
la plus grande $x + b + c$.

La réunion de ces trois parties faisant le nombre à partager, on doit avoir

$$x + x + b + x + b + c = a.$$

Cette expression, toute simple qu'elle est, peut encore s'abréger ; car puisqu'elle montre que x entre trois fois dans le nombre à partager, et que b y entre deux fois, au lieu de $x + x + x$, j'écrirai $3x$, au lieu de $+ b + b$, j'écrirai $+ 2b$, et il viendra

$$3x + 2b + c = a.$$

Cette dernière expression fait connaître qu'il faut ajouter au triple du nombre représenté par x, le double du nombre représenté par b et encore le nombre c, pour former le nombre a ; il s'ensuit que si du nombre a, on ôte le double du nombre b, puis encore le nombre c, on aura précisément le triple de x, ou que

$$3x = a - 2b - c;$$

or x étant le tiers de trois fois x ou de $3x$, on en conclura que

$$x = \frac{a - 2b - c}{3};$$

Il faut bien remarquer que n'ayant assigné aucune valeur particulière aux nombres représentés par a, b, c,

le résultat auquel je suis parvenu ne donne non plus aucune valeur pour x; il indique seulement quelles opérations il faut faire sur ces nombres lorsqu'on leur
assigne une valeur, pour en déduire celle de l'inconnue.

En effet, l'expression $\dfrac{a-2b-c}{3}$, à laquelle x est

égale, peut être rendue dans le langage ordinaire, en
écrivant, à la place des lettres, la dénomination des
nombres qu'elles représentent, et à la place des signes,
l'énonciation des opérations qu'ils indiquent; on formera
ainsi cette phrase :

*Du nombre à partager, ôtez le double de l'excès de la
partie moyenne sur la plus petite, et encore l'excès de
la plus grande sur la moyenne, et prenez le tiers du reste.*

En suivant cette phrase à la lettre, on déterminera,
par les premières opérations de l'arithmétique, la plus
petite partie. Le nombre à partager étant, par exemple,
230, les excès 40 et 60, comme dans le numéro précédent, on ôtera de 230, deux fois 40, ou 80 et 60, il
restera 90, dont le tiers sera 30, ainsi qu'on l'a déjà
trouvé.

Si le nombre à partager était 520, les excès 50 et 120,
on ôterait de 520 deux fois 50 ou 100 et 120, il resterait
300, dont le tiers ou 100 serait la plus petite partie; on
formerait les deux autres en ajoutant 50 à 100, ce qui
ferait 150; puis 120 à ce résultat, ce qui ferait 270 :
ainsi, les trois parties demandées seraient

$$100, \qquad 150, \qquad 270,$$

et leur somme serait 520, ainsi que l'exige la question.

C'est parce que les résultats algébriques ne sont le
plus souvent que l'indication d'opérations à effectuer sur
des nombres pour en trouver d'autres, qu'on les appelle
en général *formules*.

Cette question, quoique plus compliquée que celle du numéro 1, peut encore être résolue avec le langage ordinaire; c'est ce qu'on voit dans le tableau ci-joint, où l'on a placé vis-à-vis de chaque raisonnement, sa traduction en caractères algébriques. L'examen attentif de ce tableau ne doit laisser aucun doute sur l'utilité de l'Algèbre et sur les circonstances de son invention.

PROBLÊME.

Partager un nombre en trois parties, telles que l'excès de la moyenne sur la plus petite soit un nombre donné, et que l'excès de la plus grande sur la moyenne soit un autre nombre donné.

SOLUTION.

Avec le langage ordinaire.

La moyenne partie sera la plus petite, plus l'excès de la moyenne sur la plus petite.

La plus grande partie sera la moyenne, plus l'excès de la plus grande sur la moyenne.

Les trois parties réunies forment le nombre proposé.

Donc la plus petite partie, plus la plus-petite partie, plus l'excès de la moyenne sur la plus petite, plus encore la plus petite partie, plus l'excès de la moyenne sur la plus petite, plus l'excès de la plus grande sur la moyenne, égalent le nombre à partager.

Donc trois fois la plus petite partie, plus deux fois l'excès de la moyenne sur la plus petite, plus encore l'excès de la plus grande sur la moyenne, égalent le nombre à partager.

Donc trois fois la plus petite partie égalent le nombre à partager moins deux fois l'excès de la moyenne sur la plus petite, et moins encore l'excès de la plus grande sur la moyenne.

Donc enfin la plus petite partie égale le tiers de ce qui reste après qu'on a ôté du nombre à partager deux fois l'excès de la moyenne sur la plus petite, et encore l'excès de la plus grande sur la moyenne.

Avec l'écriture algébrique.

Soit le nombre à partager désigné par .... a.

l'excès de la partie moyenne sur la plus petite, par .... b.

l'excès de la plus grande sur la moyenne, par .... c.

La plus petite étant .... x.

La moyenne sera $x + b$.

La plus grande $x + b + c$.

Donc $x + x + b + x + b + c = a$.

$3x + 2b + c = a$.

$3x = a - 2b - c$.

$$x = \frac{a - 2b - c}{3}.$$

7. Les signes convenus dans le numéro 2 ne sont pas les seuls dont on se serve en Algèbre ; de nouvelles considérations en introduiront par la suite de nouveaux. On a déjà dû remarquer que j'ai indiqué dans le numéro 2, la multiplication de x par 2, et dans les numéros 5 et 6, celle de x par 3, celle de b par 2, en plaçant seulement ces chiffres au-devant des lettres x et b, sans aucune interposition de signe, et j'en userai ainsi désormais ; ensorte que tout nombre placé à la gauche d'une lettre sera multiplicateur du nombre que représente cette lettre. $5x$, $5a$, etc. désigneront 5 fois x, 5 fois a, etc. $\frac{3}{4}x$ ou $\frac{3x}{4}$, etc. désigneront les $\frac{3}{4}$ de x ou 3 fois x divisées par 4, etc.

En général la multiplication s'indiquera désormais en mettant les facteurs à la suite les uns des autres, sans aucune interposition de signe, toutes les fois qu'il n'en résultera pas de confusion.

Ainsi les expressions ax, bc, etc. seront équivalentes à $a \times x$, $b \times c$, etc. mais on ne pourra pas supprimer le signe $\times$ lorsqu'il s'agira des nombres, car alors l'expression 3×5, dont la valeur est 15, devenant 35 par l'omission du signe $\times$, changerait entièrement de signification. Dans ce cas, on substitue souvent un point au signe $\times$, et on écrit $3 . 5$.

Des Equations.

8. En examinant avec attention la solution des problêmes des numéros 3 et 6, on la trouvera composée de deux parties bien distinctes. Dans la première, on exprime, au moyen des caractères algébriques, les relations que l'énoncé de la question établit entre les quantités connues et les quantités inconnues, et cela conduit à égaler deux quantités entre elles, savoir :

Dans le numéro 3, les quantités $2x + b$ et a.

Dans le numéro 6, les quantités $3x + 2b + c$ et a.

Puis de cette égalité, on déduit une suite de conséquences qui mènent enfin à égaler l'inconnue x à un assemblage de quantités données, liées entre elles par des opérations que l'on sait effectuer : voilà la seconde partie de la solution.

Les deux parties que je viens d'indiquer se retrouvent dans presque tous les problèmes qui sont du ressort de l'Algèbre. Il est difficile de donner, au moins pour le moment, une règle d'après laquelle on puisse effectuer la première partie, celle qui a pour objet la traduction en caractères algébriques des conditions de la question. Il faut, pour y réussir, se familiariser avec l'écriture algébrique, et acquérir l'habitude de décomposer l'énoncé d'un problême dans toutes ses circonstances, soit explicites, soit implicites. Mais lorsqu'on est parvenu à former les deux nombres que la question suppose égaux entre eux, il y a des procédés méthodiques pour déduire de cette expression algébrique la valeur de l'inconnue, ce qui fait l'objet de la seconde partie de la solution. Avant de les faire connaître, j'expliquerai quelques dénominations dont les algébristes se servent à ce sujet.

Une *équation* est l'égalité de deux quantités.

L'ensemble des quantités qui sont d'un même côté du signe $=$, se nomme *membre;* une équation a deux *membres.*

Celui qui est à gauche s'appelle le *premier membre;* l'autre est le *second.*

Dans l'équation $2x + b = a$, $2x + b$ est le *premier membre,* a est le *second membre.*

Les quantités qui composent un même membre, lorsqu'elles sont séparées par les signes $+$ ou $-$, se nomment *termes.*

Ainsi le premier membre de l'équation $2x + b = a$ renferme deux termes, savoir : $2x$ et $+ b$.

L'équation $\frac{3}{4}x + 7 = 8x - 12$, a deux termes dans chacun de ses membres, savoir :

$$\frac{3}{4}x \text{ et } + 7 \text{ dans le premier,}$$
$$8x \text{ et } - 12 \text{ dans le second.}$$

Quoique j'aie pris au hasard, et pour servir d'exemple, l'équation $\frac{1}{4}x + 7 = 8x - 12$, elle doit être considérée, ainsi que toutes celles dont je parlerai par la suite, comme venant d'un problème dont on peut toujours trouver un énoncé en traduisant en langage ordinaire l'équation proposée. Celle dont il s'agit revient à

Trouver un nombre x *tel, qu'en ajoutant 7 aux* $\frac{3}{4}$ *de* x, *la somme soit égale à 8 fois* x *moins* 12.

De même, l'équation $ax + bc - cx = ac - bx$, dans laquelle les lettres a, b, c sont censées représenter des quantités connues, répond à la question suivante :

Trouver un nombre x *tel, qu'en le multipliant par un nombre donné* a, *puis ajoutant le produit des deux nombres donnés* b *et* c, *et retranchant de cette somme le produit d'un nombre donné* c *par le nombre* x, *on ait un résultat égal au produit des nombres* a *et* c *diminué de celui des nombres* b *et* x.

C'est

C'est en s'exerçant beaucoup à passer du langage ordinaire à l'écriture algébrique, et à rendre celle-ci dans le
premier, qu'on parviendra à se familiariser avec l'Algèbre, dont la difficulté ne consiste guères que dans la par-
faite intelligence des signes et de leur emploi.

Tirer d'une équation la valeur de l'inconnue, ou parvenir à avoir cette inconnue seule dans un membre, et
des quantités toutes connues dans l'autre, c'est ce qu'on
appelle *résoudre* cette équation.

Les diverses questions qu'on peut avoir à résoudre
conduisant à des équations plus ou moins composées, on
a partagé celles-ci en plusieurs classes ou *degrés*. Je
vais m'occuper d'abord des *équations du premier
degré*. On nomme ainsi les équations dans lesquelles les
inconnues ne sont multipliées ni par elles-mêmes, ni
entre elles.

De la résolution des équations du premier degré à une seule inconnue.

9. On a déjà vu que résoudre une équation, c'est
arriver à une expression dans laquelle l'inconnue seule
dans un membre soit égalée à des quantités connues, combinées entre elles par des opérations qu'on sache effectuer. Il suit delà qu'il faut, pour amener une équation
à cet état, *dégager* l'inconnue des quantités connues avec
lesquelles elle se trouve combinée; or l'inconnue peut
se trouver mêlée avec les quantités connues de trois
manières :

1°. Par addition et soustraction, comme dans les
équations

$$x + 5 = 9 - x,$$
$$a + x = b - x;$$

Elémens d'Algèbre. B

2°. Par addition, soustraction et multiplication, comme dans les équations

$$7x - 5 = 12 + 4x,$$
$$ax - b = cx + d;$$

3°. Enfin par addition, soustraction, multiplication et division, comme dans les équations

$$\frac{5x}{3} + 8 = \frac{11}{12}x + 9,$$

$$\frac{ax}{b} + cx - d = \frac{mx}{n} + \frac{p}{q}.$$

On dégage l'inconnue des additions et soustractions où elle entre avec des quantités connues, en rassemblant dans un seul membre tous les termes où elle se trouve ; et pour cela, il faut savoir faire passer un terme d'un membre dans un autre.

10. Par exemple, dans l'équation

$$7x - 5 = 12 + 4x,$$

il faut passer le terme $4x$ du second membre dans le premier, et le terme -5 du premier dans le second. Pour cela, on doit observer qu'en effaçant $+4x$ dans le second membre, on le diminue de la quantité $4x$, et qu'il faut opérer la même soustraction sur le premier membre, pour conserver l'égalité de ces deux membres ; on écrira donc $-4x$ dans le premier membre, qui deviendra $7x - 5 - 4x$; et l'on aura

$$7x - 5 - 4x = 12.$$

Effacer -5 du premier membre, c'est supprimer la soustraction indiquée de 5 unités ; c'est par conséquent augmenter ce membre de 5 unités ; on doit donc, pour conserver l'égalité, augmenter aussi le second membre de 5 unités, ou écrire $+5$ dans ce membre : il deviendra $12 + 5$, et l'on aura

$$7x - 4x = 12 + 5.$$

En effectuant les opérations indiquées, il en résultera l'équation $3x = 17$.

Par ces raisonnemens, qu'on peut appliquer à quelque exemple que ce soit, on voit qu'en effaçant dans un membre un terme affecté du signe $+$, et qui par conséquent augmentait ce membre, il faut soustraire ce terme de l'autre membre, ou l'y écrire avec le signe $-$; qu'au contraire, quand le terme qu'on efface a le signe $-$, comme par sa présence il diminuait le membre où il était, il faut augmenter l'autre membre du même terme, ou l'y écrire avec le signe $+$. On conclura de là cette règle générale :

Pour faire passer un terme quelconque d'une équation, d'un membre dans l'autre, il faut l'effacer dans le membre où il se trouve, et l'écrire dans l'autre avec un signe contraire à celui qu'il avait d'abord.

Pour mettre cette règle en pratique, il faut faire attention que le premier terme de chaque membre, quand il n'est précédé d'aucun signe, est censé avoir le signe $+$. C'est ainsi qu'en passant le terme cx de l'équation littérale $ax - b = cx + d$, du second membre dans le premier, on aura

$$ax - b - cx = d;$$

passant ensuite le terme $-b$ du premier membre dans le second, il viendra

$$ax - cx = d + b.$$

11. Par le moyen de la règle précédente, on peut d'abord réunir dans un des membres tous les termes affectés de l'inconnue, et dans l'autre toutes les quantités connues; et sous cette forme, le membre où se trouve l'inconnue, peut toujours se décomposer en deux facteurs, dont l'un ne contient que des quantités données, et dont l'autre est l'inconnue seule.

Cette simplification se présente d'elle-même toutes les

fois que l'équation proposée est numérique, et qu'elle ne contient point de fractions, parce qu'alors tous les termes affectés de l'inconnue se réduisent à un seul. Si l'on avait, par exemple, $10x + 7x - 2x = 25 + 7$, en effectuant les opérations indiquées dans chaque membre, on trouverait successivement

$$17x - 2x = 32,$$
$$15x = 32;$$

et $15x$ se décomposant dans les deux facteurs 15 et x, on aurait le facteur inconnu x, en divisant par le facteur donné 15, le nombre 32 égal au produit $15x$: il viendrait

$$x = \frac{32}{15}.$$

La décomposition se fait de même dans les équations littérales semblables à la suivante :

$$ax = bc,$$

parce que le terme ax désigne immédiatement le produit de a par x; on en conclut

$$x = \frac{bc}{a}.$$

Soit l'équation

$$ax - bx + cx = ac - bc,$$

qui contient trois termes affectés de l'inconnue. Puisque ax, bx, cx, représentent les produits respectifs de x, par les quantités a, b, c, l'expression $ax - bx + cx$, traduite en langage ordinaire, donne cette phrase :

De x pris d'abord autant de fois qu'il y a d'unités dans a, retranchez autant de fois x qu'il y a d'unités dans b, et ajoutez au résultat la même quantité x prise autant de fois qu'il y a d'unités dans c.

Il suit de là qu'en tout l'inconnue x se trouve prise autant de fois qu'il y a d'unités dans la différence des nombres a et b, augmentée du nombre c, c'est-à-dire autant de fois que le marque le nombre $a - b + c$: les deux facteurs du premier membre sont par conséquent $a-b+c$ et x : on a donc

$$x = \frac{a c - b c}{a - b + c}.$$

Ce raisonnement, qu'on peut appliquer à tout autre exemple, fait voir qu'*après la réunion dans un seul membre, des divers termes contenant l'inconnue, le facteur qui multiplie cette inconnue se forme de toutes les quantités qui la multiplient isolément, assemblées avec les signes dont elles sont précédées ; et on obtient l'inconnue en divisant le membre tout connu par le facteur dont il s'agit.*

D'après cette règle, l'équation $a x - 3 x = b c$ donne

$$x = \frac{b c}{a - 3}.$$

De même l'équation $x + a x = c - d$ conduit à

$$x = \frac{c - d}{1 + a},$$

parce qu'il faut observer que la lettre x étant seule, doit être regardée comme multipliée par l'unité. On voit d'ailleurs que dans $x + a x$, l'inconnue x se trouve contenue une fois de plus que dans $a x$, et est par conséquent multipliée par $1 + a$.

12. Il est visible que si tous les termes de l'équation contenaient un facteur commun, on pourrait supprimer ce facteur sans troubler l'égalité, puisqu'on ne ferait que diviser par un même nombre toutes les parties des deux quantités que l'on suppose égales entre elles.

Soit pour exemple l'équation

$$6 a b x - 9 b c d = 12 b d x + 15 a b c.$$

J'observe d'abord que les nombres 6, 9, 12 et 15, sont

B. 3.

divisibles par 3; et en supprimant ce facteur, je ne ferai que prendre le tiers de toutes les quantités qui forment l'équation; j'aurai, après cette réduction;

$$2\,ab\,x \quad 3\,b\,c\,d = 4\,b\,d\,x + 5\,a\,b\,c.$$

J'observe ensuite que la lettre b, combinée dans chaque terme par voie de multiplication, indique un facteur commun à tous ces termes; je la supprimerai donc aussi, et il viendra

$$, \ 2\,a\,x - 3\,c\,d = 4\,d\,x + 5\,a\,c.$$

En appliquant à cette dernière équation les règles des numéros 10 et 11; j'en tirerai successivement,

$$2\,a\,x - 4\,d\,x = 5\,ac + 3\,cd,$$

$$x = \frac{5\,ac + 3\,cd}{2\,a - 4\,d}.$$

13. Je passe maintenant aux équations dont les termes ont des diviseurs : on pourrait leur appliquer immédiatement les règles précédentes, toutes les fois que l'inconnue n'entre point dans les dénominateurs; mais il est souvent plus simple de ramener tous les termes au même dénominateur, qu'on peut supprimer ensuite.

Soit, par exemple, l'équation

$$\frac{2x}{3} + 4 = \frac{4x}{5} + 12 - \frac{5x}{7}.$$

J'observerai que l'arithmétique fournit des règles pour réduire des fractions au même dénominateur, et pour convertir des entiers en fractions d'une espèce donnée (*Arithm.* 79, 69), et je transformerai par ces règles, en fractions de même dénominateur, tous les termes de l'équation proposée.

En commençant d'abord par les fractions, qui sont

$$\frac{2x}{3}, \quad \frac{4x}{5}, \quad \frac{5x}{7},$$

je les changerai, par la première des règles citées, en

$$\frac{5\times 7\times 2x}{3\times 5\times 7}, \quad \frac{3\times 7\,4\times x}{3\times 5\times 7}, \quad \frac{3\times 5\times 5x}{3\times 5\times 7};$$

puis pour convertir les entiers 4 et 12 en fractions, il n'y aura plus qu'à les multiplier par le dénominateur commun des fractions, savoir : par $3\times 5\times 7$, et l'on aura

$$3\times 5\times 7\times 4, \qquad 3\times 5\times 7\times 12.$$

Replaçant ensuite tous ces termes dans l'équation proposée, elle deviendra.

$$\frac{5\times 7\times 2x}{3\times 5\times 7}+\frac{3\times 5\times 7\times 4}{3\times 5\times 7}$$

$$=\frac{3\times 7\times 4x}{3\times 5\times 7}+\frac{3\times 5\times 7\times 12}{3\times 5\times 7}-\frac{3\times 5\times 5x}{3\times 5\times 7};$$

et l'on y pourra supprimer le dénominateur, puisqu'on ne fera par-là que multiplier toutes ses parties par le dénominateur (*Arithm.* 54), ce qui ne saurait troubler l'égalité : il viendra, après cette suppression,

$$5\times 7\times 2x+3\times 5\times 7\times 4$$

$$=3\times 7\times 4x+3\times 5\times 7\times 12-3\times 5\times 5x,$$

ou $\qquad 70x+420=84x+1260-75x,$

équation sans dénominateur, de laquelle on tirera la valeur de x par les règles précédentes.

L'inspection du résultat ci–dessus, et même l'application seule des règles d'arithmétique citées, font voir évidemment que, dans l'opération dont il s'agit, *les numérateurs de chaque fraction doivent être multipliés par le produit des dénominateurs de toutes les autres, les entiers, par le produit de tous les dénominateurs ; et il ne faut tenir aucun compte du dénominateur commun des fractions résultantes.*

L'équation $70x+420=84x+1260-75x$ devient successivement

$$70x + 75x - 84x = 1260 - 420$$
$$61x = 840$$
$$x = \frac{840}{61} = 13\frac{47}{61}.$$

Le même procédé s'applique aux équations littérales, en observant qu'on ne peut alors qu'indiquer les multiplications, qui s'effectuent lorsqu'il s'agit des nombres.

Soit, par exemple, l'équation

$$\frac{ax}{b} - c = \frac{dx}{e} + \frac{fg}{h},$$

on déduira

$$eh \times ax - beh \times c = bh \times dx + be \times fg,$$

résultat qu'on peut écrire plus simplement en plaçant, conformément à la convention établie dans le n° 7, à côté les uns des autres, sans interposition de signe, les facteurs de chaque produit, et en intervertissant l'ordre des multiplications pour conserver l'ordre alphabétique, plus facile dans l'énonciation des lettres ; il viendra

$$aehx - bceh = bdhx + befg,$$

d'où l'on conclura

$$aehx - bdhx = befg + bceh,$$

$$x = \frac{befg + bceh}{aeh - bdh}.$$

14. Quoiqu'on ne puisse donner aucune règle générale et précise pour former l'équation d'une question quelconque, il existe cependant un précepte dont l'application bien entendue ne manquerait pas de conduire au but proposé. Voici ce précepte :

Indiquer, à l'aide des signes algébriques, sur les quantités connues, représentées soit par des nombres, soit par des lettres, et sur les quantités inconnues représentées toujours par des lettres, les mêmes raisonnemens et les mêmes, opérations qu'il faudrait effectuer pour vérifier les valeurs des inconnues, si elles étaient données.

Pour en faire usage, il faut d'abord déterminer avec soin quelles sont les opérations que l'énoncé de la question renferme, soit explicitement, soit implicitement; mais c'est précisément en cela que consiste la difficulté de *mettre en équation* un problême proposé.

Voici quelques exemples pour montrer l'application du précepte ci-dessus. J'ai choisi les deux premiers parmi les questions résolues en arithmétique, afin de montrer la facilité que l'écriture algébrique apporte au développement des énoncés.

1°. Soient *deux fontaines, dont la première, coulant seule pendant* $2^h \frac{1}{2}$, *remplit un certain bassin, et dont la seconde remplit le même bassin en coulant seule pendant* $3^h \frac{3}{4}$; *combien faudra-t-il de temps pour qu'il soit rempli par les deux fontaines coulant à-la-fois?*

Si ce temps était donné, on le vérifierait en calculant les quantités d'eau versées par chaque fontaine, et réunissant les résultats, on s'assurerait qu'ils composent la totalité de l'eau que peut contenir le bassin.

Pour former l'équation, on désignera par x le temps inconnu, et on indiquera sur x les opérations énoncées ci-dessus; mais afin de rendre la solution indépendante des nombres donnés, et même d'abréger l'expression de ceux de l'énoncé qui sont fractionnaires, on les représentera aussi par des lettres; on pourra écrire a au lieu de $2^h \frac{1}{2}$, et b au lieu de $3^h \frac{3}{4}$.

Cela posé, en prenant, comme en arithmétique, la capacité du bassin pour unité, on verra que

La première fontaine qui le remplit seule en un nombre a d'heures, y verse, dans une heure, une quantité d'eau marquée par la fraction $\frac{1}{a}$; et par conséquent elle fournira dans un nombre x d'heures la quantité $x \times \frac{1}{a}$, ou $\frac{x}{a}$ (*Arithm.* 53).

La seconde fontaine qui remplit le même bassin en b d'heures, y verse, dans une heure, une quantité d'eau exprimée par la fraction $\frac{1}{b}$; et par conséquent dans un nombre x d'heures, elle fournira la quantité $x \times \frac{1}{b}$ ou $\frac{x}{b}$.

La quantité totale d'eau fournie par les deux fontaines sera donc

$$\frac{x}{a} + \frac{x}{b};$$

et cette quantité devant égaler celle que contient le bassin, et qui a été prise pour unité, on aura enfin l'équation

$$\frac{x}{a} + \frac{x}{b} = 1.$$

Cette équation, traitée par les règles précédentes, conduit à

$$b x + a x = a b ,$$

$$x = \frac{a b}{b + a}.$$

La dernière formule donne, pour résoudre tous les cas de la question proposée, cette règle fort simple :

Diviser le produit des nombres qui marquent le temps que met chaque fontaine en particulier à remplir le bassin, par la somme de ces nombres, le quotient marquera le temps qu'il faudra aux deux fontaines pour le remplir simultanément.

En appliquant cette règle aux nombres de l'énoncé, on a

$$2\tfrac{1}{2} \times 3\tfrac{3}{4} = \tfrac{5}{2} \times \tfrac{15}{4} = \tfrac{75}{8},$$
$$2\tfrac{1}{2} + 3\tfrac{3}{4} = \tfrac{5}{2} + \tfrac{15}{4} = \tfrac{10}{8} + \tfrac{30}{8} = \tfrac{40}{8},$$

d'où

$$x = \tfrac{75}{40} = \tfrac{3}{2}.$$

2°. *Soit a un nombre à partager en trois parties, ayant entre elles les mêmes rapports que les nombres donnés m, n et p.*

Il est visible que la vérification de la question se ferait comme il suit :

En désignant par x la 1re partie, on aurait

$$m : n :: x : \text{la } 2^e \text{ partie} = \frac{n\,x}{m}\ (\textit{Arithm. } 116.)$$

$$m : p :: x : \text{la } 3^e \text{ partie} = \frac{p\,x}{m};$$

et réunissant les trois parties, il faudrait trouver le nombre à partager : on aura donc l'équation

$$x + \frac{n\,x}{m} + \frac{p\,x}{m} = a.$$

En réduisant tous ses termes au dénominateur m, elle deviendra

$$m\,x + n\,x + p\,x = a\,m,$$

et on en tirera

$$x = \frac{a\,m}{m + n + p}.$$

Ce résultat n'est que la traduction algébrique de la *règle de société* (*Arithm.* 124) ; car en regardant les nombres m, n, p, comme désignant les mises des marchands, $m + n + p$ est la mise totale, a le bénéfice à partager, et l'expression

$$x = \frac{m\,a}{m + n + p}\ \text{indique qu'une part s'obtient en multi-}$$

pliant la mise correspondante par le bénéfice total, et

en divisant le produit par la somme des mises, ce qui revient à la proportion

> *là mise totale : une mise particulière*
> *:: le gain total : au gain particulier.*

15. La formation de l'équation du problême suivant exige des observations particulières qui ne se sont pas encore présentées.

Un pêcheur, afin d'encourager son fils, lui promet 5 centimes par chaque coup de filet dans lequel il aura pris du poisson, mais aussi il remettra à son père 3 centimes pour chaque coup infructueux. Après 12 coups de filet, le père et le fils règlent leur compte. Le premier doit au second 28 centimes. Combien y a-t-il eu de coups de filet heureux ?

Si on représente le nombre de ces coups par x, le nombre des coups infructueux sera $12 - x$; et si ces nombres étaient donnés, on les vérifierait en multipliant 5 centimes par le premier, pour obtenir ce que le père doit donner au fils, et 3 centimes par le second, pour avoir ce que le fils doit remettre au père : le premier nombre devrait surpasser le second des 28 centimes que le père doit à son fils.

On aura pour le premier nombre, x de fois 5 centimes ou $5x$. A l'égard du second nombre, il se présente une difficulté : comment obtenir le produit de 3 par $12 - x$? Si, au lieu de x, il y avait un nombre donné, on effectuerait d'abord la soustraction indiquée, puis on multiplierait 3 par le reste ; mais pour le moment la chose n'est pas possible, et il faut tâcher d'effectuer la multiplication avant la soustraction, ou au moins de ramener le résultat à un ensemble de termes algébriques semblables à ceux que contiennent les équations qu'on sait résoudre.

Avec un peu d'attention, on voit qu'en prenant 12 fois

le nombre 3, on répète 3 autant de fois de trop qu'il y a d'unités dans le nombre x, dont on aurait dû préalablement diminuer le multiplicateur 12, ensorte que le véritable produit sera

36 diminué de 3 pris x fois ou de $3x$,

ou $36 - 3x$.

Cette conclusion peut se vérifier facilement, en donnant à x des valeurs numériques. Si, par exemple, x était égal à 8, on aurait 3 à prendre 12 fois — 8 fois, et si on négligeait — 8 fois, on mettrait dans le résultat 8 fois de trop le nombre 3; le véritable produit sera donc

$$3 \times 12 - 3 \times 8 = 36 - 24 = 12.$$

Ce résultat s'accorde avec celui qu'on obtient en retranchant d'abord 8 de 12; car alors

$$12 - 8 = 4 \quad \text{et} \quad 3 \times 4 = 12.$$

Cela posé, puisque l'argent dû par le père à son fils est exprimé par $5x$, et que celui que le fils doit à son père est exprimé par $36 - 3x$, il faut que le second nombre retranché du premier, donne pour reste 28; mais encore ici nouvelle difficulté : comment retrancher $36 - 3x$ de $5x$, sans avoir soustrait d'abord $3x$ de 36 ?

On élude cette difficulté en observant que si l'on négligeait le terme $-3x$, et qu'on retranchât de $5x$ le nombre 36 tout entier, on aurait nécessairement ôté $3x$ de trop, puisque ce n'est qu'après avoir diminué 36 de $3x$, qu'il faut le retrancher de $5x$. Ainsi, la différence $5x - 36$ doit être augmentée de $3x$ pour former la quantité qui doit rester après qu'on a ôté de $5x$ le nombre exprimé par $36 - 3x$: cette quantité sera donc

$$5x - 36 + 3x;$$

et on aura l'équation

$$5x - 36 + 3x = 28;$$

qui revient successivement à

$$8x - 36 = 28,$$
$$8x = 28 + 36,$$
$$8x = 64,$$
$$x = \frac{64}{8} = 8.$$

Il y a donc eu 8 coups de filet heureux et 4 d'infructueux.

En effet, 8 coups à 5 centimes, donnent 40 centimes.

4 coups à 3   donnent 12

différence.............. 28

comme l'exige l'énoncé de la question.

Si on voulait rendre la solution générale, on représenterait par *a* la somme que le père donne à son fils pour chaque coup de filet heureux, par *b* celle que le fils rend à son père pour chaque coup de filet infructueux, par *c* le nombre total de coups de filet ; et par *d* ce que le père doit à son fils après ce nombre de coups. En désignant toujours par *x* le nombre de coups heureux, $c - x$ serait celui des coups infructueux ; chaque coup de la première espèce valant au fils une somme *a*, *x* coups vaudraient $a \times x$ ou ax, et les coups infructueux vaudraient au père la somme *b*, multipliée par le nombre $c - x$.

Le raisonnement par lequel on a trouvé les parties dont se compose le produit de $36 - x$ par 3, s'applique également au cas général. Si on néglige d'abord $- x$ pour former le produit bc, de *b* par *c* tout entier, la somme *b* sera répétée *x* fois de trop ; et par conséquent le véritable produit sera $bc - bx$.

Pour retrancher ce produit de la somme ax, il faut observer aussi, comme dans l'exemple numérique, que si on retranchait la quantité bc toute entière, on ôterait de trop la quantité bx dont la première doit être diminuée d'abord ; et que par conséquent le véritable reste n'est pas seulement $ax - bc$, mais $ax - bc + bx$.

Cette somme devant être égale à d, l'équation du problème sera

$$a x - b c + b x = d,$$

et donnera,

$$a x + b x = d + b c,$$

$$= \frac{d + b c}{a + b}.$$

Cette formule générale indiquant quelles ôpérations il faut faire sur les nombres donnés a, b, c, d, pour obtenir l'inconnue x, on peut ou la traduire en règle, ou bien y écrire à la place des lettres a, b, c, d, les nombres donnés; le dernier procédé est ce qu'on appelle *substituer les valeurs des données*, ou *mettre la formule en nombres*. En y appliquant ceux de l'exemple ci-dessus, il vient

$$x = \frac{28 \times 3 \times 12}{5 \times 3};$$

et en effectuant les opérations indiquées, on a, comme plus haut,

$$x = \frac{28 + 36}{8} = \frac{64}{8} = 8.$$

Méthodes pour effectuer, autant qu'il est possible, les opérations indiquées sur les quantités représentées par des lettres.

16. La question précédente a fait voir qu'il fallait, dans certains cas, décomposer en multiplications partielles une multiplication indiquée sur la somme ou la différence de plusieurs quantités; et dans le numéro 11, on a fait précisément le contraire, en décomposant la quantité $a x - b x + c x$, qui représente le résultat de plusieurs multiplications suivies d'additions et de soustractions, dans les deux facteurs $a - b + c$ et x, qui n'indiquent qu'une seule multiplication précédée d'addition

et de soustraction. Les raisonnemens dont on s'est servi dans ces deux circonstances, peuvent être réduits en règles; et il en résultera sur les quantités représentées par des lettres, des opérations qu'on a appelées *multiplication* et *division algébriques*, par l'analogie qu'elles ont avec les opérations de l'arithmétique qui portent les mêmes noms.

On a conçu par la même analogie deux opérations algébriques qui portent les noms d'*addition* et de *soustraction*, et dans lesquelles on a pour but de réunir en une seule plusieurs expressions algébriques, ou de les retrancher l'une de l'autre; mais ces opérations, comme les précédentes, diffèrent de celles de l'arithmétique, en ce que leurs résultats n'étant le plus souvent, que des indications d'opérations à effectuer, ne présentent qu'une transformation des opérations primitivement indiquées, en d'autres qui produisent le même effet. Il arrive seulement, ou qu'on simplifie les expressions, ou qu'on leur donne une forme propre à manifester les conditions qu'il faut remplir.

Pour expliquer ces opérations, on appelle quantités *monomes* ou simplement *monomes*, celles qui n'ont qu'un seul terme, comme $+2a$, $-3ab$, etc. *binomes* celles qui en ont deux, comme $a+b, a-b, 5a-2x$, etc. *trinomes* celles qui en ont trois, *quadrinomes* celles qui en ont quatre, et en général *polynomes* les quantités composées de plusieurs termes. Il est bon d'observer qu'on appelle aussi les monomes quantités *incomplexes*, et les polynomes quantités *complexes*.

De l'addition des quantités algébriques.

17. L'addition des quantités monomes se fait en les joignant par le signe $+$; c'est ainsi que b ajouté avec a s'indique par $a+b$. Mais lorsqu'on se propose d'ajouter

ensemble

ensemble des expressions algébriques, on a en même temps pour but de simplifier le résultat, en le réduisant au plus petit nombre de termes possible, par la réunion de plusieurs de ces termes en un seul.

Cette réunion est celle qui a été effectuée dans les numéros 2 et 5, en réduisant la quantité $x+x$ à $2x$, la quantité $x+x+x$ à $3x$. Elle ne peut avoir lieu qu'à l'égard des quantités exprimées par les mêmes lettres, et qu'on appelle pour cette raison quantités *semblables*. On regarde la quantité littérale comme une unité qui se trouve répétée un certain nombre de fois; c'est ainsi que les quantités $2a$ et $3a$, considérées comme deux unités, et trois unités d'une espèce particulière, forment, par leur addition, $5a$, ou 5 unités de même espèce. De même, $4ab$ et $5ab$ forment $9ab$.

Dans ce cas, l'addition s'opère sur les chiffres qui précèdent la quantité littérale, et qui indiquent combien de fois elle est répétée. Ces chiffres se nomment *coefficiens*. Le coefficient est donc le multiplicateur de la quantité devant laquelle il est placé, et il faut se rappeler que lorsqu'il n'est pas écrit, il est égal à l'unité; car $1a$ est la même chose que a.

18. Lorsqu'il s'agit de réunir des quantités quelconques, comme

$$4a+5b \qquad \text{et} \qquad 2c+3d,$$

le total doit être évidemment composé de toutes les parties ajoutées ensemble; il faut donc écrire

$$4a+5b+2c+3d.$$

Si l'on avait au contraire

$$4a+5b \qquad \text{et} \qquad 2c-3d,$$

il faudrait, dans la somme, écrire avec le signe —, ou indiquer comme soustractive, la quantité $3d$, qui, devant être retranchée de $2c$, diminuerait nécessairement d'au-

Elémens d'Algèbre. C

tant la somme qu'on formerait en réunissant $2c$ avec la première des quantités proposées ; et l'on aurait

$$4a + 5b + 2c - 3d.$$

Ces deux exemples font voir que *l'addition algébrique des polynômes s'effectue en écrivant à la suite les unes des autres, et avec leurs signes ; les quantités qu'il faut ajouter, en observant que les termes qui ne sont précédés d'aucun signe, sont censés avoir le signe +.*

L'opération ci-dessus n'est, à proprement parler, qu'une indication par laquelle la réunion de deux quantités complexes est ramenée à l'addition et à la soustraction d'un certain nombre de quantités monomes ; mais si les expressions à ajouter contenaient des termes semblables, on pourrait réunir ces termes en opérant immédiatement sur leurs coefficiens.

Soient, pour exemple, les expressions

$$4a + 9b - 2c,$$
$$2a - 3c + 4d,$$
$$7b + c - e ;$$

la somme indiquée sera, d'après la règle précédente,

$$4a + 9b - 2c + 2a - 3c + 4d + 7b + c - e.$$

Mais les termes $4a$ et $+ 2a$ étant formés de quantités semblables, se réunissent en un seul égal à $6a$.

De même les termes $+ 9b$, $+ 7b$, donnent $16b$.

Les termes $- 2c$ et $- 3c$, tous deux soustractifs, produisent dans le total le même effet que la soustraction d'une quantité égale à leur somme, c'est-à-dire, que la soustraction de $5c$; et comme, en vertu du terme $+ c$, on aura d'une autre part à ajouter c, il restera seulement à retrancher $4c$.

La somme des expressions proposées sera donc ramenée à

$$6a + 16b - 4c + 4d - e.$$

19. La dernière opération pratiquée ci-dessus, et par laquelle on réunit tous les termes semblables en un seul, quelque signe qu'ils aient, se nomme la *réduction*. *Elle s'effectue en faisant la somme des quantités sembla-bles affectées du signe +, celle des quantités semblables affectées du signe —; puis en retranchant la plus petite de ces deux sommes de la plus grande, et donnant au reste le signe de la plus grande.*

Il est à remarquer que la réduction s'applique à toutes les opérations algébriques.

Voici, pour exercer le lecteur, quelques exemples d'additions avec leurs résultats.

1°. Ajouter les quantités

$$7m+3n-14p+17r$$
$$3a+9n-11m+2r$$
$$5p-4m+8n$$
$$11n-2b-m-r+s$$

résultat $7m+3n-14p+17r+3a+9n-11m+2r$
$+5p-4m+8n+11n-2b-m-r+s$.

Faisant la réduction, cette quantité se change en celle-ci:

$$-9m+31n-9p+18r+3a-2b+s,$$

ou $\quad 31n-9m-9p+18r+3a-2b+s,$

en commençant par un terme qui ait le signe +.

2°. Ajouter les quantités

$$11bc+4ad-8ac+5cd$$
$$8ac+7bc-2ad+4mn$$
$$2cd-3ab+5ac+an$$
$$9an-2bc-2ad+5cd$$

résultat $11bc+4ad-8ac+5cd+8ac+7bc-2ad$
$+4mn+2cd-3ab+5ac+an+9an-2bc$
$-2ad+5cd.$

En réduisant cette quantité, elle devient

$$16bc+5ac+12cd+4mn-3ab+10an.$$

C 2

De la soustraction des quantités algébriques.

20. La soustraction des monomes s'indique, ainsi qu'on en est convenu, en plaçant le signe — entre la quantité à soustraire et celle dont on la soustrait.

b soustrait de a, s'écrit par $a - b$.

Lorsque les quantités sont semblables, la soustraction s'opère immédiatement sur les coefficiens.

Si de $5a$ on retranche $3a$, il vient pour reste $2a$.

A l'égard de la soustraction des polynomes, il faut distinguer deux cas : 1°. Si la quantité à soustraire a tous ses termes affectés du signe +, il faut évidemment leur donner le signe —, puisqu'on doit retrancher successivement toutes les parties de la quantité à soustraire.

Si, par exemple, de $5a - 9b + 2c$, on veut ôter $2d + 3e + 4f$, il faudra écrire

$$5a - 9b + 2c - 2d - 3e - 4f.$$

2°. Si la quantité à soustraire a des termes affectés du signe —, il faut leur donner le signe +. En effet, si de la quantité a, on voulait ôter $b - c$, et qu'on écrivît d'abord $a - b$, on aurait diminué ainsi a de la quantité b toute entière; mais la soustraction ne devait s'effectuer qu'après avoir diminué préalablement b de la quantité c: on a donc ôté de trop cette dernière quantité, qu'il faut par conséquent restituer avec le signe +, ce qui donnera pour le vrai résultat,

$$a - b + c.$$

Ce raisonnement, qu'on peut appliquer à tous les cas semblables, montre que le signe — de c a dû être changé en +; et en rapprochant ce résultat du précédent, on conclura que *la soustraction des quantités algébriques s'effectue en écrivant, à la suite de la quantité dont on veut*

*soustraire une autre, cette autre, après en avoir changé
les signes* + *en* —, *et les signes* — *en* +.

Lorsqu'on a écrit le résultat que donne d'abord la
règle énoncée plus haut, on y fait, s'il y a lieu, des réductions conformes au précepte du numéro 19, ainsi
qu'on le voit dans les exemples suivans :

1°. Soustraire de $17a + 2m - 9b - 4c + 23d$
la quantité . . . . $51a - 27b + 11c - 4d$

Résultat . . . . $17a + 2m - 9b - 4c + 23d$
$\qquad\qquad -51a + 27b - 11c + 4d$

Opérant la réduction, cette quantité devient

$$-34a + 2m + 18b - 15c + 27d,$$

ou bien

$$2m - 34a + 18b - 15c + 27d.$$

2°. Soustraire de $5ac - 8ab + 9bc - 4am$
la quantité . . . . $8am - 2ab + 11ac - 7cd.$

Résultat . . . . $5ac - 8ab + 9bc - 4am$
$\qquad\qquad -8am + 2ab - 11ac + 7cd.$

Opérant la réduction, il vient

$$-6ac - 6ab + 9bc - 12am + 7cd,$$

ou $\qquad 9bc - 6ac - 6ab - 12am + 7cd.$

De la multiplication des quantités algébriques.

21. Tant qu'on n'envisage dans les lettres que les
valeurs numériques des quantités dont elles tiennent la
place, on doit se former de la multiplication algébrique
la même idée que de la multiplication arithmétique
(*Arithm.* 21, 66). Ainsi, *multiplier* a *par* b, *c'est composer avec la quantité représentée par* a, *une autre quantité, de la même manière que la quantité représentée
par* b *l'est avec l'unité.*

On a déjà fait connaître dans les numéros 2 et 7, les

C 3

signes dont on est convenu pour indiquer la multiplication ; et le produit de a par b s'écrirait en conséquence
soit par $a \times b$, ou par $a . b$, ou enfin par ab.

On a le plus souvent besoin d'indiquer plusieurs multiplications successives , comme celle de a par b , puis
du produit $a\,b$ par c, puis de ce dernier produit par d,
et ainsi de suite. Dans ce cas il est évident que le dernier
resultat est un nombre ayant pour *facteurs* les nombres.
a , b , c , d (*Arithm.* 22) ; et , en généralisant la dernière
des conventions rappelées ci–dessus , *on indique ce produit en écrivant à la suite l'un de l'autre, et sans aucune interposition de signe, les facteurs dont il est formé.*
On a de cette manière l'expression $a\,b\,c\,d$.

Réciproquement toute expression telle que $a\,b\,c\,d$,
formée de plusieurs lettres écrites immédiatement à la
suite les unes des autres , désigne toujours le produit
des nombres représentés par ces lettres.

J'ai déjà fait tacitement usage de ces conventions , dans lesquelles les coefficiens numériques sont
aussi compris , puisqu'ils sont évidemment facteurs de la
quantité proposée. En effet, $15\,abcd$, désignant la quantité $a\,b\,c\,d$ prise 15 fois , exprime aussi le produit des cinq
facteurs 15, a, b, c, d.

22. Il suit de là que pour indiquer la multiplication
de plusieurs monomes, tels que $4\,a\,b\,c$, $5\,d\,e\,f$, $3\,m\,n$, il
faut écrire ces quantités à la suite les unes des autres ,
sans interposition de signe, et il viendra

$$4\,a\,b\,c\,5\,d\,e\,f\,3\,m\,n;$$

mais comme on a fait voir en arithmétique, n° 82,
qu'on pouvait intervertir comme on voulait l'ordre des
facteurs d'un produit, sans que la valeur de ce produit
changeât, on profite de cette circonstance pour rap-
procher les facteurs numériques , dont la multiplication
peut s'effectuer par les règles de l'arithmétique : on

conçoit donc le produit comme indiqué dans l'ordre
4.5.3 a b c d e f m n; et effectuant la multiplication des
nombres 4, 5, 3, on aura seulement

$$60\ a\,b\,c\,d\,e\,f\,m\,n.\,(^*).$$

23. L'expression d'un produit s'abrège beaucoup lorsqu'il contient des facteurs égaux. Au lieu d'écrire plusieurs fois de suite la lettre qui représente un de ces
facteurs, on ne la met qu'une fois, et *on marque par un
nombre combien de fois elle aurait dû être écrite comme
facteur;* mais parce que ce nombre indique des multiplications successives, il doit être soigneusement distingué
du coefficient, qui n'indique que des additions; c'est
pourquoi on le place à la droite de la lettre, et un peu
au-dessus, tandis que le coefficient est toujours écrit à
la gauche de la lettre et sur la même ligne.

D'après cette convention, le produit de a par a, qui
serait indiqué, suivant le numéro 21, par $a\,a$, devient
a^2. Le 2 supérieur marque que le nombre désigné par la
lettre a est deux fois facteur dans l'expression proposée,
qu'il ne faut par conséquent pas confondre avec $2\,a$, qui
n'est que l'abréviation de $a+a$. Pour bien sentir l'erreur
que l'on commettrait en prenant l'une pour l'autre, il
suffit de substituer des nombres aux lettres. Si l'on avait,
par exemple, $a=5$, $2a$ deviendrait $2.5=10$, et
$a^2=a\times a=5.5=25$.

En continuant cette marche, on verra que pour dési-

(*) L'usage des symboles algébriques abrégeant beaucoup la démonstration de cette proposition, j'ai cru devoir la rappeler ici au
moyen de ces symboles.
Si l'on écrit le produit $a\,b\,c\,d\,e\,f$ comme il suit: $a\,b\,c\times d\,e\times f$,
et qu'on change l'ordre des deux facteurs du produit $d\,e$ pour avoir
$e\,d$ (*Arithm.* 27), il viendra $a\,b\,c\times e\,d\times f$ ou $a\,b\,c\,e\,d\,f$. Il est
évident qu'on pourra, par de nouvelles décompositions, amener tel
changement qu'on voudra dans l'ordre des facteurs du produit proposé.

gner un produit dans lequel a serait trois fois facteur, il faudrait écrire a^3; au lieu de $a\,a\,a$, de même a^5 représente un produit dans lequel a est cinq fois facteur, ou équivalent à $a\,a\,a\,a\,a$.

24. Les produits formés ainsi par des multiplications successives d'une quantité, sont appelés en général *puissances* de cette quantité.

La quantité elle-même, ou a, se nomme la première puissance.

La quantité multipliée par elle-même, ou $a\,a$, ou bien a^2, est la seconde puissance, qu'on appelle aussi le *quarré*.

La quantité multipliée deux fois de suite par elle-même, ou $a\,a\,a$, ou bien a^3, est la troisième puissance, qu'on appelle aussi *cube* (*).

En général, une puissance quelconque se désigne par le nombre de facteurs égaux dont elle est formée : a^5, ou bien $a\,a\,a\,a\,a$, est la *cinquième* puissance de a.

Pour montrer l'application de ces dénominations, je prendrai le nombre 3, et j'aurai

$$1^{re} \text{ puissance} \qquad 3$$
$$2^{e}\dots\dots\dots \qquad 3.3 = 9$$
$$3^{e}\dots\dots\dots \qquad 3.3.3 = 9.3 = 27$$
$$4^{e}\dots\dots\dots \quad 3.3.3.3 = 27.3 = 81$$
$$5^{e}\dots\dots\dots \; 3.3.3.3.3 = 81.3 = 243$$
$$\text{etc.}$$

Le nombre qui marque la puissance d'un autre, se nomme *exposant* de cet autre.

_____

(*) Les dénominations de *quarré* et de *cube*, tenant à des considérations géométriques, et rompant l'uniformité dans la nomenclature de produits formés par des facteurs égaux, sont très-impropres en Algèbre; mais on les emploie fréquemment à cause de leur brièveté.

L'exposant, lorsqu'il est égal à l'unité, ne s'écrit point : a est la même chose que a^1.

On voit par ce qui précède, que, *pour former une puissance d'un nombre, il faut multiplier ce nombre par lui-même une fois de moins qu'il n'y a d'unités dans l'exposant de la puissance.*

25. Puisque l'exposant marque le nombre de facteurs égaux qui forment l'expression dont il fait partie, et que le produit de deux quantités doit avoir pour facteurs tous ceux qui forment chacune de ces quantités, il s'ensuit que l'expression a^5, dans laquelle a est 5 fois. facteur, multipliée par l'expression a^3, dans laquelle a est 3 fois facteur, doit donner un produit dans lequel a soit 8 fois facteur, par conséquent exprimé par a^8, et qu'en général *le produit de deux puissances du même nombre doit avoir pour exposant la somme de ceux du multiplicande et du multiplicateur.*

26. Il suit de là que *lorsque deux monomes ont des lettres communes, on peut abréger l'expression du produit de ces quantités, en ajoutant tout de suite les exposans des lettres semblables du multiplicande et du multiplicateur.*

Par exemple, l'expression du produit des quantités $a^2 b^3 c$ et $a^4 b^5 c^2 d$, qui serait $a^2 b^3 c a^4 b^5 c^2 d$, suivant les conventions du numéro 21, s'abrège en assemblant les facteurs désignés par la même lettre, ce qui donne

$$a^2 a^4 b^3 b^5 c c^2 d,$$

d'où on conclut

$$a^6 b^8 c^3 d,$$

en écrivant

a^6 au lieu de $a^2 a^4$

b^8 au lieu de $b^3 b^5$

c^3 au lieu de $c c^2$ ou de $c^1 c^2$.

27. De même qu'on distingue les puissances par le nombre de facteurs égaux dont elles sont formées, on classe aussi les produits quelconques par le nombre des facteurs simples ou *premiers* qui les forment, et je donnerai à ces classes le nom de *degrés*. Le produit $a^2 b^3 c$ sera, par exemple, du 6ᵉ degré, parce qu'il renferme 6 facteurs simples, savoir : 2 facteurs a, 3 facteurs b et 1 facteur c. Il est évident que les facteurs a, b et c, regardés ici comme premiers, ne le sont qu'eu égard à l'Algèbre, qui ne permet pas de les décomposer ; mais ils peuvent représenter d'ailleurs des nombres composés : il ne s'agit ici que de leur état général (*).

Les coefficiens exprimés en nombres ne comptent point dans l'estimation du degré des quantités algébriques ; on n'a égard qu'aux lettres.

Il est évident (21, 25) que lorsqu'on multiplie deux monomes l'un par l'autre, le nombre qui marque le degré du produit est la somme de ceux qui marquent le degré de chacun de ces monomes.

28. La multiplication des quantités complexes se ramène à celle des quantités monomes, en considérant à part chaque terme du multiplicande et du multiplicateur, de même qu'en arithmétique, on opère en particulier sur chaque chiffre des nombres qu'on se propose de multiplier (*Arithm.* 33) ; la réunion des produits par-

_____

(*) Par une suite de l'analogie indiquée dans la note de la page 40, on appelle communément *dimensions* ce que je nomme *degrés*. L'expression rapportée ci-dessus aurait, dans le langage ordinaire, 6 dimensions. Cet exemple prouve bien l'absurdité de l'ancienne nomenclature, établie sur ce que les produits de 2 ou de 3 facteurs mesurent les aires des surfaces et les volumes des corps, qui ont deux ou trois dimensions ; mais passé ce terme, la correspondance entre les expressions algébriques et les figures géométriques cesse, puisque l'étendue ne peut avoir plus de trois dimensions.

tiels compose le produit total : mais l'Algèbre présente une circonstance qui ne se trouve pas dans les nombres. Ceux - ci n'ont point de termes à retrancher, ou de parties soustractives ; les unités, dixaines, centaines, etc. qui les forment, sont toujours censées ajoutées entre elles, et alors il est bien évident que le produit total doit se former de la somme des produits de chaque partie du multiplicande par chaque partie du multiplicateur.

Il en est de même lorsqu'il s'agit des expressions littérales dont tous les termes sont assemblés par le signe $+$.

Le produit de $\qquad a + b$
multiplié par $\qquad c$
$$\overline{}$$
est. $\qquad a\,c + b\,c,$

et s'obtient en multipliant chaque partie du multiplicande par le multiplicateur, et en ajoutant les deux produits partiels $a\,c$ et $b\,c$. Si le multiplicande contenait plus de deux parties, l'opération serait toujours la même.

Lorsque le multiplicateur est la somme de plusieurs termes, il est visible que le produit se compose de la somme des produits du multiplicande par chaque terme du multiplicateur.

Le produit de $\quad a + b$
multiplié par $\quad c + d$
$$\overline{}$$
est $\Big\{\qquad \begin{array}{l} a\,c + b\,c \\ + a\,d + b\,d; \end{array}$

car en multipliant d'abord $a + b$ par c, on obtient $a\,c + b\,c$, puis en multipliant $a + b$ par le second terme d du multiplicateur, on trouve $a\,d + b\,d$, et la somme de ces deux résultats donne $a\,c + b\,c + a\,d + b\,d$ pour le total.

29. Lorsque le multiplicande contient des parties

soustractives, les produits de ces parties par le multiplicateur doivent-être retranchés des autres, c'est-à-dire,
affectés du signe —. Par exemple,

$$\text{le produit de} \quad a - b.$$
$$\text{multiplié par} \quad c$$
$$\text{est} \quad \overline{ac - bc};$$

car chaque fois qu'on prendra toute entière la quantité a,
qui aurait dû être diminuée de b avant la multiplication,
on prendra de trop la quantité b ; le produit ac, dans
lequel a tout entier est pris autant de fois que le marque
le nombre c, surpassera par conséquent le produit cherché de la quantité b, prise autant de fois que le marque
le nombre c, ou du produit bc : il faudra donc retrancher bc de ac, ce qui donnera, comme ci-dessus,

$$ac - bc.$$

Le même raisonnement s'appliquerait à chacune des
parties soustractives du multiplicande, quel qu'en fût le
nombre, et quel que fût celui des termes du multiplicateur, pourvu qu'ils fussent tous affectés du signe +.
En observant que les termes qui n'ont pas de signe sont
censés avoir le signe +, on voit par ces exemples que
les termes du multiplicande affectés du signe +, donnent
un produit partiel affecté du signe +, tandis que ceux
qui sont affectés du signe —, en donnent un affecté du
signe —. Il suit de là que *lorsque le multiplicateur partiel a le signe +, le produit partiel a le même signe que
le multiplicande partiel.*

3o. Le contraire a lieu quand le multiplicateur contient
des parties soustractives ; les produits formés par ces parties doivent être pris avec un signe contraire à celui qu'ils
auraient, d'après la règle précédente. On s'en convaincra
par l'exemple suivant.

Soit le multiplicande, $a - b$
le multiplicateur $c - d$

le produit sera $\begin{cases} ac - bc \\ -ad + bd; \end{cases}$

car le produit du multiplicande par le premier terme c du multiplicateur, sera, par l'exemple précédent, $ac - bc$; mais en prenant c tout entier pour multiplicateur, au lieu de c diminué de d, on prend la quantité $a - b$ autant de fois de trop que le marque le nombre d; ainsi, le produit $ac - bc$ surpasse celui qu'on cherche du produit de $a - b$ par d. Or ce dernier est, par ce qui précède, $ad - bd$; et pour le retrancher du premier, il faut en changer les signes (20) : on aura donc $ac - bc - ad + bd$ pour le résultat demandé.

31. En résumant les conséquences des exemples ci-dessus, on en conclura que *la multiplication des polynomes s'effectue en multipliant successivement, selon les règles données pour les monomes* (n°s 21 — 26), *tous les termes du multiplicande par chaque terme du multiplicateur, et en observant que si le multiplicateur partiel a le signe* +, *le produit partiel doit avoir le même signe que le multiplicande partiel, et le signe contraire, si le multiplicateur partiel a le signe* —.

Si on développe les différens cas de cette dernière règle, on trouvera,

1°. Qu'un terme ayant le signe +, multiplié par un terme ayant le signe +, donne un produit qui a le signe +.

2°. Qu'un terme ayant le signe —, multiplié par un terme ayant le signe +, donne un produit qui a le signe —.

3°. Qu'un terme ayant le signe +, multiplié par un terme ayant le signe —, donne un produit qui a le signe —.

4°. Qu'un terme ayant le signe —, multiplié par un terme ayant le signe —, donne un produit qui a le signe +.

Ce tableau fait voir que *lorsque le multiplicande et le multiplicateur partiels ont le même signe, le produit a le signe +, et que s'ils ont des signes différens, le produit a le signe —.*

Afin de faciliter la pratique de la multiplication des polynomes, voici la récapitulation des règles qu'il faut suivre dans cette opération.

1°. *Déterminer le signe de chaque produit partiel d'après la règle ci-dessus :* c'est la règle des signes.

2°. *Former le coefficient en faisant le produit de ceux du multiplicande et du multiplicateur partiels* (22) : c'est la règle des coefficiens.

3°. *Ecrire à la suite les unes des autres toutes les lettres différentes, contenues dans le multiplicande et dans le multiplicateur partiels* (21) : c'est la règle des lettres.

4°. *Donner aux lettres communes au multiplicande et au multiplicateur partiels, un exposant égal à la somme de ceux qu'elles ont dans ce multiplicande et dans ce multiplicateur* (25) : c'est la règle des exposans.

32. L'exemple ci-dessous offre l'application de toutes ces règles.

Multiplicande $\quad 5a^4-2a^3b+4a^2b^2$

Multiplicateur $\quad a^3-4a^2b+2b^3$

$$\text{Produits partiels} \begin{cases} 5a^7-2a^6b+4a^5b^2 \\ -20a^6b+8a^5b^2-16a^4b^3 \\ +10a^4b^3-4a^3b^4+8a^2b^5 \end{cases}$$

Résultat réduit $5a^7-22a^6b+12a^5b^2-6a^4b^3-4a^3b^4+8a^2b^5$

La première ligne des produits partiels contient ceux de tous les termes du multiplicande par le premier terme

a^3 du multiplicateur ; ce terme étant censé avoir le signe $+$, les produits qu'il donne ont les mêmes signes que les termes correspondans du multiplicande (31).

Le premier terme $5a^4$ du multiplicande ayant le signe $+$, on n'écrit pas celui du premier produit partiel, qui serait aussi $+$; le coefficient 5 de a^4 étant multiplié par le coefficient 1 de a^3, donne 5 pour celui du produit partiel ; la somme des deux exposans de la lettre a étant $4+3$ ou 7 : le premier produit partiel est donc $5a^7$.

Le second terme $-2a^3b$ du multiplicande ayant le signe $-$, le produit a le signe $-$; le coefficient 2 de a^3b, multiplié par le coefficient 1 de a^3, donne 2 pour coefficient du produit ; l'exposant de la lettre a, commune aux termes qu'on multiplie, est $3+3$ ou 6, et on écrit à la suite la lettre b, qui ne se trouve que dans le multiplicande partiel : le second produit partiel est donc $-2a^6b$.

Le troisième terme $+4a^2b^2$ donne un produit partiel affecté du signe $+$, et que, par les règles appliquées aux deux termes précédens, on trouve de $+4a^5b^2$.

La seconde ligne contient les produits de tous les termes du multiplicande par le second terme $-4a^2b$ du multiplicateur ; ce dernier ayant le signe $-$, tous les produits qu'il donne doivent avoir des signes contraires à ceux des termes correspondans du multiplicande : les coefficiens, les lettres et les exposans se forment comme dans la ligne précédente.

La troisième ligne enfin renferme les produits de tous les termes du multiplicande par le troisième terme $+2b^3$ du multiplicateur ; ce terme ayant le signe $+$, tous les produits qu'il donne ont le même signe que les termes correspondans du multiplicande.

Après avoir formé tous les produits partiels dont se compose le produit total, on examine attentivement ce dernier, pour voir s'il ne renferme pas des termes sem-

blables. Lorsqu'il en contient, on les réduit, suivant la
règle du numéro 19, en observant que deux termes,
pour être semblables, doivent contenir non-seulement les
mêmes lettres, mais encore affectées des mêmes exposans. Dans l'exemple ci-dessus, il y a trois réductions,
savoir :

$$- 2\,a^6b \quad \text{et} - 20\,a^6b\,, \quad \text{ce qui donne} \quad -22\,a^6b$$
$$+ 4\,a^5b^2 \quad \text{et} + 8\,a^5b^2, \quad \text{ce qui donne} \quad +12\,a^5b^2$$
$$-16\,a^4b^3 \quad \text{et} + 10\,a^4b^3, \quad \text{ce qui donne} \quad - 6\,a^4b^3.$$

Ces réductions étant effectuées, on a pour résultat la
dernière ligne de l'exemple.

Voici encore, pour exercer le lecteur, un exemple de
multiplication, qu'il est facile d'effectuer d'après ce qui
précède.

Multiplicande.

Multiplicande. $5a^4b^2 + 7a^3b^3 - 15a^3c + 23b^2d^4 - 17bc^3d^2 - 9abcdm^2$

Multiplicateur. $11b^3 - 8c^3 + 5abc - 2bdm$

Produits partiels.
$\left\{\begin{array}{l} 55a^4b^5 + 77a^3b^6 - 165a^3b^3c + 253b^5d^4 - 187b^4c^3d^2 - 99ab^4cdm^2 \\ -40a^4b^2c^3 - 56a^3b^3c^3 + 120a^5c^4 - 184b^2c^3d^4 + 136bc^6d^2 + 72abc^4dm^2 \\ +25a^5b^3c + 35a^4b^4c - 75a^4b^4c + 115ab^3cd^4 - 85ab^3c^4d^2 - 45a^2b^2c^2dm^2 \\ -10a^4b^3dm - 14a^3b^4dm + 30a^3cbdm - 46b^3d^5m + 34b^2c^3d^3m + 18ab^2cd^2m^3 \end{array}\right.$

Résultat simplifié.
$\left\{\begin{array}{l} 55a^4b^5 + 77a^3b^6 - 140a^3b^3c + 253b^5d^4 - 187b^4c^3d^2 - 99ab^4cdm^2 - 40a^4b^2c^3 - 56a^3b^3c^3 \\ +120a^5c^4 - 184b^2c^3d^4 + 136bc^6d^2 + 72abc^4dm^2 + 35a^4b^4c - 75a^6bc^3 - 85ab^3c^4d^2 \\ -45a^2b^2c^2dm^2 - 10a^4b^3dm + 30a^3b^5cdm - 46b^3d^5m + 34b^2c^3d^3m + 18ab^2cd^2m^3 \end{array}\right.$

33. Les procédés de la multiplication font voir que si tous les termes du multiplicande sont du même degré (27), et que ceux du multiplicateur soient aussi du même degré, tous les termes du produit seront du degré marqué par la somme des nombres qui désignent le degré des termes de chacun des facteurs.

Dans le premier exemple, le multiplicande est du quatrième degré, le multiplicateur du troisième ; le produit est du septième.

Dans le second exemple, le multiplicande est du sixième degré, le multiplicateur du troisième; le produit est du neuvième.

Les expressions comme celles qu'on vient de rappeler, dont tous les termes sont du même degré, se nomment expressions *homogènes*. La remarque qu'on vient de faire sur leurs produits, est utile pour prévenir les erreurs qu'on pourrait commettre en oubliant quelques-uns des facteurs dans les multiplications partielles.

34. Les opérations algébriques effectuées sur des quantités littérales, laissant voir comment les diverses parties de ces quantités concourent à la formation des résultats, font souvent connaître des propriétés générales des nombres, indépendamment d'aucun système de numération. Les multiplications ci-après conduisent à des conséquences de ce genre très-remarquables, et d'une application fréquente dans la suite.

$$
\begin{array}{c}
a + b \\
a - b \\
\hline
a^2 + ab \\
- ab - b^2 \\
\hline
a^2 - b^2
\end{array}
\qquad
\begin{array}{c}
a + b \\
a + b \\
\hline
a^2 + ab \\
+ ab + b^2 \\
\hline
a^2 + 2ab + b^2
\end{array}
$$

$$
\begin{array}{c}
a^2 + 2ab + b^2 \\
a + b \\
\hline
a^3 + 2a^2 b + ab^2 \\
+ a^2 b + 2ab^2 + b^3 \\
\hline
a^3 + 3 a^2 b + 3 ab^2 + b^3
\end{array}
$$

La première, de laquelle il résulte que la quantité $a + b$, multipliée par $a - b$, donne $a^2 - b^2$, fait voir que *si on multiplie la somme de deux nombres par leur différence, le produit sera la différence des quarrés de ces nombres.*

Si l'on prend, par exemple, la somme 11 des nombres 7 et 4, qu'on la multiplie par la différence 3 de ces nombres, le produit 3×11 ou 33 sera égal à la différence entre 49, quarré de 7, et 16, quarré de 4.

Par le second exemple, dans lequel $a + b$ est deux fois facteur, on apprend que *la seconde puissance ou le quarré d'une quantité composée de deux parties, a et b, contient le quarré de la première partie, plus le double du produit de la première partie par la seconde, plus le quarré de la seconde.*

Le troisième exemple, où on a multiplié la seconde puissance de $a + b$ par la première, montre que la troisième puissance ou *le cube d'une quantité composée de deux parties, renferme le cube de la première, plus trois fois le quarré de la première multiplié par la seconde, plus trois fois la première multipliée par le quarré de la seconde, plus enfin le cube de la seconde.*

D 2

35. Comme il est souvent nécessaire de décomposer une quantité dans ses facteurs, et de laisser toujours en évidence, le plus qu'il est possible, la formation des quantités que l'on considère, on n'effectue les opérations algébriques que lorsqu'on ne peut s'en dispenser absolument; et il faut, pour cette raison, établir des signes propres à indiquer la multiplication entre des quantités complexes.

On se sert en effet des parenthèses ou crochets, entre lesquels on renferme les différens facteurs du produit indiqué. L'expression

$$(5\,a^4 - 3\,a^2\,b^2 + b^4)\,(4\,a\,b^2 - a\,c^2 + d^3)\,(b^2 - c^2),$$

par exemple, indique le produit des quantités complexes

$$5\,a^4 - 3\,a^2\,b^2 + b^4,\quad 4\,a\,b^2 - a\,c^2 + d^3\quad \text{et}\quad b^2 - c^2.$$

Quelques auteurs déjà un peu anciens, se sont servis de barres placées au-dessus des facteurs, comme on le voit ci-dessous,

$$\overline{5\,a^4 - 3\,a^2\,b^2 + b^4} \times \overline{4\,a\,b^2 - a\,c^2 + d^3} \times \overline{b^2 - c^2}\,;$$

mais les barres pouvant être prolongées plus ou moins qu'il ne faut, rendent ce signe moins précis que les parenthèses, qui ne laissent jamais d'équivoque sur la totalité des quantités comprises dans chaque facteur: aussi ont-elles prévalu.

De la division des quantités algébriques.

• 36. La division algébrique doit être considérée, ainsi que la division arithmétique, comme une opération servant à découvrir l'un des facteurs d'un produit donné lorsqu'on connaît l'autre. D'après cette définition, le quotient, multiplié par le diviseur, doit reproduire le dividende.

En appliquant ces notions aux quantités monomes, on verra par le n° 21, que le dividende sera formé des facteurs du diviseur et de ceux du quotient ; donc , *en supprimant dans le dividende tous les facteurs qui composent le diviseur, le résultat sera le quotient cherché.*

Soit, par exemple, le monome $72\,a^5 b^3 c^2 d$ à diviser par le monome $9\,a^3 b\,c^2$; il faut, suivant la règle énoncée ci-dessus, supprimer dans la première de ces quantités, les facteurs de la seconde, qui sont respectivement

$$9, \quad a^3, \quad b, \quad \text{et} \quad c^2 :$$

il faut donc, pour que la division puisse s'effectuer, que ces facteurs soient dans le dividende. En les prenant par ordre, on voit d'abord que le coefficient 9 du diviseur doit être facteur du coefficient 72 du dividende, ou que 9 doit diviser exactement 72 ; c'est ce qui a lieu, en effet, puisque $72 = 9 \times 8$: en supprimant donc le facteur 9 , il restera le facteur 8 pour coefficient du quotient.

Il suit encore des règles de la multiplication (25), que l'exposant 5 de la lettre a dans le dividende, est la somme des exposans qu'elle a dans le diviseur et dans le quotient ; ce dernier exposant sera par conséquent la différence entre les deux autres, ou $5 - 3 = 2$: ainsi la lettre a aura, dans le quotient, l'exposant 2. Par la même raison, la lettre b aura, dans le quotient, un exposant égal à $3 - 1$, ou 2. Enfin le facteur c^2 étant commun au dividende et au diviseur, doit être supprimé ; et l'on aura par conséquent

$$8\,a^2 b^2 d$$

pour le quotient demandé.

On raisonnerait de même sur tout autre exemple ; et on conclura de ce qui précède, que, *pour effectuer la division des quantités monomes, il faut diviser le coefficient du dividende par celui du diviseur;*

Supprimer dans le dividende les lettres qui lui sont

D. 3

communes avec le diviseur, lorsqu'elles ont le même ex-
posant; et lorsque l'exposant n'est pas le même, retran-
cher l'exposant du diviseur de celui du dividende, le
reste sera l'exposant que doit avoir la lettre dans le quo-
tient;

   Enfin écrire au quotient les lettres du dividende qui ne
sont pas dans le diviseur.

37. En appliquant la règle donnée ci-dessus pour
former l'exposant des lettres du quotient, à une lettre
qui aurait le même exposant dans le dividende et dans
le diviseur, on trouverait zéro pour l'exposant qu'elle
devrait avoir au quotient : a^3 divisé par a^3, par exemple,
donnerait a^0. Pour savoir ce que peut signifier une pa-
reille expression, il faut remonter à son origine, et considérer que représentant le quotient de la division de la
quantité a^3 par elle-même, elle doit répondre à l'unité
qui marque combien de fois une quantité quelconque se
contient elle-même. Il suit de là que *l'expression a^0 est*
un symbole équivalent à l'unité, et qu'on doit remplacer
par conséquent par 1. On peut donc se dispenser d'écrire
les lettres qui ont zéro pour exposant, puisqu'alors chacune d'elles ne représente que l'unité. Ainsi, $a^3 b\, c^2$ divisé
par $a^2 b\, c^2$, donnant $a^1 b^0 c^0$, revient à a, comme on peut
aussi s'en assurer en effectuant la suppression des facteurs communs au dividende et au diviseur.

   On voit par-là que cette proposition : *Toute quantité*
qui a zéro pour exposant, vaut alors 1, n'est, à proprement parler, que l'explication d'un résultat auquel conduit la convention faite sur la manière d'écrire les puissances des quantités par les exposans.

   Pour que la division puisse s'effectuer, il faut, 1°. que
le diviseur ne renferme aucune lettre qui ne se trouve
dans le dividende ; 2°. que l'exposant des lettres, dans
le diviseur, ne surpasse point celui qu'elles ont dans le

dividende; 3°. enfin, que le coefficient du diviseur divise exactement celui du dividende.

38. Lorsque ces conditions n'ont pas lieu, la division ne peut que s'indiquer sous la forme d'une fraction, d'après la convention du numéro 2; et il faut chercher ensuite à simplifier cette fraction, en supprimant les facteurs qui sont communs en même temps au dividende et au diviseur, s'il y en a de tels; car (*Arithm.* 57) il est visible que les principes sur lesquels repose la théorie des fractions arithmétiques, étant indépendans de toute valeur particulière de leurs termes, conviennent aux fractions exprimées par des lettres, comme à celles qui sont représentées par des nombres.

D'après ces principes, on supprime d'abord les facteurs numériques communs aux coefficiens du dividende et du diviseur, puis les lettres qui sont communes au dividende et au diviseur, et qui ont le même exposant dans l'un et dans l'autre. Lorsque l'exposant n'est pas le même, on retranche le plus petit du plus grand, et on donne ce reste pour exposant à la lettre, qu'on n'écrit que dans celui des deux termes de la fraction où elle avait le plus haut exposant.

L'exemple suivant éclaircira cette règle.

Soit $48\,a^3\,b^5\,c^2\,d$ à diviser par $64\,a^3\,b^3\,c^4\,e$; le quotient ne peut que s'indiquer sous la forme fractionnaire

$$\frac{48\,a^3\,b^5\,c^2\,d}{64\,a^3\,b^3\,c^4\,e} :$$

mais les coefficiens 48 et 64 sont tous deux divisibles par 16 : par la suppression de ce facteur commun, le coefficient du numérateur deviendra 3, et celui du dénominateur 4. La lettre a ayant le même exposant 3 dans les deux termes de la fraction, il s'ensuit que a^3 est un facteur commun au dividende et au diviseur, et qu'on peut aussi le supprimer.

D 4

Pour connaître le nombre de facteurs b communs aux deux termes de la fraction, il faut diviser le plus élevé, qui est b^5, par b^3, suivant la règle donnée plus haut, et le quotient b^2 nous apprend que $b^5 = b^3 \times b^2$. Supprimant donc le facteur commun b^3, il restera dans le numérateur le facteur b^2.

Par rapport à la lettre c, le facteur le plus élevé étant c^4 au dénominateur, si on le divise par c^2, on le décomposera en $c^2 \times c^2$; et supprimant le facteur c^2, commun aux deux termes, cette lettre disparaîtra du numérateur, mais restera au dénominateur avec l'exposant 2.

Enfin les lettres d et e resteront à leurs places respectives, puisque dans l'état où elles sont, elles n'indiquent aucun facteur qui soit commun à l'une et à l'autre.

Par ces diverses opérations, la fraction proposée se réduit à

$$\frac{3\,b^2\,d}{4\,c^2\,e} :$$

c'est sa plus simple expression, tant qu'on ne donne aucune valeur numérique aux lettres; car elle pourrait se réduire encore si ces lettres étaient remplacées par des nombres contenant des facteurs communs.

39. Une observation qu'il ne faut pas manquer de faire, c'est que si tous les facteurs du dividende entraient dans le diviseur, qui, de plus, en contiendrait encore d'autres qui lui seraient particuliers, il faudrait, après la suppression des premiers facteurs, mettre l'unité à la place du dividende, au numérateur de la fraction. En effet, dans ce cas on peut supprimer dans les deux termes de la fraction, tous les facteurs du numérateur, c'est-à-dire, diviser les deux termes de la fraction par le numérateur; mais celui-ci étant divisé par lui-même, doit donner l'unité pour le quotient dont il faut faire le nouveau numérateur.

Soit pour exemple la fraction

$$\frac{4\,a^2\,b\,c}{12\,a^2\,b^3\,c\,d};$$

les facteurs 12, a^2, b^3 et c, se divisant respectivement par les facteurs 4, a^2, b et c, c'est comme si on divisait les deux termes de la fraction proposée par le numérateur $4\,a^2\,b\,c$; or la quantité $4\,a^2\,b\,c$ divisée par elle-même, donne 1 pour quotient, et la quantité $12\,a^2\,b^3\,c\,d$ divisée par la première, donne, par les règles ci-dessus, $3\,b^2\,d$: la nouvelle fraction est donc

$$\frac{1}{3b^2\,d}.$$

40. Il suit des règles de la multiplication, que lorsqu'une quantité monome multiplie une quantité polynome, elle devient facteur commun de tous les termes de celle-ci. On profite de cette observation pour simplifier les fractions dont le numérateur et le dénominateur sont des polynomes, ayant des facteurs communs à tous leurs termes.

Soit l'expression

$$\frac{6\,a^4 - 3\,a^2\,b\,c + 12\,a^2\,c^2}{9\,a^2\,b - 15\,a^2\,c + 24\,a^3};$$

en examinant la quantité $6\,a^4 - 3\,a^2\,b\,c + 12\,a^2\,c^2$, on voit que le facteur a^2 est commun à tous ses termes, puisque $a^4 = a^2 \times a^2$, et en outre les nombres 6, 3 et 12 sont tous divisibles par 3; ensorte que
$6\,a^4 - 3\,a^2\,bc + 12\,a^2\,c^2 = 2\,a^2 \times 3\,a^2 - bc \times 3\,a^2 + 4\,c^2 \times 3\,a^2$.
De même le dénominateur a pour facteur commun $3\,a^2$: car les facteurs a^2 et 3 entrent dans tous ses termes, et l'on a
$9\,a^2\,b - 15\,a^2\,c + 24\,a^3 = 3b \times 3\,a^2 - 5c \times 3\,a^2 + 8\,a \times 3\,a^2$.
Supprimant donc le facteur $3\,a^2$, tant dans le numérateur que dans le dénominateur, la fraction proposée deviendra

$$\frac{2\,a^2 - bc + 4\,c^2}{3b - 5c + 8a}.$$

41. Je passe maintenant au cas où le dividende et le diviseur sont tous deux complexes, et dans lequel on ne peut plus reconnaître, à la première vue, si le diviseur est ou n'est pas facteur du dividende.

Puisque le diviseur, multiplié par le quotient, doit reproduire le dividende, il faut que ce dernier contienne tous les produits partiels de chaque terme du diviseur par chaque terme du quotient ; et si on pouvait retrouver les produits formés par chaque terme du diviseur en particulier, en les divisant par ce terme qui est connu, on obtiendrait ceux du quotient, de la même manière qu'en arithmétique on découvre tous les chiffres du quotient en divisant successivement par le diviseur, des nombres qu'on regarde comme les produits partiels de ce diviseur par les divers chiffres du quotient. Mais dans les nombres, ces produits partiels se présentent par ordre, en commençant par les unités placées au dernier rang sur la gauche, à cause de la subordination établie entre les unités de chaque chiffre du dividende, d'après le rang qu'ils occupent. Il n'en est pas de même en Algèbre ; mais on y supplée en arrangeant tous les termes du dividende et du diviseur, de manière que les exposans des puissances de la même lettre diminuent dans chaque terme, en allant de gauche à droite, ainsi qu'on le voit, par rapport à la lettre a, dans les quantités

$$5a^7 - 22\,a^6\,b + 12\,a^5\,b^2 - 6\,a^4\,b^3 - 4\,a^3\,b^4 + 8\,a^2\,b^5,$$
$$5\,a^4 - 2\,a^3\,b + 4\,a^2\,b^2,$$

dont l'une est le produit, et l'autre le multiplicande, dans l'opération du numéro 32 : c'est ce qu'on appelle *ordonner* les quantités proposées.

Lorsqu'elles sont rangées ainsi, il est visible que, quel que soit le facteur par lequel il faille multiplier la seconde pour obtenir la première, le terme $5a^7$, qui commence celle-ci, résulte de la multiplication du terme $5a^4$, qui commence l'autre, multiplié par le terme où a aurait le plus haut exposant dans le facteur cherché, et qui se trouve le premier de ce facteur lorsqu'il est ordonné par rapport à a. En divisant donc le monome $5a^7$ par le monome $5a^4$, le quotient a^3 sera le premier terme du facteur cherché. Or, par les règles de la multiplication, le produit total devant contenir les divers produits partiels résultans de la multiplication de tout le multiplicande par chaque terme du multiplicateur; il s'ensuit que la quantité prise ici pour dividende, doit contenir les produits de tous les termes du diviseur $5a^4 - 2a^3b + 4a^2b^2$ par le premier terme du quotient a^3; et par conséquent si on retranche du dividende ces produits, qui sont $5a^7 - 2a^6b + 4a^5b^2$, le reste $- 20a^6b + 8a^5b^2 - 6a^4b^3 - 4a^3b^4 + 8a^2b^5$, ne contiendra plus que ceux qui résultent de la multiplication du diviseur par le second, le troisième, etc. termes du quotient.

Ce reste peut donc être considéré comme un dividende partiel; et son premier terme, dans lequel a a l'exposant le plus haut, n'a pu provenir que de la multiplication du premier terme du diviseur par le second du quotient. Mais le premier terme du dividende partiel ayant le signe $-$, il faut assigner celui que doit avoir le terme correspondant du quotient: or cela est facile par la 1re règle du n° 31; car la quantité $- 20a^6b$, regardée comme un produit partiel ayant un signe contraire à celui du multiplicande partiel $5a^4$, il en résulte que le multiplicateur partiel a dû être affecté du signe $-$. La division étant donc opérée sur les monomes $-20a^6b$ et $5a^4$, donnera $-4a^2b$ pour ce second terme. Si on le multiplie par tous ceux du diviseur, et que l'on retranche le produit du dividende partiel, le reste $+ 10a^4b^3 - 4a^3b^4 + 8a^2b^5$, ne contiendra plus que les produits du diviseur par le troisième, etc. termes du quotient.

En le regardant comme un nouveau dividende partiel,

son premier terme $10\,a^4\,b^3$ ne peut être que le produit du premier terme du diviseur par le troisième du quotient ; et par conséquent ce dernier s'obtiendra en divisant, l'un par l'autre, les monomes $10\,a^4\,b^3$ et $5\,a^4$. Le quotient $2b^3$, étant multiplié par tout le diviseur, fournit des produits, dont la soustraction épuisant le dividende partiel, prouve que le quotient n'a que trois termes.

S'il avait dû en avoir un plus grand nombre, on les aurait évidemment trouvés comme les précédens; et si, comme on le suppose, le dividende a pour facteur le diviseur, la soustraction du produit de ce diviseur par le dernier terme du quotient, doit toujours épuiser le dernier dividende partiel.

42. Pour faciliter la pratique des règles trouvées ci-dessus, 1°. *On dispose le dividende et le diviseur comme pour la division des nombres, en les ordonnant l'un et l'autre par rapport à une même lettre, c'est-à-dire, en écrivant leurs termes de manière que les exposans de cette lettre aillent en décroissant ;*

2°. *On divise le premier terme du dividende par le premier terme du diviseur, et on écrit le résultat à la place marquée pour le quotient ;*

3°. *On multiplie tout le diviseur par le quotient partiel qu'on vient de trouver, on le retranche du dividende, et on fait la réduction des termes semblables ;*

4°. *On regarde ce reste comme un nouveau dividende dont on divise le premier terme par le premier terme du diviseur ; on écrit le résultat comme un second terme du quotient, et on poursuit l'opération sur ce terme comme ci-dessus, jusqu'à ce que tous les termes du dividende soient épuisés.*

En observant qu'un produit a le même signe que le multiplicande, lorsque le multiplicateur a le signe +, et qu'il a, dans le cas contraire, le signe —(31), on en conclut que *lorsque le dividende partiel et le premier terme du diviseur ont le même signe, le quotient doit avoir le signe +; et s'ils ont des signes contraires, le quotient doit avoir le signe —* : c'est la règle des signes.

Les divisions partielles s'effectuent par les règles données pour les quantités monomes.

On divise le coefficient du dividende par celui du diviseur : c'est la règle des coefficiens.

On écrit au quotient les lettres communes au dividende et au diviseur, avec un exposant égal à la différence de ceux dont elles sont affectées dans ces deux termes, et enfin les lettres qui ne sont qu'au dividende : ce sont-là les règles des lettres et des exposans.

43. Pour appliquer ces règles aux quantités

$$5a^7 - 22 a^6 b + 12 a^5 b^2 - 6 a^4 b^3 - 4 a^3 b^4 + 8 a^2 b^5,$$
$$5a^4 - 2 a^3 b + 4 a^2 b^2,$$

qui m'ont servi d'exemple, plus haut, on les disposera comme s'il s'agissait d'effectuer la division arithmétique.

Dividende.	Diviseur.
$5a^7 - 22a^6b + 12a^5b^2 - 6a^4b^3 - 4a^3b^4 + 8a^2b^5$	$5a^4 - 2a^3b + 4a^2b^2$
$-5a^7 + 2a^6b - 4a^5b^2$	

$$\text{Quotient.}$$
$$a^3 - 4a^2b + 2b^3$$

Reste $-20a^6b + 8a^5b^2 - 6a^4b^3 - 4a^3b^4 + 8a^2b^5$
  $+20a^6b - 8a^5b^2 + 16a^4b^3$

reste $\quad +10a^4b^3 - 4a^3b^4 + 8a^2b^5$
  $\quad -10a^4b^3 + 4a^3b^4 - 8a^2b^5$

Reste $\quad\quad\quad o$

Le signe du premier terme $5a^7$ du dividende étant le même que celui de $5 a^4$, premier terme du diviseur, on devrait mettre $+$ au quotient; mais comme il s'agit du premier terme, on omettra ce signe.

En divisant $5\,a^7$ par $5\,a^4$, on a pour quotient a^3, que l'on écrira sous le diviseur.

Multipliant successivement les trois termes du diviseur par le premier terme a^3 du quotient, et écrivant les produits sous les termes correspondans du dividende, après avoir changé les signes de ces produits pour les retrancher (20), on formera la quantité

$$-5\,a^7 + 2\,a^6\,b - 4\,a^5\,b^2,$$

dont on fera la réduction avec le dividende; et on obtiendra pour reste

$$-20\,a^6 b + 8\,a^5\,b^2 - 6\,a^4\,b^3 - 4\,a^3\,b^4 + 8\,a^2\,b^5.$$

En continuant la division sur ce reste, le premier terme $-20\,a^6\,b$, divisé par $5\,a^4$, donnera pour quotient $-4\,a^2\,b$, ce quotient ayant le signe $-$, à cause que le dividende et le diviseur sont de signes différens. En le multipliant par tous les termes du diviseur, et changeant les signes, on formera la quantité

$$+20\,a^6\,b - 8\,a^5\,b^2 + 16\,a^4\,b^3,$$

dont on fera la réduction avec le dividende, et on obtiendra pour reste

$$+10\,a^4\,b^3 - 4\,a^3\,b^4 + 8\,a^2\,b^5.$$

Divisant le premier terme de ce nouveau dividende partiel, $10\,a^4\,b^3$, par le premier terme $5\,a^4$ du diviseur; multipliant par le résultat $+2\,b^3$ tout le diviseur, écrivant les produits sous le dividende partiel, en observant de changer leur signe, et faisant la réduction, il ne reste rien, ce qui montre que $+2\,b^3$ est le dernier terme du quotient cherché, lequel a par conséquent pour expression $a^3 - 4\,a^2\,b + 2\,b^3$.

44. Il est à propos de remarquer que dans la division, les multiplications des différens termes du quotient par

le diviseur, produisent souvent des termes qui ne se trouvent pas dans le dividende, et qu'il faut diviser ensuite par le premier terme du diviseur. Ces termes sont ceux qui se sont détruits lorsqu'on a formé le dividende par la multiplication de ses deux facteurs, le quotient et le diviseur. Voici un exemple remarquable de ces réductions :

Soit $a^3 - b^3$ à diviser par $a - b$:

Division.

$$
\begin{array}{r|l}
a^3 - b^3 & \underline{a - b} \\
-a^3 + a^2 b & a^2 + ab + b^2 \\
\hline
+a^2 b - b^3 & \\
-a^2 b + ab^2 & \\
\hline
+ab^2 - b^3 & \\
-ab^2 + b^3 & \\
\hline
0 \qquad 0 &
\end{array}
$$

Multiplication.

$$
\begin{array}{r}
a - b \\
a^2 + ab + b^2 \\
\hline
a^3 - a^2 b \\
+a^2 b - ab^2 \\
+ab^2 - b^3 \\
\hline
\text{résultat} \quad a^3 - b^3
\end{array}
$$

Le premier terme a^3 du dividende, divisé par le premier terme a du diviseur, donne pour quotient a^2; en multipliant ce quotient par le diviseur, et changeant les signes des produits, on trouve $-a^3 + a^2 b$; le terme $-a^3$ détruit le premier terme du dividende, mais il reste le terme $a^2 b$, qui ne se trouvait pas d'abord dans le dividende. Puisqu'il contient la lettre a, on peut le diviser par le premier terme du diviseur, et on obtient $+ab$. Multipliant ce quotient par le diviseur, et changeant les signes des produits, il vient $-a^2 b + ab^2$; le terme $-a^2 b$ détruit le précédent, mais il reste le terme $+ab^2$, qui n'était pas non plus dans le dividende. Qu'on le divise par a, on aura pour quotient $+b^2$; multipliant ce quotient partiel par le diviseur, on aura, en changeant les signes, $-ab^2 + b^3$, le premier terme $-ab^2$ détruira le précédent, et le second $+ b^3$ détruira le dernier terme $- b^3$ qui restait du dividende.

Pour bien comprendre le mécanisme de la division, il suffit de jeter les yeux sur la multiplication du quotient $a^2 + ab + b^2$ par le diviseur $a - b$, placé à côté de la division précédente ; on verra que tous les termes reproduits dans les divisions partielles sont ceux qui se détruisent dans le résultat de la multiplication.

45. Il arrive quelquefois que la quantité par rapport à laquelle on ordonne, se trouve à la même puissance dans plusieurs termes, soit du dividende, soit du diviseur. Dans ce cas, il faut ranger dans une même colonne, ou bien écrire immédiatement à la suite les uns des autres, ces termes, en observant de les ordonner entre eux par rapport à une autre lettre.

Soit $- a^4 b^2 + b^2 c^4 - a^2 c^4 - a^6 + 2 a^4 c^2 + b^6 + 2 b^4 c^2 + a^2 b^4$ à diviser par $a^2 - b^2 - c^2$.

En ordonnant la première de ces quantités par rapport à la lettre a, on placera dans une même colonne les termes $- a^4 b^2$ et $+ 2 a^4 c^2$, dans une autre les termes $+ a^2 b^4$ et $- a^2 c^4$; enfin dans une dernière colonne les trois termes $+ b^6$, $+ 2 b^4 c^2$, $+ b^2 c^4$; en les ordonnant par rapport à la lettre b, comme on le voit à la page suivante.

Le premier terme $- a^6$ du dividende étant divisé par le premier terme a^2 du diviseur, donne pour premier terme du quotient $- a^4$; formant ensuite les produits de ce quotient par tous les termes du diviseur, changeant les signes de ces produits pour les retrancher du dividende, en plaçant dans une même colonne les termes affectés de la même puissance de a, il vient, après la réduction des termes semblables, le 1er reste, qu'on prendra pour second dividende partiel.

Le premier terme $- 2 a^4 b^2$ de ce nouveau dividende étant divisé par a^2, donne pour le second terme du quotient, $- 2 a^2 b^2$; formant ensuite les produits de ce quotient

tient

tient par tous les termes du diviseur, changeant les signes de ces produits pour les retrancher du dividende partiel, en plaçant dans une même colonne les termes affectés de la même puissance de a, il vient après la réduction des termes semblables, le 2e reste, qu'on prendra pour un troisième dividende partiel.

L'opération se continue de la même manière sur le 2e reste et sur les suivans; on trouvera encore trois termes au quotient. Le dernier étant multiplié par tous les termes du diviseur, donne des produits qui, retranchés du 4e reste, le détruisent en entier; la division se fait donc exactement, et par conséquent le diviseur est facteur du dividende.

$$
\begin{array}{l|l}
-a^6 \quad a^4b^2 + a^2b^4 + b^6 & a^2 - b^2 - c^2 \\
\quad +2a^4c^2 - a^2c^4 + 2b^4c^2 & \overline{\;-a^4 - 2a^2b^2 - b^4} \\
\qquad\qquad\qquad + b^2c^4 & \quad + a^2c^2 - b^2c^2
\end{array}
$$

$$+a^6 - a^4b^2$$
$$- a^4c^2$$

1er reste $\;-2a^4b^2 + a^2b^4 + b^6$
$$+ a^4c^2 - a^2c^4 + 2b^4c^2$$
$$+ b^2c^4$$
$$+2a^4b^2 - 2a^2b^4$$
$$-2a^2b^2c^2$$

2^e reste $\;+a^4c^2 - a^2b^4 + b^6$
$$-2a^2b^2c^2 + 2b^4c^2$$
$$- a^2c^4 + b^2c^4$$
$$-a^4c^2 + a^2b^2c^2$$
$$+ a^2c^4$$

3e reste $\quad -a^2b^4 + b^6$
$$-a^2b^2c^2 + 2b^4c^2$$
$$+ b^2c^4$$
$$+a^2b^4 - b^6$$
$$- b^4c^2$$

4e reste $\quad -a^2b^2c^2 + b^4c^2$
$$+ b^2c^4$$
$$+a^2b^2c^2 - b^4c^2$$
$$- b^2c^4$$
$$0 \qquad 0$$

46. On facilite quelquefois la division en décomposant à vue une quantité dans ses facteurs. Si l'on avait, par exemple, $8 a^6 - 4 a^3 b^2 + 4 a^3 + 2 a^3 - b^2 + 1$ à diviser par $2 a^3 - b^2 + 1$, ce diviseur formant les trois derniers termes du dividende, il suffirait de chercher s'il est facteur des trois premiers; mais ceux-ci ont visiblement pour facteur commun $4 a^3$, car $8 a^6 - 4 a^3 b^2 + 4 a^3 = 4 a^3 (2 a^3 - b^2 + 1)$. Par cette observation, le dividende deviendrait

$$4 a^3 (2 a^3 - b^2 + 1) + 2 a^3 - b^2 + 1,$$

ou $\qquad (2 a^3 - b^2 + 1) . (4 a^3 + 1) :$

la division s'effectuerait donc sur-le-champ, en supprimant le facteur $2 a^3 - b^2 + 1$ égal au diviseur, et le quotient serait $4 a^3 + 1$.

L'habitude du calcul algébrique suggère une foule de remarques de ce genre, par lesquelles on abrège les opérations.

En s'exerçant beaucoup, on parvient aisément à reconnaître les décompositions en facteurs; on les rend souvent très-évidentes; lorsqu'au lieu d'effectuer les multiplications qui se présentent, on ne fait que les indiquer.

Des fractions algébriques.

47. Lorsqu'on applique le procédé de la division algébrique à des quantités dont l'une n'est pas facteur de l'autre, on connaît l'impossibilité de l'effectuer, parce qu'on parvient, dans la suite des opérations, à un reste dont le premier terme ne peut être divisé par celui du diviseur. En voici un exemple :

$$
\begin{array}{l|l}
a^3 + a^2 b + 2 b^3 & \,a^2 + b^2 \\
-a^3 - a b^2 & \overline{\,a + b} \\
\end{array}
$$

1er reste $\qquad a^2 b - a b^2 + 2 b^3$

$\qquad\qquad -a^2 b - b^3$

2e reste $\qquad -a b^2 + b^3$

Le premier terme $- a\,b^2$ du second reste, ne peut se diviser par a^2, premier terme du diviseur; ainsi la division s'arrête à ce point. On pourrait, comme en arithmétique, joindre au quotient $a + b$, la fraction $\dfrac{- a\,b^2 + b^3}{a^2 + b^2}$, ayant pour numérateur le reste, et pour dénominateur le diviseur; et le quotient serait

$$a + b + \frac{b^3 - ab^2}{a^2 + b^2}.$$

On voit aisément que la *division doit s'arrêter quand on parvient à un reste dont le premier terme ne contient la lettre par rapport à laquelle on a ordonné, qu'à une puissance inférieure à celle de la même lettre dans le premier terme du diviseur.*

48. Lorsque la division algébrique de deux quantités ne peut s'effectuer, l'expression du quotient reste indiquée sous une forme fractionnaire, en prenant le dividende pour le numérateur et le diviseur pour le dénominateur; et pour l'amener au plus haut degré de simplicité possible, il faut chercher si le dividende et le diviseur n'ont pas des facteurs communs, pour les supprimer (38). Mais quand il s'agit de polynomes, les facteurs communs ne se découvrent pas avec la même facilité que dans les monomes; on ne les trouve en général qu'en cherchant, par une méthode analogue à celle qu'on a donnée en arithmétique pour les nombres, le *plus grand commun diviseur* des deux quantités proposées.

On ne saurait assigner les grandeurs relatives des expressions algébriques, tant qu'on ne donne point des valeurs aux lettres qu'elles renferment; la dénomination de *plus grand commun diviseur*, appliquée à une quantité, ne doit donc pas être prise tout-à-fait dans le même sens qu'en arithmétique.

En Algèbre, il faut entendre par le *plus grand diviseur*

commun de deux expressions, celui de leurs diviseurs
communs qui renferme le plus de facteurs dans tous ses
termes, ou qui est du degré le plus élevé (27). Sa détermination repose, comme en arithmétique, sur ce
principe : *Tout diviseur commun à deux quantités, doit
diviser le reste de leur division.*

La démonstration qu'on en a donnée dans le n° 61
de l'Arithmétique, devient plus claire lorsqu'on y emploie les symboles algébriques. En effet, si l'on représente par D le commun diviseur, les deux quantités proposées pourront être exprimées par les produits AD et
BD, formés du diviseur commun et du facteur par lequel il est multiplié dans chacune de ces quantités. Cela
posé, si Q désigne le quotient entier, et R le reste que
donne la division de AD par BD, on aura

$$AD = BD \times Q + R \ (\textit{Arith.} \ 61);$$

divisant ensuite par D les deux membres de cette équation, on obtiendra

$$A = BQ + \frac{R}{D};$$

et puisque le premier membre, qui dans ce cas doit être
composé des mêmes termes que le second, est entier, il
faudra que $\frac{R}{D}$ se réduise à une expression sans diviseur,
c'est-à-dire que R soit divisible par D.

D'après ce principe, on commencera, comme en arithmétique, par chercher si l'une des quantités n'est pas
elle-même diviseur de l'autre ; si la division ne se fait
pas exactement, on divisera le premier diviseur par le
reste, et ainsi de suite, et celui des restes qui divisera
exactement le précédent, sera le plus grand diviseur
commun des deux quantités proposées : mais il sera nécessaire d'apporter dans les divisions indiquées, des at-

·tentions qui tiennent à la nature des quantités algébriques.

·On ne doit d'abord chercher le diviseur commun de
deux expressions algébriques, que lorsqu'elles ont des
lettres communes; il faut en choisir une, par rapport à
laquelle on ordonnera les expressions proposées, et on
prendra pour dividende celle où cette lettre aura le plus
haut exposant : l'autre sera le diviseur.

Soient les deux quantités
$$3\,a^3 - 3\,a^2\,b + a\,b^2 - b^3,$$
$$4\,a^2\,b - 5\,a\,b^2 + b^3,$$

qui sont déjà ordonnées par rapport à la lettre a; on
prendra la première pour dividende, et la seconde pour
diviseur. Il se présente, dès le commencement de l'opération, une difficulté qu'on ne rencontre point dans les
nombres, c'est que le premier terme du diviseur ne peut
diviser exactement celui du dividende, à cause des facteurs 4 et b de l'un qui ne sont pas dans l'autre. Mais
le facteur b étant commun à tous les termes du diviseur,
et ne l'étant pas à ceux du dividende, peut être supprimé sans que le commun diviseur des deux quantités proposées soit changé ; car la quantité proposée
$4\,a^2\,b - 5\,a\,b^2 + b^3$ étant égale à $(4\,a^2 - 5\,a\,b + b^2)\,b$,
et b ne faisant point partie du diviseur commun, puis-
qu'il ne divise pas la première quantité, il s'ensuit que
le diviseur, s'il existe, ne peut être qu'un des facteurs
de la quantité $4\,a^2 - 5\,a\,b + b^2$, et que par conséquent
la question est ramenée à chercher le plus grand commun
diviseur des deux quantités
$$3\,a^3 - 3\,a^2\,b + a\,b^2 - b^3,$$
$$4\,a^2 - 5\,a\,b + b^2.$$

Par la même raison qu'on a pu supprimer dans l'une
des quantités proposées, le facteur b qui n'entrait pas
dans l'autre, on peut aussi introduire dans celle-ci un

E 3

nouveau facteur, pourvu qu'il ne soit point facteur de la première. Par cette opération, le plus grand commun diviseur de ces quantités, qui n'est formé que des facteurs communs à toutes deux, ne sera point altéré. Je profiterai de cette remarque pour multiplier la quantité $3 a^3 - 3 a^2 b + a b^2 - b^3$ par 4, qui n'est point facteur de la quantité $4 a^2 - 5 a b + b^2$, afin de rendre possible la division du premier terme de l'une par le premier terme de l'autre.

J'aurai de cette manière pour dividende la quantité

$$12 b^3 - 12 a^2 b + 4 a b^2 - 4 b^3,$$

pour diviseur la quantité

$$4 a^2 - 5 a b + b^2,$$

et le quotient partiel sera $3 a$.

Multipliant le diviseur par ce quotient, et retranchant le produit du dividende, il viendra pour reste

$$3 a^2 b + a b^2 - 4 b^3,$$

quantité qui, d'après le principe posé au commencement de cet article, doit encore avoir avec $4 a^2 - 5 a b + b^2$, le même plus grand diviseur commun que la première.

Profitant des remarques faites plus haut, je supprime le facteur b, commun à tous les termes du reste ci-dessus, et je le multiplie par 4, afin de rendre possible la division de son premier terme par celui du diviseur. J'ai alors pour dividende la quantité

$$12 a^2 + 4 a b - 16 b^2,$$

et pour diviseur la quantité

$$4 a^2 - 5 a b + b^2;$$

le quotient partiel est 3.

Multipliant le diviseur par le quotient, et retranchant le produit du dividende, on a pour reste

$$19 a b - 19 b^2,$$

et la question est réduite à chercher le plus grand diviseur commun entre cette quantité et

$$4\,a^2 - 5\,a\,b + b^2.$$

Mais la lettre a, par rapport à laquelle se fait la division, n'étant plus dans le reste qu'au premier degré, tandis qu'elle est au second dans le diviseur, c'est celui-ci qu'il faut prendre pour dividende, et on doit faire du reste le diviseur.

Avant de commencer cette nouvelle division, je supprime du diviseur $19\,a\,b - 19\,b^2$ le facteur $19\,b$, commun à tous ses termes, et qui n'est point facteur du dividende; j'ai donc pour dividende la quantité

$$4\,a^2 - 5\,a\,b + b^2,$$

et pour diviseur

$$a - b.$$

La division s'opère exactement; ainsi, $a - b$ est le plus grand diviseur commun demandé.

En remontant depuis la dernière division jusqu'à la première, on prouverait aussi *à posteriori*, que la quantité $a - b$ doit diviser exactement les deux quantités proposées; et qu'elle doit être la plus composée de celles qui peuvent le faire; et en divisant par $a - b$ les deux quantités proposées,

$$3\,a^3 - 3\,a^2\,b + a\,b^2 - b^3, \qquad 4\,a^2\,b - 5\,a\,b^2 + b^3,$$

on les décompose ainsi qu'il suit :

$$(3\,a^2 + b^2)\,(a - b), \qquad (4\,a\,b - b^2)\,(a - b).$$

Si on a suivi avec attention les détails de cet exemple, il sera facile de s'exercer sur d'autres; on trouvera sans peine que les quantités

$$6\,a^5 + 15\,a^4\,b - 4\,a^3\,c^2 - 10\,a^2\,b\,c^2,$$
$$9\,a^3\,b - 27\,a^2\,b\,c - 6\,a\,b\,c^2 + 18\,b\,c^3,$$

ont pour plus grand commun diviseur la quantité $3\,a^2 - 2\,c^2.$

E 4

49. Lorsque la quantité qu'on prend pour diviseur con-tient plusieurs termes où la lettre, par rapport à laquelle on a ordonné, se trouve au même degré, il y a une at-tention à avoir, sans laquelle l'opération ne saurait se terminer. En voici un exemple.

Soient les quantités

$$a^2 b + a c^2 - d^3, \qquad ab - ac + d^2;$$

si on prépare l'opération comme pour une division ordi-naire,

$$
\begin{array}{l|l}
a^2 b + a c^2 - d^3 & ab - ac + d^2 \\
-a^2 b + a^2 c - a d^2 & \\ \hline
\end{array}
$$
$$\qquad q$$

reste $\quad a^2 c + a c^2 - a d^2 - d^3;$

en divisant d'abord $a^2 b$ par $a b$, on trouve pour quo-tient a; multipliant le diviseur par ce quotient, et re-tranchant les produits du dividende, le reste contiendra un nouveau terme, où a sera au second degré, savoir, $a^2 c$ provenant du produit de $- a c$ par a. L'opération n'aura fait de cette manière aucun progrès; car en pre-nant le reste $a^2 c + a c^2 - a d^2 - d^3$ pour dividende, et le multipliant par b, pour rendre possible la division par $a b$, on aura

$$
\begin{array}{l|l}
a^2 b c + ab c^2 - ab d^2 - b d^3 & ab - ac + d^2 \\
-a^2 b c + a^2 c^2 - a c d^2 & \\ \hline
\end{array}
$$
$$\qquad a c$$

reste $a^2 c^2 + abc^2 - acd^2 - abd^2 - bd^3$

et le terme $- a c$ reproduira encore un terme $a^2 c^2$, où a sera au 2e degré.

Pour éviter ces inconvéniens, il faut observer que le diviseur $ab - ac + d^2 = a (b - c) + d^2$, en réunissant les termes $ab - ac$ en un seul; et faisant, pour abréger les calculs, $b - c = m$, on aura pour diviseur $am + d^2$. Mais alors il faudra multiplier tout le dividende $a^2 b + a c^2 - d^3$ par le facteur m, afin d'avoir un nouveau dividende dont le premier terme soit divisible par la quantité $a\,m$, formant le premier terme du diviseur; l'opération deviendra

$$
\begin{array}{c|c}
a^2\,b\,m + a\,c^2\,m - d^3\,m & \;\;am + d^2 \\
-a^2\,b\,m - a\,b\,d^2 & \overline{\;\;ab + c^2}
\end{array}
$$

1er reste $\quad -a\,b\,d^2 + a\,c^2\,m - d^3\,m$

$$-a\,c^2\,m - c^2\,d^2$$

2e reste $\quad -a\,b\,d^2 - c^2\,d^2 - d^3\,m$

Cette fois, les termes affectés de a^2 sont ôtés du dividende, et il n'y reste plus que les termes affectés de la première puissance de a. Pour les faire disparaître, on divisera d'abord le terme $a\,c^2\,m$ par $a\,m$; et il viendra pour quotient c^2; multipliant le diviseur par le quotient, et retranchant les produits du dividende, on aura le 2e reste; prenant ce 2e reste pour un nouveau dividende, on y supprimera le facteur d^2, qui n'est point facteur du diviseur, il viendra

$$-a\,b - c^2 - d\,m,$$

qu'on multipliera de nouveau par m, et on aura

$$
\begin{array}{c|c}
-a\,b\,m - c^2\,m - d\,m^2 & \;\;am + d^2 \\
+a\,b\,m + b\,d^2 & \overline{\;\;-b}
\end{array}
$$

reste $\quad +b\,d^2 - c^2\,m - d\,m^2$

Le reste $b\,d^2 - c^2\,m - d\,m^2$ de cette dernière division ne contenant plus a, il s'ensuit que s'il existe entre les deux quantités proposées un commun diviseur, il est indépendant de la lettre a.

Parvenu à ce point, on ne peut plus continuer la division par rapport à la lettre a; mais on observera que s'il existe un commun diviseur indépendant de a entre les quantités $b\,d^2 - c^2\,m - d\,m^2$ et $a\,m + d^2$, il faut qu'il divise séparément les deux parties $a\,m$ et d^2 du diviseur;

car en général, si une quantité est ordonnée par rapport aux puissances de la lettre a, tout diviseur de cette quantité, indépendant de a, doit diviser séparément les quantités qui multiplient les diverses puissances de cette lettre.

Pour s'en convaincre, il suffit de faire attention que, dans ce cas, chacune des quantités proposées doit être le produit d'une quantité dépendante de a, et du diviseur commun qui n'en dépend point. Or, si l'on a, par exemple, l'expression

$$A a^4 + B a^3 + C a^2 + D a + E,$$

dans laquelle les lettres $A, B, C, D, E,$ désignent des quantités quelconques indépendantes de a, et qu'on la multiplie par une quantité M aussi indépendante de a, le produit

$$M A a^4 + M B a^3 + M C a^2 + M D a + M E,$$

ordonné par rapport à a, contiendra encore les mêmes puissances de a qu'auparavant; mais le coefficient de chacune de ces puissances sera un multiple de M.

Cela posé, si l'on remet pour m la quantité $(b-c)$ que cette lettre représente, on aura les quantités

$$b d^2 - c^2 (b-c) - d (b-c)^2,$$
$$a(b-c) + d^2;$$

or il est visible que $b-c$ et d^2 n'ont aucun facteur commun : donc les deux quantités proposées n'ont point de diviseur commun.

Si l'on n'avait pu reconnaître à la seule inspection qu'il n'existait pas de diviseur commun entre $b-c$ et d^2, il aurait fallu chercher leur plus grand commun diviseur, en les ordonnant par rapport à une même lettre, et s'assurer ensuite s'il pouvait diviser aussi la quantité

$$b d^2 - c^2 (b-c) - d (b-c)^2.$$

50. Au lieu de remettre à la fin de l'opération à décou-

vrir le plus grand commun diviseur, indépendant de la lettre par rapport à laquelle on a ordonné les deux quantités, il est plus commode de le chercher d'abord, parce que le plus souvent les restes de chaque opération partielle se compliquent à mesure qu'on avance, et le calcul devient de plus en plus pénible.

Soient, par exemple, les quantités

$$a^4 b^2 + a^3 b^3 + b^4 c^2 - a^4 c^2 - a^3 b c^2 - b^2 c^4,$$
$$a^2 b + a b^2 + b^3 - a^2 c - a b c - b^2 c;$$

après les avoir ordonnées par rapport à la lettre a, ce qui donnera

$$(b^2 - c^2) a^4 + (b^3 - b c^2) a^3 + b^4 c^2 - b^2 c^4,$$
$$(b - c) a^2 + (b^2 - b c) a + b^3 - b^2 c,$$

j'observe d'abord, que si elles ont un diviseur commun qui soit indépendant de a, il faut qu'il divise en particulier chacune des quantités qui multiplient les diverses puissances de a (49), ainsi que les quantités $b^4 c^2 - b^2 c^4$ et $b^3 - b^2 c$, qui ne renferment point cette lettre.

La question est donc ramenée à trouver les communs diviseurs des deux quantités $b^2 - c^2$ et $b - c$, et à vérifier ensuite si, parmi ces diviseurs, il s'en trouve qui puissent diviser en même temps

$$b^3 - b c^2 \text{ et } b^2 - b c, \quad b^4 c^2 - b^2 c^4 \text{ et } b^3 - b^2 c.$$

En divisant $b^2 - c^2$ par $b - c$, on trouve un quotient exact $b + c$; $b - c$ est donc diviseur commun des quantités $b^2 - c^2$ et $b - c$, qui visiblement n'en peuvent avoir d'autres, puisque la quantité $b - c$ n'est divisible que par elle-même et par l'unité. Il faut donc s'assurer si $b - c$ divise les autres quantités rapportées ci-dessus, ou bien s'il divise en même temps les deux quantités proposées ; c'est ce qui arrive en effet, et il vient

$$(b + c) a^4 + (b^2 + b c) a^3 + b^3 c^2 + b^2 c^3,$$
$$a^2 + b a + b^2.$$

Pour amener ces dernières expressions au plus ;haut degré de simplicité possible, il convient d'essayer si la première n'est pas divisible par $b+c$; cette division étant effectuée, réussit, et l'on n'a plus qu'à chercher le commun diviseur de ces quantités fort simples,

$$a^4 + b\,a^3 + b^2\,c^2,$$
$$a^2 + b\,a + b^2.$$

En opérant sur celles-ci, comme le prescrit la règle, on parvient, après la seconde division, à un reste contenant la lettre a à la première puissance seulement, et comme ce reste n'est pas le commun diviseur, on en conclut que la lettre a ne fait point partie du commun diviseur cherché, qui n'est composé par conséquent que du seul facteur $b-c$.

Si, outre ce commun diviseur, on en eût trouvé un autre dans lequel fût entrée la quantité a, il aurait fallu multiplier ces deux diviseurs l'un par l'autre pour obtenir le plus grand commun diviseur cherché.

Ces remarques suffiront, dès qu'on aura acquis un peu d'habitude dans l'analyse, pour trouver avec facilité le plus grand diviseur commun.

51. Les quatre *opérations fondamentales*, c'est-à-dire, l'addition, la soustraction, la multiplication et la division, s'effectuent sur les fractions algébriques comme sur les fractions arithmétiques, en observant seulement de suivre dans les opérations prescrites par les règles de l'arithmétique, les procédés indiqués ci-dessus à l'égard des quantités algébriques. Je me bornerai donc à rappeler ici ces règles, en donnant un exemple de l'application de chacune; je commencerai, comme j'ai fait en arithmétique, par la multiplication et la division des fractions, parce qu'elles n'exigent aucune transformation préparatoire.

1°. Pour la multiplication, on a

$$\frac{a}{b} \times c = \frac{ac}{b} \; (\textit{Arithm. } 53),$$

$$\frac{a}{b} \times \frac{c}{d} = \frac{ac}{bd} \; (\textit{Arithm. } 70).$$

2°. Pour la division,

$\frac{a}{b}$ à diviser par c, donne $\frac{a}{bc}$ ou $\frac{a}{b} \times \frac{1}{c}$ ($\textit{Arithm. } 54, 70$).

$\frac{a}{b}$ à diviser par $\frac{c}{d}$, donne $\frac{a}{b} \times \frac{d}{c} = \frac{ad}{bc}$ ($\textit{Arithm. } 73$).

3°. Les fractions $\frac{a}{b}$, $\frac{c}{d}$, étant réduites au même dénominateur, deviennent respectivement

$$\frac{ad}{bd}, \quad \frac{bc}{bd} \quad (\textit{Arithm. } 79).$$

Les fractions

$$\frac{a}{b}, \quad \frac{c}{d}, \quad \frac{e}{f}, \quad \frac{g}{h},$$

par la même réduction, deviennent respectivement

$$\frac{adfh}{bdfh}, \quad \frac{cbfh}{bdfh}, \quad \frac{ebdh}{bdfh}, \quad \frac{gbdf}{bdfh}.$$

52. J'ai donné dans le numéro 79 de l'Arithmétique, un procédé pour parvenir dans certains cas à un dénominateur plus simple que celui qui résulte de la règle générale; les symboles algébriques en facilitent beaucoup l'application, ainsi qu'on va le voir.

Par exemple, si l'on a les deux fractions $\frac{a}{bc}$, $\frac{d}{bf}$, il est facile de voir que les deux dénominateurs seraient les mêmes, si f était facteur du premier, et c facteur du second: on multipliera donc les deux termes de la première fraction par f, et les deux termes de la seconde par c, ce qui donnera les fractions $\dfrac{af}{bcf}$ et $\dfrac{cd}{bcf}$, plus

simples que $\dfrac{abf}{bbcf}$ et $\dfrac{bcd}{bbcf}$, qu'on aurait en suivant

la règle générale.

En général, *on rassemble en un seul produit, pour en composer le dénominateur commun; tous les facteurs différens que contiennent les dénominateurs des fractions proposées; et il ne reste plus qu'à multiplier le numérateur de chaque fraction par les facteurs de ce produit qui manquent dans le dénominateur de la fraction.*

Ayant, par exemple, les fractions $\dfrac{a}{b^a c}$, $\dfrac{d}{bf}$, $\dfrac{e}{cg}$, je

forme le produit $b^a cfg$; je multiplie le numérateur de la première fraction par $f.g$, celui de la seconde par bcg, celui de la troisième par $b^a f$, et j'obtiens

$$\frac{afg}{b^a cfg}, \qquad \frac{bcdg}{b^a cfg}, \qquad \frac{b^a ef}{b^a cfg}.$$

53. La somme des fractions

$$\frac{a}{d}, \qquad \frac{b}{d}, \qquad \frac{c}{d},$$

qui ont le même dénominateur, ou

$$\frac{a}{d}+\frac{b}{d}+\frac{c}{d}=\frac{a+b+c}{d} \quad (\textit{Arithm. 80}).$$

La différence des fractions

$$\frac{a}{d} \quad \text{et} \quad \frac{b}{d},$$

qui ont le même dénominateur, ou

$$\frac{a}{d}-\frac{b}{d}=\frac{a-b}{d}.$$

L'entier a joint à la fraction $\frac{b}{c}$, ou l'expression

$$a + \frac{b}{c} = \frac{ac}{c} + \frac{b}{c} = \frac{ac+b}{c} \quad (\textit{Arithm. } 81).$$

De même l'expression

$$a - \frac{b}{c} = \frac{ac}{c} - \frac{b}{c} = \frac{ac-b}{c}.$$

Réciproquement

l'expression $\dfrac{ac+b}{c} = \dfrac{ac}{c} + \dfrac{b}{c} = a + \dfrac{b}{c}$,

l'expression $\dfrac{ac-b}{c} = \dfrac{ac}{c} - \dfrac{b}{c} = a - \dfrac{b}{c}$.

Les termes des fractions précédentes étaient monomes; mais si on avait des fractions dont les termes fussent des polynomes, il n'y aurait qu'à effectuer par les règles données pour les quantités complexes, les opérations indiquées sur les monomes : c'est ainsi que l'on a

$$\frac{a^2+b^2}{c+d} \times \frac{a-b}{c-d} = \frac{(a^2+b^2)\,(a-b)}{(c+d)\,(c-d)}$$

$$= \frac{a^3 + ab^2 - a^2 b - b^3}{c^2 - d^2}.$$

Le quotient de la fraction

$$\frac{a^2+b^2}{c+d} \text{ divisée par } \frac{a-b}{c-d},$$

est $\dfrac{a^2+b^2}{c+d} \times \dfrac{c-d}{a-b} = \dfrac{(a^2+b^2)\,(c-d)}{(c+d)\,(a-b)}$;

$$= \frac{a^2 c + b^2 c - a^2 d - b^2 d}{ac + ad - bc - bd}.$$

et ainsi des autres opérations.

54. Lorsqu'on possède bien tout ce qui précède, on peut résoudre une équation du premier degré, quelque compliquée qu'elle soit.

Si l'on avait, par exemple, l'équation

$$\frac{(a+b)\,(x-c)}{a-b}+4b=2\,x-\frac{ac}{3\,a+b},$$

on commencerait par faire disparaître les dénominateurs, en indiquant seulement les opérations; il viendrait
alors

$$(a+b)\,(x-c)\,(3a+b)+4b\,(a-b)\,(3a+b)$$
$$=2\,x\,(a-b)\,(3a+b)-a'c\,(a-b);$$

puis effectuant les multiplications, on trouverait

$$3\,a^2\,x+4\,a\,b\,x+b^2\,x-3\,a^2\,c-4\,a\,b\,c-b^2\,c$$
$$+12\,a^2\,b-8\,a\,b^2-4\,b^3=$$
$$6\,a^2\,x-4\,a\,b\,x-2\,b^2\,x-a^2\,c+a\,b\,c:$$

transposant dans un seul membre tous les termes affectés
de x, on obtiendrait

$$-3\,a^2\,x+8\,a\,b\,x+3\,b^2\,x$$
$$=2\,a^2\,c+5\,a\,b\,c+b^2\,c-12\,a^2\,b+8\,a\,b^2+4\,b^3,$$

d'où l'on conclurait enfin

$$x=\frac{2\,a^2\,c+5\,a\,b\,c+b^2\,c-12\,a^2\,b+8\,a\,b^2+4\,b^3}{-3\,a^2+8\,a\,b+3\,b^2}.$$

Des questions à deux inconnues, et des quantités négatives.

55. Dans les questions résolues précédemment, on n'a
fait entrer qu'une seule inconnue, au moyen de laquelle
on a exprimé, avec les quantités connues, toutes les
conditions de la question. Il est souvent plus commode
pour quelques-unes de ces questions, d'employer deux
inconnues; mais alors il faut qu'il y ait, explicitement
ou implicitement, deux conditions pour former deux
équations, sans quoi, on ne pourrait déterminer en
même temps les deux inconnues.

La question du numéro 3, surtout comme elle est
énoncée dans le numéro 4, se présente naturellement

avec

avec deux inconnues, savoir, l'un et l'autre des nombres cherchés. En effet, si l'on désigne

le plus petit par x,
le plus grand par y,
leur somme par a,
leur différence par b,

on aura, par l'énoncé de la question,

$$x + y = a,$$
$$y - x = b.$$

Chacune de ces deux équations, considérée seule, ne peut déterminer absolument l'une des inconnues. Si de la seconde, par exemple, on tire la valeur de y, elle donnera

$$y = b + x,$$

valeur qui semble d'abord ne rien apprendre sur ce qu'on cherche, puisqu'elle contient la quantité x, qui n'est pas donnée; mais si, à la place de l'inconnue y qu'elle représente, on la met dans la première équation, cette équation ne renfermant plus alors que la seule inconnue x, en donnera la valeur par les procédés déjà enseignés.

On aura en effet, par cette substitution,

$$x + b + x = a,$$

ou

$$2x + b = a,$$

ou enfin

$$x = \frac{a - b}{2};$$

et mettant cette valeur de x dans celle de y, qui est $b + x$, on obtiendra

$$y = b + x = b + \frac{a - b}{2} = \frac{a + b}{2}:$$

on aura donc, pour les deux nombres inconnus, les mêmes expressions que dans le numéro 3.

Il est facile de voir, en effet, que la solution ci-dessus ne diffère point, quant au fond, de celle du n° 3;

Elémens d'Algèbre. F

seulement j'ai posé et résolu la seconde équation $y - x = b$, que je m'étais contenté d'énoncer en langage ordinaire dans le numéro cité, et j'en avais conclu, sans calcul algébrique, que le plus grand nombre était $x + b$.

56. Soit encore cette question :

Un ouvrier travaillant chez un particulier pendant 12 jours, et ayant eu avec lui, pendant les 7 premiers jours sa femme et son fils, a reçu 74 francs ; il a travaillé ensuite chez le même particulier 8 autres jours, sur 5 desquels il a eu avec lui sa femme et son fils, et il a reçu pour ce temps 50 francs. On demande combien il gagnait par jour pour sa part, et combien gagnaient ensemble dans le même temps, sa femme et son fils.

Soit x le gain journalier du mari,
    y celui de la femme et du fils.

12 jours d'ouvrage du mari produiront $12\,x$,
    7 de la femme et du fils vaudront $7y$;
on aura donc, par la première circonstance du problême,

$$12\,x + 7y = 74.$$

8 jours d'ouvrage du mari produiront $8\,x$,
    5 jours de la femme et du fils vaudront $5\,y$;
on aura donc, par la seconde circonstance du problême,

$$8\,x + 5\,y = 50.$$

En raisonnant ici de même que dans la question précédente, on prendra la valeur de y dans la première équation, et on aura

$$y = \frac{74 - 12\,x}{7} :$$

on mettra cette valeur dans la seconde, en la multipliant par 5, puisqu'il y a 5y, et il viendra

$$8 x + \frac{370 - 60\, x}{7} = 50,$$

équation qui ne renferme plus que la seule inconnue x.

En la résolvant, on aura successivement

$$56\, x + 370 - 60\, x = 350,$$
$$370 - 4\, x = 350;$$

passant — 4 x dans le second membre, et 350 dans le premier, on obtiendra

$$370 - 350 = 4\, x$$
$$20 = 4\, x$$
$$\tfrac{20}{4} = x$$
$$5 = x.$$

Connaissant x qu'on vient de trouver égal à 5, si on met cette valeur dans la formule

$$y = \frac{74 - 12\, x}{7},$$

le second membre deviendra connu, car on aura

$$y = \frac{74 - 12 \times 5}{7} = \frac{74 - 60}{7} = \frac{14}{7} = 2;$$

ainsi y = 2.

L'homme gagnait donc 5 francs par jour, tandis que la femme et le fils n'en gagnaient que 2.

57. Le lecteur aura peut-être remarqué qu'en résolvant plus haut l'équation 370 — 4 x = 350, on a fait passer 4 x dans le second nombre. On en a usé ainsi pour éluder une petite difficulté qui aurait eu lieu sans cela, et dont voici l'éclaircissement.

En laissant 4 x dans le premier membre, et passant 370 dans le second, on aurait

$$-4 x = 350 - 370;$$

et réduisant le second membre suivant la règle du n° 19,
il serait venu

$$-4x = -20.$$

Mais puisqu'on a évité dans le numéro précédent le
signe — qui affecte la quantité $4x$, en passant cette
quantité dans l'autre membre ; que pareillement la quantité 350 — 370 est devenue 370 — 350 en changeant de
membre, et enfin qu'une quantité en passant ainsi d'un
membre dans un autre, change de signe (10), il est
évident qu'on peut parvenir aux mêmes résultats, en
hangeant immédiatement le signe des quantités — $4x$,
+ 350 — 370, ce qui donnera

$$4x = -350 + 370,$$
ou $$4x = 370 - 350,$$

équation qui est bien la même chose que

$$370 - 350 = 4x.$$

On peut même n'opérer le changement de signe que
sur le dernier résultat

$$-4x = -20 ;$$
et il vient alors, comme plus haut,

$$4x = 20.$$

Il suit de là qu'*on pourra transposer indifféremment
dans un membre ou dans l'autre, toutes les quantités
affectées de l'inconnue ; on observera seulement de changer en même temps les signes dans les deux membres du
dernier résultat, lorsque l'inconnue sera affectée du
signe —.*

58. Avant d'entreprendre, par le moyen des lettres,
la résolution générale du problème du numéro 56, je vais
examiner encore un cas particulier. Je suppose que la
première somme reçue par l'ouvrier soit 46 fr., et la se-

conde 30 fr. , les autres circonstances demeurant d'ailleurs les mêmes ; les équations de la question seront

$$12\,x + 7\,y = 46,$$
$$8\,x + 5\,y = 30.$$

La première donne

$$y = \frac{46 - 12\,x}{7}.$$

multipliant cette valeur par 5 pour mettre le résultat à la place de 5 y dans la seconde, on aura

$$8\,x + \frac{230 - 60\,x}{7} = 30;$$

faisant disparaître les dénominateurs, on obtiendra

$$56\,x + 230 - 60\,x = 210,$$
ou $$56\,x - 60\,x = 210 - 230,$$
ou $$-4\,x = -20;$$

et changeant les signes des deux membres, d'après la remarque du numéro précédent, on trouvera enfin

$$4\,x = 20,$$
$$x = \tfrac{20}{4} = 5.$$

Si l'on substitue dans l'expression de y à la place de x, sa valeur 5, il viendra

$$y = \frac{46 - 60}{7},$$

et réduisant le numérateur de la valeur de y, on aura

$$y = \frac{-14}{7}.$$

Maintenant, comment faut-il interpréter le signe — qui affecte la quantité isolée 14? On conçoit bien ce que c'est que l'assemblage de deux quantités séparées par le signe —, lorsque la quantité à soustraire est plus petite que celle dont on doit la retrancher ; mais de quoi peut-on retrancher une quantité qui n'est jointe à aucune

autre dans le membre où elle se trouve ? Pour éclaircir cette espèce de paradoxe, le meilleur moyen qui
s'offre, c'est de remonter aux équations mêmes qui expriment les conditions de la question ; car tenant de plus
près à son énoncé, on y lira mieux les circonstances qui
ont amené la difficulté présente.

Je reprends donc l'équation

$$12x + 7y = 46,$$

je mets à la place de x sa valeur 5, et il vient

$$60 + 7y = 46.$$

La seule inspection de cette équation y fait reconnaître
une absurdité. En effet, il n'est pas possible de former
le nombre 46 en ajoutant quelque chose au nombre 60,
qui seul surpasse déjà 46.

Je prends aussi la seconde équation

$$8x + 5y = 30,$$

et mettant 5 au lieu de x, je trouve

$$40 + 5y = 30;$$

même absurdité que tout-à-l'heure, puisqu'il faudrait
que le nombre 30 pût se former en ajoutant quelque
chose au nombre 40.

Or les quantités $12x$ ou 60 dans la première équation, $8x$ ou 40 dans la seconde, expriment ce que
gagne l'ouvrier par son seul travail ; les quantités $7y$ et
$5y$ représentent les gains attribués à sa femme et à son
fils ; tandis que les nombres 46 et 30 désignent la somme
donnée pour le salaire commun de ces trois personnes :
on doit bien voir à présent en quoi consiste l'absurdité.

D'après l'énoncé, l'ouvrier gagnerait plus à lui seul
qu'il ne le fait aidé de sa femme et de son fils ; il est
donc impossible de considérer l'argent attribué au travail
de la femme et du fils comme augmentant le salaire de
cet ouvrier.

Mais si , au lieu de prendre l'argent attribué à la femme et au fils comme un gain , on le regardait comme une dépense faite par eux à la charge de l'ouvrier , alors il faudrait retrancher cet argent de celui que l'homme aurait gagné seul , et il n'y aurait plus de contradiction dans les équations , puisqu'elles deviendraient

$$60 - 7y = 46,$$
$$40 - 5y = 30 :$$

on tirerait de l'une comme de l'autre .,

$$y = 2 ;$$

et on conclurait de là que si l'ouvrier gagne 5 fr. par jour , sa femme et son fils lui occasionnent une dépense de 2 fr. ce qu'on peut d'ailleurs vérifier ainsi.

Pour 12 jours de travail, il revient à l'ouvrier

$$5^{fr.} \times 12 \text{ ou } 60^{fr} ;$$

la dépense de sa femme et de son fils , pendant 7 jours , est de

$$2^{fr.} \times 7 \text{ ou } 14^{fr.} ;$$

il lui reste donc 46 fr.

Pour 8 jours de travail , il revient à l'ouvrier

$$5^{fr.} \times 8 \text{ ou } 40^{fr.} ;$$

la dépense de sa femme et de son fils , pendant 5 jours , est de

$$2^{fr.} \times 5 \text{ ou } 10^{fr.} ;$$

Il lui reste donc 30 fr.

Il est bien clair à présent qu'à l'énoncé du numéro 56 , il faut , pour que le problême proposé soit possible , avec les données précédentes, substituer celui-ci :

Un ouvrier travaillant chez un particulier pendant 12 jours , ayant eu avec lui, les 7 premiers jours , sa femme et son fils , qui lui occasionnaient une dépense , a reçu 46 francs ; il a travaillé, ensuite, 8 autres jours , sur 5 desquels il avait avec lui sa femme et son fils , dont il

devait encore acquitter la dépense, et il a reçu 30 fr.
On demande combien il gagnait par jour, et combien
dépensaient, dans le même temps, sa femme et son
fils.

En nommant x le gain journalier de l'ouvrier, et y la
dépense de sa femme et de son fils, pour le même temps,
les équations du problême seront évidemment

$$12\,x - 7\,y = 46,$$
$$8\,x - 5\,y = 30,$$

et étant résolues comme celles du numéro 56, elles
donneront

$$x = 5^{fr.}, \quad y = 2^{fr.}$$

59. **Dans** tous les cas, où on trouvera pour la valeur
de l'inconnue, un nombre affecté du signe —, on pourra
rectifier l'énoncé de la question d'une manière analogue
à la précédente, en examinant avec soin quelle est la
quantité qui, d'additive qu'elle était dans le premier
énoncé, doit devenir soustractive dans le second ; mais
l'Algèbre dispense de toute recherche à cet égard, lorsqu'on sait opérer convenablement sur les expressions
affectées du signe — ; car ces expressions étant déduites
des équations du problème, doivent *satisfaire* à ces
équations : c'est-à-dire, qu'en les soumettant aux
opérations indiquées dans l'équation, on doit trouver,
pour le premier membre, une valeur égale à celle du

second. Ainsi, l'expression $\dfrac{-14}{7}$, tirée des équations

$$12\,x + 7\,y = 46,$$
$$8\,x + 5\,y = 30,$$

doit, conjointement, avec la valeur $x = 5$, déduite
des mêmes équations, les vérifier toutes deux.

La substitution de la valeur de x donne d'abord

$$60 + 7y = 46,$$
$$40 + 5y = 30.$$

Il reste à faire la substitution de $\dfrac{-14}{7}$ à la place de y ; et pour cela, il faut multiplier cette expression par 7 et par 5, eh ayant égard au signe — dont elle est affectée.

Si on y applique la règle des signes, donnée dans le numéro 42 pour la division, on aura

$$\frac{-14}{7} = -2,$$

puis, par la règle des signes relative à la multiplication, on obtiendra

$$7 \times -2 = -14,$$
$$5 \times -2 = -10.$$

Les équations

$$60 + 7y = 46 \quad \text{et} \quad 40 + 5y = 30,$$

devenant respectivement

$$60 - 14 = 46 \quad \text{et} \quad 40 - 10 = 30,$$

seront vérifiées, non pas en ajoutant les deux parties du premier membre, mais bien en retranchant la seconde de la première, comme on l'a fait plus haut, d'après la considération de la forme de ces équations.

60. Les données du problème du numéro 58 n'ont pas permis de le résoudre dans le sens du premier énoncé, c'est-à-dire par addition, ou en regardant comme un gain l'argent attribué à la présence de la femme et du fils de l'ouvrier ; le second énoncé ne conviendrait pas davantage aux données du problème du numéro 56.

Si on voulait considérer dans ce cas y comme exprimant une dépense, les équations

$$12\,x - 7\,y = 74,$$
$$8\,x - 5\,y = 50,$$

qu'on aurait alors, donneraient

$$x = 5 \quad \text{et} \quad y = \frac{-14}{7};$$

et la substitution de la valeur de x changerait d'abord ces équations en

$$60 - 7\,y = 74,$$
$$40 - 5\,y = 50.$$

L'absurdité de ces résultats est précisément contraire à celle des résultats du numéro 58, puisqu'il s'agit ici de parvenir à des restes plus grands que les nombres 60 et 40, dont on retranche les quantités $7\,y$ et $5\,y$.

Non-seulement le signe — qui affecte l'expression de y indique l'absurdité, mais encore il la redresse; car, suivant la règle des signes,

$$\frac{-14}{7} = -2$$

et

$$-7 \times -2 = +14$$
$$-5 \times -2 = +10.$$

Par ce moyen, les équations

$$60 - 7\,y = 74, \quad 40 - 5\,y = 50,$$

devenant

$$60 + 14 = 74, \quad 40 + 10 = 50,$$

se vérifient par addition, et par conséquent les quantités — $7\,y$ et — $5\,y$, transformées en $+14$, $+10$, au lieu d'exprimer des dépenses à la charge de l'ouvrier, sont regardées comme un véritable gain pour lui : on retombe donc encore dans ce cas sur le véritable énoncé de la question.

61. On apprend par les exemples précédens qu'*il*

peut se trouver dans les énoncés des problémes du pre-
mier degré, certaines contradictions que l'Algèbre fait
non-seulement connaître, mais dont elle indique encore
la rectification, en rendant soustractives certaines quan-
tités qu'on avait regardées comme additives, ou addi-
tives certaines quantités que l'on avait regardées comme
soustractives, ou en donnant pour les inconnues des va-
leurs affectées du signe —.

Voilà ce qu'il faut entendre lorsqu'on dit communément que les valeurs affectées du signe —, et qu'on appelle *solutions négatives*, résolvent, dans un sens opposé à son énoncé, la question où elles se rencontrent.

Il suit de là qu'on peut regarder comme ne formant,
à proprement parler, qu'une seule question, celles dont
les énoncés sont liés entre eux de manière que les solutions qui satisfont à un des énoncés, peuvent, par un
simple changement de signe, satisfaire à l'autre.

62. Puisque les quantités négatives résolvent, dans
un certain sens, les problêmes qui leur donnent naissance, il est à propos d'examiner de plus près l'usage
de ces quantités, et d'abord, de s'assurer de la manière
dont il convient d'effectuer les opérations indiquées à
leur égard.

On a ci-dessus fait usage des règles des signes, trouvées précédemment pour chacune des opérations fondamentales ; mais ces règles n'ont point été démontrées sur
des quantités isolées. Pour la soustraction, par exemple,
on a supposé qu'il fallait retrancher de a l'expression
$b — c$, dans laquelle la quantité négative $— c$ était précédée d'une quantité positive b. A la rigueur, le raisonnement ne dépendant point de la valeur de b, conviendrait
encore quand on aurait $b = 0$, ce qui réduirait l'expression $b — c$ à $— c$; mais la théorie des quantités négatives étant à-la-fois l'une des plus importantes et des

plus épineuses de l'Algèbre , il est à propos de l'appuyer
sur des bases solides.

Pour parvenir à ce but , il faut remonter à l'origine
des quantités négatives.

La plus grande soustraction que l'on puisse opérer sur
une quantité, c'est de la retrancher d'elle-même.; et
dans ce cas , on a zéro pour reste : ainsi , $a - a = 0$.
Mais lorsque la quantité à retrancher surpasse celle dont
il faut la retrancher , on est obligé de changer l'ordre
indiqué , afin d'ôter la plus petite de la plus grande ; et
le signe — dont on affecte le reste , sert à rappeler ce
changement d'ordre. Lorsque de 3, par exemple , il faut
retrancher 5 , ou qu'on a la quantité 3 — 5 , la soustraction n'étant pas possible , on y substitue celle de 3 ôté de
5 , et le reste 2 demeure affecté du signe —, pour marquer qu'on a changé l'ordre des nombres 3 et 5 ; ce signe
montre en même temps que le nombre 2 est ce dont il
s'en fallait que la dernière des soustractions possibles ,
sur le nombre 3 , n'ait pu s'opérer ; en sorte que si l'on
eût ajouté 2 à la première des quantités , on aurait eu 3
+ 2 — 5 , ou zéro. On exprime donc , au moyen des
signes algébriques , l'idée qu'on doit attacher à la quantité négative — a, en formant l'équation $a - a = 0$,
ou en regardant les symboles $a - a$, $b - b$, etc.
comme équivalens à zéro.

Cela posé , on conçoit que si l'on joint à la quantité
quelconque a le symbole $b - b$ qui n'est au fond que
zéro , on ne changera point la valeur de cette quantité ,
et que par conséquent l'expression $a + b - b$ n'est
qu'une autre manière d'écrire la quantité a; ce qui est
d'ailleurs évident , puisque les termes $+ b$ et $- b$ se détruisent.

Mais ayant , par ce changement de forme , fait entrer
dans la composition de a les quantités + b et — b , on
voit que pour soustraire l'une quelconque de ces quan-

tités, il suffit de l'effacer. Si c'est $+ b$ qu'on veut soustraire de a, on l'effacera, et il restera $a - b$, ce qui
s'accorde avec la convention établie n° 2 ; si c'est, au
contraire, $- b$, on effacera cette dernière quantité,
et il restera $a + b$, comme on le conclurait du n° 20.

A l'égard de la multiplication, on remarquera que le
produit de $a - a$ par $+ b$, doit être $a b - a b$, parce
que le multiplicande étant égal à zéro, le produit doit
aussi être zéro ; et le premier terme étant $a b$, le second
doit nécessairement être $- a b$, pour détruire ce premier.

On conclura de là que $- a$ multiplié par $+ b$ doit
donner $- a b$.

En multipliant a par $b - b$, on aura encore $a b - a b$,
parce que le multiplicateur étant égal à zéro, le produit
sera aussi égal à zéro ; et il faudra par conséquent que
le second terme soit $- a b$ pour détruire le premier
$+ a b$.

Donc $+ a$ multiplié par $- b$ doit donner $- a b$.

Enfin si on multiplie $- a$ par $b - b$, le premier terme
du produit étant, d'après ce qui précède, $- a b$, il faudra que le second terme soit $+ a b$, puisque le produit
doit être nul en même temps que le multiplicateur.

Donc $- a$ multiplié par $- b$ doit donner $+ a b$.

En rapprochant ces résultats, on en déduit les mêmes
règles que celles du numéro 31.

Le signe d'un quotient, combiné avec celui du diviseur, suivant les règles propres à la multiplication, devant reproduire le signe du dividende, on conclura de
ce qui vient d'être dit, que la règle des signes, donnée
n° 42, convient encore au cas actuel, et que par conséquent *les quantités monomes, lorsqu'elles sont isolées, se combinent, par rapport à leurs signes, de même
que lorsqu'elles font partie des polynomes.*

63. D'après ces remarques on pourra toujours, lorsqu'on rencontrera des valeurs négatives, remonter au
véritable énoncé de la question résolue, en cherchant
de quelle manière ces valeurs satisfont aux équations du
problême proposé ; c'est ce que l'exemple suivant, qui
se rapporte à des nombres différens d'espèce de ceux
de la question du n° 56, confirmera.

64. *Deux couriers, pour aller à la rencontre l'un de
l'autre, partent en même temps de deux villes dont la
distance est donnée ; on sait combien de kilomètres
chaque courier fait par heure, et on demande à quel
point de la route qui joint les deux villes, ces couriers
se rencontreront.*

Afin de rendre plus évidentes les circonstances de la
question, j'ai placé ci-dessous une figure dans laquelle
les points indiqués par les grandes lettres A et B, représentent les lieux de départ des couriers.

$$\overline{\quad A \qquad\qquad R \qquad B\quad}$$

J'exprimerai à l'ordinaire par de petites lettres les données et les inconnues de la question.

   a la distance des points de départ *A* et *B*,

   b le nombre de kilomètres que parcourt dans une
      heure, le courier parti du point *A*,

   c le nombre de kilomètres que parcourt dans le
      même, temps le courier parti du point *B*.

La lettre *R* étant placée au point de rencontre des deux
couriers, je nommerai *x* le chemin *AR* fait par le premier,

         y le chemin *BR* fait par le second ;

et comme

$$A R + B R = A B,$$

j'aurai l'équation

$$x + y = a.$$

Considérant ensuite que les chemins *x* et *y* sont parcourus dans le même temps, on remarquera que le premier courier, qui fait un nombre b de kilomètres en une heure de temps, emploiera à parcourir l'espace x,

un temps marqué par $\frac{x}{b}$.

De même le second courier, qui fait un nombre c de kilomètres en une heure, emploiera à parcourir le

chemin y un temps marqué par $\frac{y}{c}$; on aura donc

$$\frac{x}{b}=\frac{y}{c}.$$

Les équations de la question seront par conséquent

$$x+y=a$$
$$\frac{x}{b}=\frac{y}{c}.$$

En faisant disparaître le dénominateur b de la seconde, on aura

$$x=\frac{by}{c};$$

mettant cette valeur de x dans la première équation, celle-ci deviendra

$$\frac{by}{c}+y=a,$$

et on en conclura

$$by+cy=ac, \quad \text{d'où} \quad y=\frac{ac}{b+c}.$$

Remettant la valeur de y dans celle de x, on obtiendra

$$x=\frac{b}{c}\times\frac{ac}{b+c} \quad \text{ou} \quad x=\frac{abc}{c(b+c)} \,(51),$$

ou enfin

$$x=\frac{ab}{b+c} \,(38).$$

Puisqu'il n'entre aucun signe — dans les valeurs de x et de y, il est évident que quelques nombres qu'on prenne pour les lettres a, b, c, on trouvera toujours pour x et pour y deux nombres affectés du signe $+$, et que par conséquent la question proposée sera toujours résolue dans le sens précis de son énoncé. En effet, on conçoit facilement que dans tous les cas où deux couriers vont en même temps l'un vers l'autre, ils doivent nécessairement se rencontrer.

65. Je suppose à présent que les deux couriers aillent dans le même sens, celui qui part du point A courant après celui qui part du point B, et qui tend vers un point C, placé au-delà du point B par rapport au point A.

$$\overline{\text{A} \qquad \text{B} \quad \text{R} \qquad \text{C}}$$

Il est évident que, dans cette hypothèse, le courier parti du point A ne peut rencontrer le courier parti du point B, qu'autant qu'il va plus vîte que ce dernier ; et le point de rencontre R n'est plus entre A et B, mais au-delà de B, par rapport à A.

En conservant les mêmes données que ci-dessus, et en observant qu'alors

$$A R - B R = A B,$$

on aura

$$x - y = a.$$

La seconde équation

$$\frac{x}{b} = \frac{y}{c}$$

n'exprimant que l'égalité des temps employés par les couriers à parcourir les espaces $A R$ et $B R$, ne change point.

Les

Les deux équations ci-dessus, étant résolues comme les précédentes, donnent

$$x = \frac{by}{c},$$

$$\frac{by}{c} - y = a, \quad by - cy = ac.$$

$$y = \frac{ac}{b-c},$$

$$x = \frac{b}{c} \times \frac{ac}{b-c} = \frac{abc}{c(b-c)},$$

et enfin

$$x = \frac{ab}{b-c}.$$

Ici les valeurs de x et de y ne seront positives qu'autant qu'on prendra b plus grand que c, c'est-à-dire qu'on supposera que le courier parti du point A va plus vîte que l'autre.

Si l'on fait, par exemple,

$$b = 20, \quad c = 10,$$

on a

$$x = \frac{20\,a}{20-10} = \frac{20\,a}{10} = 2\,a,$$

$$y = \frac{10\,a}{20-10} = \frac{10\,a}{10} = a;$$

d'où il résulte que le point de rencontre R est éloigné du point A de deux fois $A\,B$.

Si l'on suppose ensuite b plus petit que c; qu'on fasse, par exemple,

$$b = 10, \quad c = 20,$$

on trouve

$$x = \frac{10\,a}{10-20} = \frac{10\,a}{-10} = -a,$$

$$y = \frac{20\,a}{10-20} = \frac{20\,a}{-10} = -2\,a.$$

Elémens d'Algèbre. **G**

A   B   R   C.

Ces valeurs étant affectées du signe — font voir que
la question ne peut plus être résolue dans le sens de
son énoncé ; et en effet il est absurde de supposer que
le courier parti du point A, ne parcourant que 10 kilomètres par heure, puisse jamais atteindre le courier parti
du point B, qui fait 20 kilomètres par heure, et qui
est en avant du premier.

66. Cependant ces mêmes valeurs résolvent la question
dans un certain sens ; car en les substituant dans les
équations

$$x - y = a$$
$$\frac{x}{b} = \frac{y}{c},$$

on a par les règles des signes

$$-a + 2a = a$$
$$-\frac{a}{10} = -\frac{2a}{20},$$

ces deux équations sont satisfaites, puisqu'en effectuant
les réductions qui se présentent, le premier membre devient égal au second ; et si l'on fait attention aux signes
des termes qui composent la première, on verra comment il faut modifier l'énoncé de la question pour en
ôter l'absurdité.

En effet, c'est le chemin a correspondant à x et parcouru par le premier courier, qui est véritablement
soustrait du chemin $2a$, correspondant à y et parcouru
par le second courier ; c'est donc comme si on avait
changé y en x et x en y, et comme si on avait supposé
que le courier parti du point B allât après l'autre.

Ce changement dans l'énoncé en produit un dans la
direction du chemin des couriers ; ils ne tendent plus
vers le point C, mais du côté opposé vers le point C',
comme le montre la figure ci-contre :

C'   R'   A   B   R   C

et leur rencontre se fait en R'. Il résulte de là

$$B R' - A R' = A B,$$

ce qui donne

$$y - x = a;$$

on a toujours d'ailleurs

$$\frac{x}{b} = \frac{y}{c},$$

et on trouverait

$$x = \frac{ab}{c - b} = \frac{10a}{20 - 10} = a;$$

$$y = \frac{ac}{c - b} = \frac{20a}{20 - 10} = 2a:$$

valeurs positives, qui résolvent la question dans le sens précis de son énoncé.

67. Cette question présente un cas dans lequel elle est tout-à-fait absurde. Ce cas a lieu lorsqu'on suppose que les deux couriers vont également vîte ; il est visible que de quelque côté qu'on les fasse marcher, ils ne peuvent jamais se rencontrer, puisqu'ils conservent entr'eux l'intervalle de leurs points de départ. Cette absurdité, qu'aucune modification dans l'énoncé ne peut faire disparaître, se manifeste bien évidemment dans les équations.

On a alors $b = c$, puisque les couriers allant également vîte, parcourent le même espace dans une heure; l'équation

$$\frac{x}{b} = \frac{y}{c}$$

devient

$$\frac{x}{b} = \frac{y}{b}$$

et donne

$$x = y.$$

G 2

Par-là l'équation $x - y = a$ se change en

$$x - x = a, \qquad \text{ou} \qquad o = a,$$

résultat bien absurde, puisqu'il suppose nulle une quantité a dont la grandeur est donnée.

68. Cette absurdité se montre d'une manière assez singulière dans les valeurs des inconnues

$$x = \frac{ab}{b-c}, \qquad y = \frac{ac}{b-c};$$

leur dénominateur $b - c$ devenant o lorsque $b = c$, on a

$$x = \frac{ab}{o}, \qquad y = \frac{ac}{o}.$$

On n'apperçoit pas aisément ce que peut être le quotient d'une division, quand le diviseur est zéro; on voit seulement que si on prenait b très-voisin de c, les valeurs de x et de y deviendraient très-grandes. Pour s'en convaincre il n'y a qu'à prendre

$$b = 6^{km}, \qquad c = 5^{km},8,$$

on aura

$$x = \frac{6\,a}{0,2} = 30\,a$$

$$y = \frac{5,8\,a}{0,2} = 29\,a;$$

qu'on passe ensuite à

$$b = 6 \qquad c = 5,9$$

on aura

$$x = \frac{6\,a}{0,1} = 60\,a,$$

$$y = \frac{5,9\,a}{0,1} = 59\,a;$$

qu'on fasse encore

$$b = 6, \qquad c = 5,99$$

il viendra

$$x = \frac{6\,a}{0,01} = 600\,a,$$

$$y = \frac{5,99\,a}{0,01} = 599\,a,$$

et on voit facilement que le diviseur diminuant à mesure qu'on rend plus petite la différence des nombres
b et c, on obtient des valeurs de plus en plus grandes.

Cependant, comme quelque petite que soit une quantité, elle ne peut jamais être prise pour zéro, il s'ensuit que quelque peu différens qu'on supposât les
nombres représentés par les lettres b et c, et quelque
grandes que fussent par conséquent les valeurs de x et
de y résultantes, jamais on n'atteindrait à celles qui
répondent au cas où $b = c$.

Ces dernières ne pouvant être représentées par aucun
nombre, quelque grand qu'on le suppose, sont dites *infinies*; et toute expression de la forme $\frac{m}{0}$, dont le dénominateur est zéro, est regardée comme le symbole de
l'*infini*.

Cet exemple montre que l'*infini* mathématique est une
idée négative, puisqu'on n'y parvient que par l'impossibilité d'assigner une quantité qui puisse résoudre la
question.

On pourrait demander ici comment les valeurs

$$x = \frac{ab}{0}, \qquad y = \frac{ac}{0}$$

satisfont aux équations proposées ; car c'est une propriété
essentielle de l'algèbre que les symboles des valeurs des inconnues, quels qu'ils soient, étant soumis aux opérations
indiquées sur ces inconnues, satisfassent aux équations
du problême.

En les substituant dans les équations

$$x - y = a$$

$$\frac{x}{b} = \frac{y}{b},$$

qui répondent au cas où $b = c$, on a, par la première ;

$$\frac{ab}{o} - \frac{ab}{o} = a$$

ou $\dfrac{ab - ab}{o} = a$ ou $ab - ab = a \times o,$

ou enfin

$$o = o, \quad \text{puisque} \quad a \times o = o.$$

La seconde équation donne, dans la même circonstance,

$$\frac{a\,b}{o \times b} = \frac{a\,b}{o \times b};$$

les deux membres de chaque équation devenant égaux, ces équations sont satisfaites.

68 Il reste encore à expliquer comment la notion indiquée par l'expression $\dfrac{ab}{o}$ corrige l'absurdité du résultat trouvé dans le n° 67. Pour cela, on divisera par x les deux membres de l'équation

$$x - y = a;$$

on aura

$$1 - \frac{y}{x} = \frac{a}{x};$$

et comme l'équation

$$\frac{x}{b} = \frac{y}{b}$$

donne $x = y$, la première deviendra

$$1 - 1 = \frac{a}{x} \quad \text{ou} \quad o = \frac{a}{x}.$$

L'erreur consiste ici dans la quantité $\frac{a}{x}$, dont le second membre surpasse le premier, mais cette erreur deviendra de plus en plus petite, à mesure qu'on prendra pour x un plus grand nombre. C'est donc avec raison que l'Algèbre donne pour x une expression qu'aucun nombre, quelque grand qu'il soit, ne saurait représenter, mais qui, venant à la suite de celles qui représentent des nombres de plus en plus grands, indique dans quel sens on peut atténuer de plus en plus l'erreur de la supposition.

69. Si les couriers allant également vîte, et dans le même sens, partaient du même point, leur jonction ne se ferait plus à un point particulier, puisqu'elle aurait lieu dans toute l'étendue de leur course; il est bon de voir comment cette circonstance est représentée par les valeurs que prennent dans ce cas les inconnues x et y.

Le point A et le point B étant confondus ensemble, on a pour ce cas, $a = 0$, et toujours $b = c$; il vient donc

$$x = \frac{0.b}{0} = \frac{0}{0}, \quad y = \frac{0.c}{0} = \frac{0}{0}.$$

Pour interpréter ces valeurs, qui indiquent une division dans laquelle le dividende et le diviseur sont nuls tous les deux, je remonte aux équations, et je vois que la première devient

$$x - y = 0,$$

et la seconde

$$\frac{x}{b} = \frac{y}{b}.$$

Cette dernière donnant $x = y$, il en résulte

$$x - y = 0;$$

elle n'exprime donc rien de plus que la première: elle

G 4

montre seulement que les deux couriers seront toujours ensemble, puisque les distances x et y partent toutes
deux du point A, leur valeur restant d'ailleurs absolument indéterminée. L'expression $\frac{0}{0}$ est donc ici le symbole d'une quantité indéterminée : je dis ici, car il y a
des cas où cela n'est pas; mais alors l'expression proposée n'a pas la même origine que la précédente.

70. Pour en donner un exemple, soit

$$\frac{a\,(a^2 - b^2)}{b\,(a - b)}.$$

Cette quantité devient $\frac{0}{0}$ dans sa forme actuelle, lorsqu'on
fait $a = b$; mais si on la réduit d'abord à sa plus simple
expression, en supprimant le facteur $a - b$, commun au
numérateur et au dénominateur, on trouve

$$\frac{a\,(a + b)}{b},$$

ce qui donne $2\,a$ quand $a = b$.

Il n'en est pas de même des valeurs de x et de y, trouvées dans le n° précédent; car elles ne sont pas susceptibles d'être réduites à une plus simple expression.

Il suit de ce que je viens de dire, que lorsqu'on
rencontre une expression qui devient $\frac{0}{0}$, il faut, avant
de prononcer sur sa valeur, chercher si le numérateur
et le dénominateur n'ont pas quelque facteur commun qui, devenant nul, rende ces deux termes égaux
à zéro en même temps; et en le supprimant, on obtiendra la vraie valeur de l'expression proposée. Il y a
cependant des cas qui pourraient échapper à cette méthode; mais les bornes de cet ouvrage ne me permettent que de faire remarquer le *fait analytique*. C'est en
traitant du calcul différentiel qu'on donne les procédés

D'ALGÈBRE. 105

généraux pour trouver la vraie valeur des quantités qui deviennent $\frac{0}{0}$ (*).

71. Ce qui précède fait voir bien clairement que *les solutions algébriques, ou satisfont complètement à l'énoncé du problème, quand il est possible, ou indiquent une modification à faire dans l'énoncé, lorsque les données présentent des contradictions qui peuvent être levées, ou enfin font connaître une impossibilité absolue, lorsqu'il n'y a aucun moyen de résoudre avec les mêmes données, une question analogue dans un certain sens à la proposée.*

72. Il faut remarquer dans la solution des différens cas de la question précédente, que le changement de signe des inconnues x et y, répond à un changement dans la direction des chemins que ces inconnues représentent. Quand l'inconnue y était comptée de B vers A, elle avait dans l'équation

$$x + y = a$$

le signe $+$, et elle a pris le signe $-$ pour le second cas, lorsqu'on l'a portée du côté opposé, de B vers C, n° 65, puisqu'on a eu pour première équation

$$x - y = a.$$

En effectuant ce changement de signe dans la seconde équation

$$\frac{x}{b} = \frac{y}{c},$$

on trouverait

$$\frac{x}{b} = \frac{-y}{c},$$

(*) Voyez *Traité du Calcul différentiel* et du *Calcul intégral*, tom. I, ou le *Traité Élémentaire* sur le même sujet.

résultat qui n'est pas celui qu'on a donné dans le n° cité ; mais il faut observer que le chemin y se compose par des multiples de l'espace c que parcourt en une heure le courier parti du point B, et cet espace étant dirigé dans le même sens que l'espace y, doit être supposé de même signe, et prendre par conséquent le signe — lorsqu'on le donne à y. On aura par cette remarque

$$\frac{x}{b} = \frac{-y}{-c} \qquad \text{ou} \qquad \frac{x}{b} = \frac{y}{c}.$$

Il suffit donc d'un simple changement de signe pour comprendre le second cas de la question dans le premier; et c'est ainsi que l'algèbre donne à-la-fois la solution de plusieurs questions analogues.

Le problême du n° 15 en offre un exemple bien évident. On a supposé dans cet article, que le père devait au fils une somme d; si on veut résoudre la question dans l'hypothèse contraire, c'est-à-dire, en supposant que le fils doive à son père la somme d, il suffira de changer le signe de d, dans la valeur de x, et l'on aura

$$x = \frac{bc - d}{a + b} :$$

enfin, si on les suppose quittes l'un envers l'autre, il faudra faire $d = 0$, et il viendra

$$x = \frac{bc}{a + b}.$$

Rien n'est plus aisé que de vérifier ces deux solutions, en mettant de nouveau le problême en équation, pour chacun des cas qu'on vient d'énoncer.

73. Ce n'est que pour conserver l'analogie entre les problémes des n° 56 et 64, que j'ai employé deux inconnues dans le second. On pourrait résoudre l'un et l'autre avec une seule inconnue; car, lorsqu'on dit que l'ouvrier a reçu 74 francs pour 12 jours de son travail

et 7 de celui de sa femme et de son fils, il en résulte que si on nomme y le gain de la femme et du fils, et que de 74 francs on ôte $7y$, il reste $74-7y$ pour 12 journées de l'ouvrier, d'où il suit qu'il gagne $\dfrac{74-7y}{12}$ par jour.

Calculant de même son gain pour la seconde circonstance, on trouvera qu'il gagne $\dfrac{50-5y}{8}$ par jour.

En égalant ces deux quantités, on formera l'équation

$$\frac{74-7y}{12}=\frac{50-5y}{8}.$$

De même, dans la question du n° 64,

$$\overline{A \qquad\qquad R \qquad B}$$

Si x désigne le chemin AR fait par le courier parti du point A, $BR=a-x$, sera celui du courier parti du point B en allant vers A; ces deux chemins étant faits dans le même temps par les couriers qui parcourent respectivement les nombres b et c de kilomètres par seconde, on aura

$$\frac{x}{b}=\frac{a-x}{c},$$

d'où

$$cx=ab-bx,$$

$$x=\frac{ab}{b+c}.$$

La différence entre les solutions que l'on vient de donner et celles des n°^{s} 56 et 64, ne consiste qu'en ce que l'on a formé et résolu la première équation par le secours du langage ordinaire, sans y employer l'écriture algébrique ; et il est évident que plus on pousse loin l'usage du premier procédé, moins il reste à faire avec le second.

74. On ajoute quelquefois au problême du n° 64, une circonstance qui ne le rend pas plus difficile.

$$\overline{A \qquad R \qquad C \qquad B}$$

On suppose que le courier parti du point B *s'est mis en marche un nombre* d *d'heures avant celui qui part du point* A.

Il est évident que cela revient à changer le point de départ du premier ; car s'il fait un nombre c de kilo-mètres par heure, il parcourra un espace $BC = cd$ en d d'heures ; et se trouvera au point C, lorsque l'autre courier partira du point A, en sorte que l'intervalle des lieux de départ sera

$$AC = AB - BC = a - cd.$$

En écrivant donc $a - c\,d$ à la place de a dans l'équation du n° précédent, on aura

$$\frac{x}{b} = \frac{a - cd - x}{c}$$

$$x = \frac{ab - bcd}{b + c}.$$

Si les couriers allaient dans le même sens

$$\overline{A \qquad\qquad B \qquad C \qquad R}$$

l'intervalle des lieux de départ serait

$$AC = AB + BC = a + cd\,;$$

le chemin parcouru par le courier parti du point A se-rait AR, tandis que celui de l'autre courier serait

$$CR = AR - AC;$$

on aurait donc

$$\frac{x}{b} = \frac{x - a - c\,d}{c},$$

d'où

$$x = \frac{ab + bcd}{b - c}.$$

75. Énoncé de cette manière, le problême présente un cas où l'interprétation de la valeur négative trouvée pour x, offre quelque difficulté ; c'est lorsqu'en faisant aller les couriers en sens contraire, on donne au nombre d une valeur telle que l'espace BC représenté par cd, devient plus grand que a, qui représente AB.

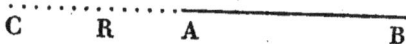

```
..................    _____
  C      R      A                    B
```

Alors le courier parti du point B se trouve en C de l'autre côté de A, au moment où on fait partir celui-ci, vers le point B ; il y a donc absurdité à supposer que les deux couriers puissent ainsi se rencontrer.

Si l'on avait par exemple

$$a = 400^{km}, \quad b = 12^{km}, \quad c = 8^{km}, \quad d = 60^{k},$$

il en résulterait $cd = 480^{km}$, ainsi le point C serait à 80^{km} au-delà du point A, par rapport au point B ; mais on trouverait alors

$$x = \frac{400.12 - 60.8.12}{8 + 12} = \frac{400.3 - 60.2.12}{2 + 3}$$

$$= \frac{1200 - 1440}{5} = -\frac{240}{5} = -48.$$

Ainsi la rencontre des couriers aurait lieu dans un point R, placé à 48^{km} de l'autre côté du point A, mais entre A et C, quoiqu'il semble que le courier parti de B, devant continuer son chemin au-delà du point C, ne pourrait être joint par l'autre courier, qu'après avoir passé ce point.

Pour connaître la question résolue dans ce cas, il faut substituer au lieu de x le nombre négatif $-m$, dans l'équation qui devient

$$-\frac{m}{b} = \frac{a - cd + m}{c},$$

ou en changeant le signe des deux membres,

$$\frac{m}{b} = \frac{cd - a - m}{c}.$$

On voit que le chemin parcouru par le courier parti

. . . .
C   R   A   B

du point B est $c\,d - a - m$, ou ce qui reste de BC, quand on en retranche AB et AR, c'est-à-dire CR; et que par conséquent le courier étant parvenu au point C, a dû revenir sur ses pas de C en R. Ce retour qui paraît d'abord singulier, vient de ce qu'on a supposé que les deux couriers allaient en sens contraire, condition qui n'aurait pas été remplie, si celui qui est parti du point B, eût continué sa route au-delà du point C.

76. Le problême du n° 56, étant généralisé, s'énonce ainsi qu'il suit :

Un ouvrier ayant passé un nombre a *de jours dans une maison, et ayant eu avec lui sa femme et son fils pendant un nombre* b *de jours, a reçu une somme* c, *il a passé ensuite dans la même maison un nombre* d *de jours; il a eu cette fois avec lui sa femme et son fils pendant un nombre* e *de jours, et il a reçu une somme* f; *on demande ce qu'il gagnait par jour, et ce que gagnaient sa femme et son fils pendant le même temps.*

Soient toujours x le prix de la journée de l'ouvrier et y celui de sa femme et de son fils;
pour un nombre a de jours, il aura ax,
pour un nombre b de jours, sa femme et son fils auront by,
ainsi

$$a\,x + b\,y = c;$$

pour un nombre d de jours, il aura $d\,x$,

pour un nombre e de jours, sa femme et son fils auront $e\,y$, ainsi

$$d\,x + e\,y = f:$$

voilà les deux équations générales de la question.

On tire de la première

$$x = \frac{c - b\,y}{a} \; ;$$

multipliant cette valeur par d, pour la substituer à la place de x, dans la seconde équation, on aura

$$d\,x = \frac{c\,d - b\,d\,y}{a} ,$$

et par conséquent

$$\frac{c\,d - b\,d\,y}{a} + e\,y = f.$$

En faisant disparaître les dénominateurs de cette équation, on obtiendra

$$c\,d - b\,d\,y + a\,e\,y = a\,f,$$

d'où on conclura successivement

$$a\,e\,y - b\,d\,y = a\,f - c\,d,$$

$$y = \frac{a\,f - c\,d}{a\,e - b\,d}.$$

Connaissant maintenant y, si on met sa valeur dans celle de x, cette dernière sera connue ; on aura

$$x = \frac{c - b\,\dfrac{a\,f - c\,d}{a\,e - b\,d}}{a}.$$

Pour simplifier cette expression, il faut d'abord faire la multiplication indiquée sur les quantités

$$b \qquad \text{et} \qquad \frac{a\,f - c\,d}{a\,e - b\,d}, \qquad (51)$$

ce qui donne

$$x = \frac{c - \frac{abf - bcd}{ae - bd}}{a} ;$$

puis réduire c au dénominateur de la fraction qui l'accompagne, et effectuer la soustraction de cette fraction (53) : il vient

$$x = \frac{\frac{ace - bcd - abf + bcd}{ae - bd}}{a} ,$$

ou en réduisant

$$x = \frac{\frac{ace - abf}{ae - bd}}{a} \quad (^*).$$

(*) Il pourrait y avoir quelque difficulté sur le sens de cette expression ; pour la prévenir, il faut faire attention à la barre de division qui se trouve placée dans le corps de la ligne. Ainsi, dans l'expression $x = \frac{A}{B}$, A représente le dividende, soit entier, soit fractionnaire, et B le diviseur, dans l'une et l'autre hypothèse. D'après cette convention, l'expression $x = \frac{\frac{A}{C}}{B}$ signifie que x est égal au quotient de la fraction $\frac{A}{C}$ divisée par B, et l'expression $x = \frac{A}{\frac{B}{C}}$ indique pour x le quotient de A divisé par la fraction $\frac{B}{C}$; enfin on a, par l'expression $x = \frac{\frac{A}{C}}{\frac{B}{D}}$ le quotient de la fraction $\frac{A}{C}$ divisée par la fraction $\frac{B}{D}$.

Ces remarques font sentir la nécessité de placer les barres conformément au résultat qu'on se propose d'indiquer.

En

En effectuant la division par a (51), on trouvera

$$x = \frac{ace - abf}{a^2 e - abd},$$

et en supprimant le facteur a, commun au numérateur et au dénominateur (38), on aura enfin.

$$x = \frac{ce - bf}{ae - bd}.$$

Les valeurs

$$x = \frac{ce - bf}{ae - bd}, \qquad y = \frac{af - cd}{ae - bd}$$

s'appliquent de la même manière que celles qu'on a trouvées ci-dessus pour des équations littérales à une seule inconnue ; on y substitue au lieu des lettres les nombres particuliers à l'exemple qu'on a choisi.

On obtiendra les résultats du n° 56, en faisant

$$a = 12, \qquad b = 7, \qquad c = 74$$
$$d = 8, \qquad e = 5, \qquad f = 50,$$

et ceux du n° 58, en faisant

$$a = 12, \qquad b = 7, \qquad c = 46$$
$$d = 8, \qquad e = 5, \qquad f = 30.$$

77. Les valeurs de x et de y ne conviennent pas seulement à la question proposée, elles s'étendent à toutes celles qui conduisent à deux équations du premier degré à deux inconnues, car il est visible que ces équations sont nécessairement comprises dans les formules,

$$ax + by = c$$
$$dx + ey = f$$

pourvu qu'on entende par les lettres a, b, d et e, l'ensemble des quantités données qui multiplient respectivement les inconnues x et y ; et par les lettres c et f, l'ensemble des termes tous connus, passés dans le second membre.

Elémens d'Algèbre.　　　　　　　H

De la résolution d'un nombre quelconque d'équations du premier degré renfermant un pareil nombre d'inconnues.

78. Lorsqu'une question renferme autant de conditions distinctes qu'elle contient d'inconnues, chacune de ces conditions fournit une équation, dans laquelle il arrive souvent que les inconnues sont mêlées entr'elles; comme on l'a vu déjà sur des problêmes à deux inconnues; mais si ces inconnues ne sont qu'au premier degré, on peut, ainsi qu'on l'a fait dans les numéros précédens, *prendre dans l'une des équations la valeur de l'une des inconnues, comme si tout le reste était connu, et substituer cette valeur dans toutes les autres équations, qui ne contiendront plus après cela que les autres inconnues.*

Cette opération, par laquelle on chasse une des inconnues, se nomme *élimination*. Par son moyen, si l'on a trois équations à trois inconnues, on en déduira deux équations à deux inconnues, qu'on traitera comme on a fait ci-dessus ; et ayant obtenu les valeurs des deux dernières inconnues, on les substituera dans l'expression de la première.

Si l'on a quatre équations à quatre inconnues, on en déduira en premier lieu trois équations à trois inconnues, qu'on traitera comme il vient d'être dit ; puis ayant trouvé les valeurs des trois inconnues, on les substituera dans l'expression de la première, et ainsi de suite.

Voici pour exemple une question qui renferme trois inconnues et trois équations.

79. *On a acheté séparément les charges de trois voitures : la première qui contenait 30 mesures de seigle, 20 d'orge et 10 de froment, a coûté 230 francs ;*

La seconde qui contenait 15 mesures de seigle, 6 d'orge et 12 de froment, a coûté 138 francs ;

La troisième qui contenait 10 mesures de seigle, 5 d'orge et 4 de froment, a coûté 75 francs ;

On demande à combien revient la mesure de seigle, celle d'orge et de froment ?

Soit x le prix de la mesure de seigle,
y celui de la mesure d'orge,
z celui de la mesure de froment.

Pour remplir la première condition, on observera que

30 mesures de seigle vaudront $30\,x$,
20 mesures d'orge vaudront $20\,y$,
10 mesures de froment vaudront $10\,z$,

et que le tout devant faire 230 francs, on aura l'équation

$$30\,x + 20\,y + 10\,z = 230.$$

Pour la seconde condition, on aura

15 mesures de seigle qui vaudront $15\,x$,
6   d'orge $6\,y$,
12   de froment $12\,z$,

et par conséquent

$$15\,x + 6\,y + 12\,z = 138.$$

Pour la troisième condition, on aura

10 mesures de seigle qui vaudront $10\,x$,
5   d'orge $5\,y$,
4   de froment $4\,z$,

et par conséquent

$$10\,x + 5\,y + 4\,z = 75.$$

La question proposée sera donc ramenée aux trois équations

$$30\,x + 20\,y + 10\,z = 230$$
$$15\,x + 6\,y + 12\,z = 138$$
$$10\,x + 5\,y + 4\,z = 75.$$

Avant d'en entreprendre la résolution, j'examine s'il n'est pas possible de les simplifier, en divisant par un même nombre (12) les deux membres de quelqu'une ; et je vois qu'on peut diviser tous les termes de la première par 10, et tous ceux de la seconde par 3 ; en

H 2

effectuant ces divisions, je n'ai plus à m'occuper que
des équations

$$3x + 2y + z = 23$$
$$5x + 2y + 4z = 46$$
$$10x + 5y + 4z = 75.$$

Pouvant choisir l'une quelconque des inconnues pour
en tirer la valeur, je prends celle de z dans la première
équation, parce que cette inconnue n'ayant point de
coefficient, sa valeur sera une quantité sans diviseur,
ou entière; il vient

$$z = 23 - 3x - 2y.$$

En mettant cette valeur dans la seconde et la troisième
équation, on les change en

$$5x + 2y + 92 - 12x - 8y = 46$$
$$10x + 5y + 92 - 12x - 8y = 75;$$

et réduisant leur premier membre, on trouve

$$92 - 7x - 6y = 46$$
$$92 - 2x - 3y = 75.$$

Pour traiter ces équations, qui ne renferment plus
que deux inconnues, je prends dans la première la valeur de l'inconnue y; j'obtiens

$$y = \frac{92 - 46 - 7x}{6} \quad \text{ou} \quad y = \frac{46 - 7x}{6},$$

et par la substitution de cette valeur, la seconde équation devient

$$92 - 2x - 3 \times \frac{46 - 7x}{6} = 75.$$

Je pourrais faire évanouir le dénominateur 6 par la méthode ordinaire, mais j'observe que ce dénominateur
étant divisible par 3, peut se simplifier en effectuant sur la
fraction $\frac{46 - 7x}{6}$, la multiplication par 3, conformément au n° 54 de l'*Arithm.* j'ai par ce moyen

$$92 - 2x - \frac{46 - 7x}{2} = 75.$$

En faisant alors disparaître le dénominateur 2, je trouve

$$184 - 4x - 46 + 7x = 150;$$

le premier membre étant réduit, il vient

$$138 + 3x = 150,$$

d'où on conclut

$$x = \frac{150 - 138}{3} = \frac{12}{3} \quad \text{ou} \quad x = 4.$$

La substitution de cette valeur dans l'expression de y donne

$$y = \frac{46 - 7 \times 4}{6} = \frac{46 - 28}{6} = \frac{18}{6} \quad \text{ou} \quad y = 3;$$

et par la substitution des valeurs de x et de y, dans l'expression de z, on obtient

$$z = 23 - 3 \times 4 - 2 \times 3 = 23 - 12 - 6 \quad \text{ou} \quad z = 5.$$

Il suit de là, que la mesure de seigle valait 4 francs,
celle d'orge   3,
celle de froment   5.

Cet exemple, en même temps qu'il offre l'application de la méthode du numéro précédent, doit être remarqué pour les abréviations de calcul qu'on y a pratiquées.

80. Je vais résoudre encore le problème suivant :

Un homme qui s'est chargé de transporter des vases de porcelaine, de trois grandeurs, a fait ce marché : qu'il paierait autant par chaque vase qu'il casserait, qu'il recevrait pour ceux qu'il rendrait en bon état.

On lui donne d'abord deux petits vases, quatre moyens et neuf grands ; il casse les moyens, rend tous les autres en bon état, et reçoit une somme de 28 francs.

H 3

On lui donne ensuite sept petits vases, trois moyens et cinq grands ; cette fois il rend les petits et les moyens, mais il casse les cinq grands, et il reçoit seulement 3 francs.

Enfin, on lui remet neuf petits vases, dix moyens et onze grands ; il casse tous ces derniers, et ne reçoit en conséquence que 4 francs.

On demande ce qu'on a payé pour le transport d'un vase de chaque grandeur.

Soit x le prix du transport d'un petit vase,

y celui du transport d'un moyen,

z celui du transport d'un grand.

Il est visible que chaque somme qu'il reçoit, est la différence, entre ce qui lui revient pour les vases qu'il rend en bon état, et ce qu'il doit pour ceux qu'il a cassés ; d'après cette remarque, les trois conditions du problême fournissent respectivement les équations suivantes :

$$2x - 4y + 9z = 28$$
$$7x + 3y - 5z = 3$$
$$9x + 10y - 11z = 4.$$

La première de ces équations donne

$$x = \frac{28 + 4y - 9z}{2} ;$$

et par la substitution de cette valeur, la deuxième et la troisième équations deviendront

$$\frac{196 + 28y - 63z}{2} + 3y - 5z = 3$$

$$\frac{252 + 36y - 81z}{2} + 10y - 11z = 4.$$

Faisant disparaître les dénominateurs, on aura

$$196 + 28y - 63z + 6y - 10z = 6$$
$$252 + 36y - 81z + 20y - 22z = 8 ;$$

réduisant le premier membre, on obtiendra

$$196 + 34y - 73z = 6$$
$$252 + 56y - 103z = 8;$$

prenant la valeur de y dans la première de ces équations, on aura

$$y = \frac{73z - 190}{34}.$$

Par cette valeur, la seconde devient

$$252 + 56 \times \frac{73z - 190}{34} - 103z = 8;$$

étant délivrée du dénominateur 34, elle se change en

$$34 \times 252 + 56 \times 73z - 56 \times 190 - 34 \times 103z = 34 \times 8$$

ou en

$$8568 + 4088z - 10640 - 3502z = 272.$$

La réduction du premier membre de ce résultat conduit à

$$586z - 2072 = 272,$$

d'où on tire

$$z = \frac{2344}{586} \quad \text{ou} \quad z = 4.$$

En remontant de la valeur de z à celle de y, on aura

$$y = \frac{73 \times 4 - 190}{34} = \frac{292 - 190}{34} = \frac{102}{34} \text{ ou } y = 3;$$

et avec ces deux valeurs, on trouvera

$$x = \frac{28 + 4 \times 3 - 9 \times 4}{2} = \frac{28 + 12 - 36}{2} = \frac{4}{2} \text{ ou } x = 2.$$

On a donc payé 2 fr. pour le transport d'un petit vase,
3   pour celui d'un moyen,
4   pour celui d'un grand.

Cet exemple suffit pour montrer comment il faut s'y prendre dans tous les autres cas.

H 4

81. Il arrive souvent que toutes les inconnues n'entrent pas à-la-fois dans toutes les équations ; cette circonstance ne change pas la méthode : il suffit de bien examiner la liaison des inconnues pour passer des unes aux autres.

Soient pour exemple les quatre équations

$$3u - 2y = 2$$
$$2x + 3y = 39$$
$$5x - 7z = 11$$
$$4y + 3z = 41$$

renfermant les inconnues u, x, y et z.

Avec un peu d'attention, on voit qu'en prenant dans la seconde équation la valeur de x, pour la substituer dans la troisième, le résultat renfermant alors y et z, fera par sa combinaison avec la quatrième équation, connaître ces deux quantités; puis avec la valeur de y, on aura celles de u et de x, par le moyen de la première et de la seconde équation. En opérant ainsi, on fera le calcul suivant :

$$x = \frac{39 - 3y}{2}$$

$$5 \times \frac{39 - 3y}{2} - 7z = 11,$$

ou $$195 - 15y - 14z = 22,$$

ou $$15y + 14z = 173 \ (57).$$

Les deux équations

$$15y + 14z = 173$$
$$4y + 3z = 41,$$

étant résolues, donneront

$$y = 5, \quad z = 7;$$

et par ces valeurs, on aura

$$x = \frac{39 - 3 \times 5}{2} = \frac{39 - 15}{2} = \frac{24}{2} \quad \text{ou} \quad x = 12,$$

$$u = \frac{2 + 2y}{3} = \frac{2 + 10}{3} = \frac{12}{3} \quad \text{ou} \quad u = 4:$$

les nombres cherchés sont donc

4, 12, 5 et 7.

82. La méthode que je viens d'exposer s'appliquerait aux équations littérales, de même qu'aux équations numériques ; mais la multitude des lettres qu'il faudrait employer pour représenter généralement les données, lorsque le nombre des équations et des inconnues surpasse 2, a engagé les algébristes à chercher une manière de les exprimer plus simplement. Je la ferai connaître dans l'article suivant ; mais afin de fournir au lecteur l'occasion de s'exercer à mettre les problêmes en équation et à les résoudre, j'ai réuni ci-dessous une suite d'énoncés, et j'ai indiqué à la fin de chacun les résultats qu'on doit trouver.

1°. *Un père étant interrogé sur l'âge de son fils, répond: si du double de l'âge qu'il a maintenant vous retranchez le triple de celui qu'il avait il y a six ans, vous aurez son âge actuel ;*

Réponse : *L'enfant avait 9 ans.*

2°. *Diophante, l'auteur du plus ancien livre d'algèbre qui nous reste, passa dans sa jeunesse la sixième partie du temps qu'il vécut, une douzième dans l'adolescence, ensuite il se maria, et passa dans cette union le septième de sa vie, augmenté de cinq ans, avant d'avoir un fils auquel il survécut de quatre ans, et qui n'atteignit que la moitié de l'âge où son père est parvenu ; quel âge avait Diophante, lorsqu'il mourut ?*

Réponse : *84 ans.*

3°. *Un marchand prélève tous les ans sur les fonds qu'il*

a dans le commerce, une somme de 1000 francs pour la dépense de son ménage; cependant chaque année son bien augmente du tiers de ce qui reste, et au bout de trois ans se trouve doublé; combien avait-il au commencement de la première année ?

Réponse : *14800 francs.*

4°. *Un marchand a deux espèces de thé, la première à 14 francs le kilogramme, la deuxième à 18 francs; combien doit-il prendre de chacun pour en former une caisse de 100 kilogrammes qui vaille 1680 francs ?*

Réponse : *30 kilog. de la première et 70 de la seconde.*

5°. *On a rempli en 12 minutes un vase contenant 39 litres d'eau, en faisant couler successivement deux fontaines, dont l'une fournissait 4 litres par minute et l'autre 3; on demande pendant combien de minutes chaque fontaine a coulé ?*

Réponse : *La première 3 minutes, et la seconde 9.*

6°. *Une montre marquant midi, l'aiguille des minutes se trouve sur celle des heures; on demande quel est le point du cadran où se fera la prochaine rencontre des aiguilles ?*

Réponse : *Lorsqu'il sera 1 heure 5 minutes et $\frac{5}{11}$.*

Obs. Ce problême se rapporte à celui du n° 65.

7°. *Un homme rencontrant des pauvres, veut donner 25 centimes à chacun, mais en comptant sa monnaie, il s'apperçoit qu'il lui manque pour cela 10 centimes, alors il ne donne que 20 centimes à chaque pauvre et il lui reste 25 centimes; on demande combien cet homme avait de monnaie, et quel était le nombre des pauvres ?*

Réponse : *Il avait 1 franc 65 centimes, et les pauvres étaient au nombre de 7.*

8°. *Trois frères ont acheté un bien pour 50000 francs;*

il manque au premier pour payer à lui seul cette acquisi-
tion, la moitié de l'argent qu'a le second ; celui-ci paie-
rait l'acquisition à lui seul, si on ajoutait à ce qu'il pos-
sède le tiers de ce qu'a le premier ; enfin le troisième au-
rait besoin pour faire ce même paiement, de joindre à ce
qu'il a le quart de ce que possède le premier ; combien
chacun a-t-il d'argent ?

Rép. *Le premier a* 30000 *fr.*, *le deuxième* 40000 , *et*
le troisième 42500.

9°: *Après une partie, trois joueurs comptent leur argent;*
un seul ayant perdu, les deux autres ont gagné chacun
une somme égale à celle qu'ils ont mise au jeu ; après
une seconde partie, l'un des joueurs qui avait gagné dans
la précédente perd, et les deux autres gagnent chacun
une somme égale à celle qu'ils avaient en commençant la
seconde partie ; à une troisième partie, le joueur qui
jusque-là avait gagné, perd, avec chacun des deux autres
une somme égale à celle qu'ils avaient en commençant
cette dernière partie, et alors les trois joueurs sortent
avec chacun 120 *francs ; combien avaient-ils en entrant*
au jeu ?

Rép. *Celui qui a perdu à la* 1re *partie avait* 195 *francs ,*
celui qui a perdu à la 2e 105 ;
celui qui a perdu à la 3e 60.

Formules générales pour la résolution des équations
du premier degré.

83. Pour obvier à l'inconvénient que j'ai fait remarquer
au commencement du numéro précédent, on a imaginé
de représenter par la même lettre tous les coefficiens
d'une même inconnue, mais de les distinguer en les affectant d'un ou de plusieurs accens, suivant le nombre
des équations.

Les équations générales à deux inconnues s'écrivent ainsi :

$$a\,x + b\,y = c$$
$$a'x + b'y = c'.$$

Les coefficiens de l'inconnue x sont représentés tous deux par a, ceux de y par b ; mais l'accent que portent les lettres de la seconde équation, fait voir qu'on ne les regarde pas comme ayant la même valeur que leurs correspondantes dans la première. Ainsi a' est une quantité différente de a, b' une quantité différente de b.

Lorsqu'il y a trois équations, on les écrit ainsi :

$$a\,x + b\,y + c\,z = d$$
$$a'\,x + b'\,y + c'\,z = d'$$
$$a''x + b''y + c''z = d''.$$

Tous les coefficiens de l'inconnue x sont désignés par la lettre a, ceux de y par b, ceux de z par c ; mais chaque lettre porte des accens différens qui marquent qu'elle appartient à diverses quantités. Ainsi a, a', a'', sont trois quantités différentes, et de même des autres.

Suivant cette marche, s'il y avait quatre inconnues et quatre équations, on les écrirait ainsi :

$$a\,x + b\,y + c\,z + d\,u = e$$
$$a'x + b'y + c'z + d'u = e'$$
$$a''x + b''y + c''z + d''u = e''$$
$$a'''x + b'''y + c'''z + d'''u = e'''.$$

84. Afin de simplifier les calculs, en évitant les fractions, on modifie ainsi le procédé de l'élimination :

Soient les équations

$$a\,x + b\,y = c$$
$$a'x + b'y = c' ;$$

il est évident que si l'une des inconnues, x, par exemple, avait le même coefficient dans les deux équations, il suffirait de les retrancher l'une de l'autre, pour faire disparaître cette inconnue. Cela se voit tout de suite sur les équations

$$10\,x + 11\,y = 27,$$
$$10\,x + 9\,y = 15,$$

qui donnent

$$11\,y - 9\,y = 27 - 15,\ \text{ou}\ 2\,y = 12,\ \text{ou}\ y = 6.$$

Il est visible qu'on peut rendre immédiatement les coefficiens de x égaux dans les équations

$$a\,x + b\,y = c$$
$$a'\,x + b'\,y = c',$$

en multipliant les deux membres de la première par a', coefficient de x dans la seconde, et les deux membres de la seconde par a, coefficient de x dans la première ; on obtient ainsi,

$$a\,a'\,x + a'\,b\,y = a'\,c$$
$$a\,a'\,x + a\,b'\,y = a\,c'.$$

Retranchant ensuite la première de celles-ci de la seconde, l'inconnue x disparaîtra ; on aura seulement

$$(a\,b' - a'\,b)\,y = a\,c' - a'\,c,$$

équation qui ne contient plus que l'inconnue y ; et l'on en déduira

$$y = \frac{a\,c' - c\,a'}{a\,b' - b\,a'}.$$

Le procédé que je viens d'employer, peut toujours s'appliquer aux équations du premier degré, pour en chasser l'une quelconque des inconnues.

En éliminant de même l'inconnue y, on aurait la valeur de x.

Si l'on applique ce procédé aux trois équations renfermant x, y et z, on pourra d'abord éliminer x entre la première et la seconde, puis entre la première et la troisième ; on parviendra ainsi à deux équations, qui ne renfermeront plus que y et z, et entre lesquelles on éliminera ensuite y.

Si l'on effectue le calcul, l'équation en z, à laquelle on parviendra, aura un facteur commun à tous ses termes, et ne sera par conséquent pas la plus simple que l'on puisse obtenir.

85. Bezout a donné une méthode fort simple pour éliminer à-la-fois toutes les inconnues hors une, et par laquelle on ramène immédiatement la question à des équations qui contiennent une inconnue de moins que les proposées. Quoique ce procédé ne soit nécessaire que lorsqu'il s'agit des équations à trois inconnues, je commencerai par l'appliquer à celles qui n'en contiennent que deux, afin d'embrasser le sujet en entier.

Soient les deux équations

$$a\,x + b\,y = c,$$
$$a'x + b'y = c' :$$

en multipliant la première par une quantité m, qui soit indéterminée, il viendra

$$a\,m\,x + b\,m\,y = m\,c;$$

et retranchant de ce résultat l'équation

$$a'\,x + b'\,y = c',$$

on aura

$$a\,m\,x - a'\,x + b\,m\,y - b'\,y = c\,m - c',$$
$$\text{ou } (a\,m - a')\,x + (b\,m - b')\,y = c\,m - c'.$$

Puisque rien ne détermine la quantité m, on peut supposer qu'elle soit telle que $b\,m = b'$. Dans ce cas, le terme multiplié par y disparaissant, on a

$$x = \frac{c\,m - c'}{a\,m - a'};$$

mais à cause de $bm = b'$, il résulte,

$$m = \frac{b'}{b} :$$

donc

$$x = \frac{\frac{cb'}{b} - c'}{\frac{ab'}{b} - a'} = \frac{cb' - bc'}{ab' - ba'}.$$

Au lieu de supposer $bm = b'$, si l'on fait $am = a'$, le terme affecté de x s'évanouira, et il viendra

$$y = \frac{cm - c'}{bm - b'}.$$

La valeur de m ne sera plus la même que tout-à-l'heure ; car on aura

$$m = \frac{a'}{a} ;$$

et en substituant dans l'expression de y, on trouvera

$$y = \frac{ca' - ac'}{ba' - ab'}.$$

En changeant les signes du numérateur et du dénominateur de cette valeur, son dénominateur sera le même que celui de x, puisqu'on aura

$$y = \frac{ac' - ca'}{ab' - ba'}.$$

86. Soient maintenant les trois équations

$$ax + by + cz = d$$
$$a'x + b'y + c'z = d'$$
$$a''x + b''y + c''z = d''.$$

L'analogie conduira aisément à multiplier la première et la seconde par deux quantités indéterminées m et n, à les ajouter ensemble, et à en retrancher la troisième ; car par ce moyen elles seront employées toutes.

en même temps, et les deux nouvelles quantités m et n, dont il est permis de disposer à volonté, pourront être déterminées de manière à faire disparaître en même temps du résultat deux des inconnues. En opérant ainsi, et réunissant les termes qui multiplient une même inconnue, on aura

$$(am+a'n-a'')x+(bm+b'n-b'')y+(cm+c'n-c'')z$$
$$=dm+d'n-d''.$$

Si on veut faire disparaître x et y, il faudra poser pour cela les équations

$$a\,m+a'\,n=a'',$$
$$b\,m+b'\,n=b'',$$

et alors il viendra

$$z=\frac{d\,m+d'\,n-d''}{c\,m+c'\,n-c''}.$$

Des deux équations dans lesquelles m et n sont les inconnues, il est facile de déduire la valeur de ces quantités au moyen des résultats obtenus dans le numéro précédent; car il suffit de changer dans ceux-ci x en m, y en n, et d'écrire au lieu des lettres

$$\left.\begin{array}{l}a,\ b,\ c\\a',\ b',\ c'\end{array}\right\}\ \text{les lettres}\ \left\{\begin{array}{l}a,\ a',\ a''\\b,\ b',\ b'',\end{array}\right.$$

ce qui donnera

$$m=\frac{a''b'-b''a'}{a\,b'-b\,a'}$$

$$n=\frac{a\,b''-b\,a''}{a\,b'-b\,a'}.$$

Substituant ces valeurs dans celle de z, et réduisant tous les termes au même dénominateur, on trouvera

$$z=\frac{d(b'a''-a'b'')+d'(ab''-ba'')-d''(ab'-ba')}{c(b'a''-a'b'')+c'(ab''-ba'')-c''(ab'-ba')}.$$

Si

Si on avait fait évanouir les termes affectés de x et de z, on aurait eu y, les lettres m et n auraient dépendu dés deux équations

$$a m + a'n = a'', \qquad c m + c'n = c'';$$

et en opérant comme ci-dessus, on aurait trouvé

$$y = \frac{d(c'a'' - a'c'') + d'(a c'' - c a'') - d''(a c' - c a')}{b(c'a'' - a'c'') + b'(a c'' - c a'') - b''(a c' - c a')}.$$

Enfin, en posant les équations

$$b m + b'n = b'', \qquad c m + c'n = c'',$$

on fait disparaître les termes multipliés par y et par z, et il vient

$$x = \frac{d(c'b'' - b'c'') + d'(b c'' - c b'') - d''(b c' - c b')}{a(c'b'' - b'c'') + a'(b c'' - c b'') - a''(b c' - c b')}.$$

Ces valeurs étant développées de manière à avoir leurs termes alternativement positifs et négatifs, et changeant en même temps les signes du numérateur et ceux du dé-nominateur dans la première et dans la troisième, on pourra leur donner les formes suivantes :

$$z = \frac{a b'd'' - a d'b'' + d a'b'' - b a'd'' + b d'a'' - d b'a''}{a b'c'' - a c'b'' + c a'b'' - b a'c'' + b c'a'' - c b'a''},$$

$$y = \frac{a d'c'' - a c'd'' + c a'd'' - d a'c'' + d c'a'' - c d'a''}{a b'c'' - a c'b'' + c a'b'' - b a'c'' + b c'a'' - c b'a''},$$

$$x = \frac{d b'c'' - d c'b'' + c d'b'' - b d'c'' + b c'd'' - c b'd''}{a b'c'' - a c'b'' + c a'b'' - b a'c'' + b c'a'' - c b'a''}.$$

87. Soient les quatre équations

$$a x + b y + c z + d u = e$$
$$a' x + b'y + c'z + d'u = e'$$
$$a'' x + b''y + c''z + d''u = e''$$
$$a''' x + b'''y + c'''z + d'''u = e''';$$

Elémens d'Algèbre. I

on multipliera la première par m, la seconde par n, la troisième par p, et on les ajoutera : en retranchant ensuite la quatrième, on trouvera

$$(am + a'n + a''p - a''')x + (bm + b'n + b''p - b''')y$$
$$+(cm + c'n + c''p - c''')z + (dm + d'n + d''p - d''')u$$
$$= em + e'n + e''p - e'''.$$

Pour avoir u, on posera

$$a m + a'n + a''p = a'''$$
$$b m + b'n + b''p = b'''$$
$$c m + c'n + c''p = c''',$$

et il viendra

$$u = \frac{em + e'n + e''p - e'''}{dm + d'n + d''p - d'''}.$$

Les équations précédentes qui doivent donner m, n et p, se résoudraient par le moyen des formules trouvées pour le cas de trois inconnues. Cette marche doit paraître très-commode et très-simple ; mais l'observation de la forme des résultats obtenus ci-dessus, fournit le moyen de les retrouver sans calcul.

88. Pour remonter au premier anneau de la chaîne, je prends l'équation à une inconnue $ax = b$, j'en tire

$$x = \frac{b}{a},$$

où l'on voit que le numérateur est le terme tout connu b, et le dénominateur, le coefficient a de l'inconnue. Les deux équations

$$ax + by = c, \qquad a'x + b'y = c',$$

ont donné

$$x = \frac{c b' - b c'}{a b' - b a'} \qquad y = \frac{a c' - c a'}{a b' - b a'}.$$

Le dénominateur se compose encore des lettres a, a',

b, b', qui multiplient les inconnues : on écrit d'abord la lettre a à côté de la lettre b ; ce qui donne ab ; on échange ensuite a et b entr'eux pour avoir ba, et en affectant cet arrangement du signe $-$, il vient $ab - ba$; on met enfin un accent à la seconde lettre de chaque terme : voilà le dénominateur $ab' - ba'$ formé.

Voici maintenant de quelle manière peut s'en déduire le numérateur. Il est facile d'appercevoir que pour celui de x, on change les a en c, et les b en c pour celui de y ; car, de cette manière, on trouve pour l'un $cb' - bc'$, et pour l'autre $ac' - ca'$. *Le numérateur se conclut donc du dénominateur,* dans le cas de deux inconnues, comme dans celui d'une seule , *en changeant le coefficient de l'inconnue qu'on cherche, dans le terme tout connu, et en conservant d'ailleurs les accens tels qu'ils sont.*

La seule inspection des valeurs résultantes des équations à trois inconnues, suffit pour montrer qu'elles n'échappent point à cette règle. A l'égard de leur dénominateur, il faut un peu plus d'attention pour en reconnaître la formation. Cependant, puisque le dénominateur dans le cas des deux inconnues, présente tous les arrangemens possibles des deux lettres a et b qui multiplient les inconnues, il est naturel de penser que le dénominateur commun à trois inconnues, doit renfermer tous les arrangemens des trois lettres a, b, c ; et pour former ces arrangemens avec ordre, on s'y prend de la manière suivante :

On forme d'abord les arrangemens $ab - ba$ des deux lettres a et b ; à la suite du premier ab, on écrit la troisième lettre c, ce qui donne abc ; et faisant passer cette lettre par toutes les places, avec l'attention de changer le signe chaque fois , et de ne pas troubler l'ordre respectif de a et de b, il en résulte

$$abc - acb + cab.$$

Opérant de même sur le second arrangement de deux lettres — $b\,a$, on trouve

$$- b\,ac + b\,c\,a - cb\,a\,;$$

réunissant ces produits aux trois précédens, puis marquant la seconde lettre d'un accent et la troisième de deux, on trouve

$$ab'c'' - ac'b'' + ca'b'' - ba'c'' + bc'a'' - cb'a'',$$

résultat conforme à celui que présentent les formules obtenues immédiatement.

Il est facile de conclure de là, que pour former le dénominateur dans le cas de quatre inconnues, il faudrait introduire la lettre d dans chacun des six produits

$$a\,bc - ac\,b + c\,ab - b\,ac + bc\,a - cb\,a,$$

et lui faire occuper successivement toutes les places; le terme $a\,bc$, par exemple, donnerait les quatre suivans:

$$abcd - ab'dc + adbc - dabc.$$

En opérant de même sur les cinq autres produits, le résultat total aurait vingt-quatre termes, dans chacun desquels la seconde lettre porterait un accent, la troisième deux, et la quatrième trois. Les numérateurs des inconnues u, z, y et x, se concluraient par la règle énoncée plus haut (*).

89. Pour faire servir ces formules à la résolution des équations numériques, il faudra comparer les équations proposées, terme à terme, avec les équations générales des numéros précédens.

Pour résoudre, par exemple, les trois équations,

(*) M. Laplace, dans la seconde partie des Mémoires de l'Académie des Sciences pour 1772, page 294, a démontré *à priori* ces règles.

$$7x + 5y + 2z = 79$$
$$8x + 7y + 9z = 122$$
$$x + 4y + 5z = 55$$

il faudra comparer, terme à terme, ces équations à celles du n° 86, ce qui donnera

$$a = 7, b = 5, c = 2, d = 79$$
$$a' = 8, b' = 7, c' = 9, d' = 122$$
$$a'' = 1, b'' = 4, c'' = 5, d'' = 55,$$

Substituant ces valeurs dans les expressions générales des inconnues x, y et z, et effectuant les opérations indiquées, on trouvera

$$x = 4, \quad y = 9, \quad z = 3.$$

Il est important de remarquer que les mêmes expressions serviraient encore, quand les équations proposées n'auraient pas tous leurs termes affectés du signe $+$, comme semblent le supposer les équations générales dont ces expressions sont déduites. Si l'on avait, par exemple,

$$3x - 9y + 8z = 41$$
$$-5x + 4y + 2z = -20$$
$$11x - 7y - 6z = 37,$$

il faudrait, en comparant les termes de ces équations à leurs correspondans dans les équations générales, avoir égard aux signes, ce qui donnerait

$$a = +3, b = -9, c = +8, d = +41$$
$$a' = -5, b' = +4, c' = +2, d' = -20$$
$$a'' = +11, b'' = -7, c'' = -6, d'' = +37,$$

et ensuite déterminer, conformément aux règles du numéro 31, le signe que doit avoir chaque terme des expressions générales de x, y, z, d'après les signes des facteurs dont il est composé. C'est ainsi qu'on trouverait, par exemple, que le premier terme du dénominateur commun, qui est $ab'c''$, devenant $+3 \times +4 \times -6$, change de signe, et produit -72. En faisant la même attention

I 3

à l'égard des autres termes, tant des numérateurs que des dénominateurs, prenant d'une part, la somme de ceux qui sont positifs, et de l'autre, celle de ceux qui sont négatifs, on trouvera

$$x = \frac{2774 - 2834}{592 - 622} = \frac{-60}{-30} = +2.$$

$$y = \frac{3022 - 2932}{592 - 622} = \frac{+90}{-30} = -3.$$

$$z = \frac{3859 - 3889}{592 - 622} = \frac{-30}{-30} = +1.$$

Des équations du second degré à une seule inconnue.

90. Dans les équations que j'ai traitées jusqu'ici, les inconnues ne montaient qu'à la première puissance, ou n'étaient point multipliées entr'elles : ces équations n'étaient que *du premier degré* ; mais si l'on se proposait seulement la question suivante : *Trouver un nombre tel, qu'étant multiplié par son quintuple, le produit soit égal à* 125, en désignant ce nombre par x, son quintuple serait $5x$, et on aurait

$$5 x^2 = 125.$$

Cette équation est du *second degré*, parce qu'elle renferme x^2, ou la seconde puissance de l'inconnue. Si l'on dégage cette seconde puissance de son coefficient 5, on obtiendra

$$x^2 = \frac{125}{5}, \quad \text{ou} \quad x^2 = 25.$$

On ne saurait ici conclure l'inconnue x comme dans le numéro 11, et la question proposée est seulement ramenée à trouver un nombre qui, multiplié par lui-même, donne 25. Avec un peu d'attention, on reconnaît que ce nombre est 5; mais il arrive rarement que l'on puisse deviner ainsi la solution cherchée ; on est donc conduit à cette nouvelle question numérique : *trouver un nom-*

bre qui, *multiplié par lui-même*, *donne un produit égal*
à un nombre proposé, ou , ce qui est la même chose, revenir de la seconde puissance au nombre qui l'a produite,
et qu'on appelle sa *racine quarrée*. Je vais m'occuper
d'abord à résoudre cette question , parce qu'elle servira pour déterminer les inconnues dans toutes les équations du second degré.

91. La méthode qu'il faut employer pour trouver ou
extraire la racine des nombres, suppose que l'on connaisse
la seconde puissance de ceux qui sont exprimés par un
seul chiffre ; voici donc les neuf premiers nombres avec
leur seconde puissance écrite au-dessous de chacun :

$$1 \quad 2 \quad 3 \quad 4 \quad 5 \quad 6 \quad 7 \quad 8 \quad 9$$
$$1 \quad 4 \quad 9 \quad 16 \quad 25 \quad 36 \quad 49 \quad 64 \quad 81.$$

L'on voit par cette table que la seconde puissance
d'un nombre exprimé par un seul chiffre, n'en contient
pas plus de deux : 10, qui est le plus petit des nombres
exprimés par deux chiffres, en a trois à son quarré, 100.
Pour se préparer à décomposer la seconde puissance
d'un nombre exprimé par deux chiffres, il faut en étudier
d'abord la formation; et pour cela, je vais chercher comment chaque partie du nombre 47, par exemple, con-
court à la production du quarré de ce nombre.

On peut décomposer 47 en 40 + 7, ou en 4 dixaines
et 7 unités ; en représentant par *a* les dixaines du nombre proposé, et par *b* ses unités , sa seconde puissance
sera exprimée par

$$(a+b)\ (a+b) = a^2 + 2\,ab + b^2;$$

c'est-à-dire, qu'elle contiendra trois parties , savoir : *le*
quarré des dixaines , *deux fois le produit des dixaines*
par les unités , *et le quarré des unités*. Dans l'exemple
que j'ai choisi, $a = 4$ dixaines où 40 unités , et $b = 7$;

I 4

on aura

$$a^2 = 1600$$
$$2\,ab = 560$$
$$b^2 = 49$$

Total $a^2 + 2\,ab + b^2 = 2209 = 47 \times 47$.

Pour revenir maintenant du nombre 2209 à sa racine 47, on observera d'abord que le quarré des dixaines, 1600, n'a point de chiffre significatif d'un ordre inférieur aux centaines, et qu'il est le plus grand quarré que puissent contenir les 22 centaines de 2209; car 22 tombe entre 16 et 25, c'est-à-dire entre le quarré de 4 et celui de 5, comme 47 tombe entre 4 dixaines ou 40, et 5 dixaines ou 50.

Si donc on cherche le plus grand quarré contenu dans 22, on trouvera 16, dont la racine 4 exprimera les dixaines de celle de 2209 : retranchant ensuite 16 centaines ou 1600, de 2209, le reste 609 contiendra encore le double produit des dixaines par les unités, 560, et le quarré des unités, 49. Mais le double produit des dixaines par les unités, n'ayant point de chiffres d'un ordre inférieur aux dixaines, doit se trouver dans les deux premiers chiffres 60 du reste 609, qui contiendront en outre les dixaines provenues du quarré des unités. Cependant, si on divise 60 par le double des dixaines 8, on aura, en négligeant le reste, un quotient 7 égal aux unités cherchées. Multipliant ensuite 8 par 7, on formera le double du produit des dixaines par les unités, 560, et retranchant du reste total 609, on obtiendra une différence 49, qui doit être, et qui est en effet le quarré des unités.

L'opération que je viens de raisonner se dispose ainsi :

$$\begin{array}{c|c}
22,09 & 47 \\
\hline
16 & 87 \\
\hline
60,9 & \\
60\ 9 & \\
\hline
000 &
\end{array}$$

On écrit le nombre proposé comme s'il s'agissait de le diviser par un autre, et on destine à la racine la place que devrait occuper le diviseur. Ensuite on sépare par une virgule les unités et les dixaines, pour ne consi–dérer que les deux premiers chiffres sur la gauche, qui doivent contenir le quarré des dixaines de la racine. On cherche le plus grand quarré 16, contenu dans ces deux chiffres; on en porte la racine 4 à la place qui lui est affectée, et on retranche 16 de 22. A côté du reste 6, on abaisse les deux autres chiffres, 09, du nombre pro–posé; on sépare le dernier qui n'entre point dans le double produit des dixaines par les unités; on divise la partie restante à gauche par 8, double des dixaines de la racine, ce qui donne pour quotient les unités 7; et, pour former tout d'un coup les deux dernières parties du quarré que doit contenir 609, on écrit 7 à côté de 8, d'où résulte le nombre 87, égal au double des dixaines plus les unités; ou à $2\,a+b$, et qui, étant mul–tiplié par 7 ou par b, reproduit $609 = 2\,ab + b^2$, ou le double produit des dixaines par les unités, plus le quarré des unités : faisant la soustraction il ne reste rien; et l'opération achevée prouve que 47 est la racine quarrée de 2209.

Soit encore à extraire la racine quarrée de 324; je dispose l'opération comme il suit :

$$\begin{array}{c|c}
3,24 & 18 \\
1 & \\
\hline
22,4 & 28 \\
22\ 4 & \\
\hline
000 &
\end{array}$$

et d'après ce qui vient d'être dit, je trouve 1 pour les
dixaines de la racine ; ces dixaines étant doublées, me
donnent le nombre 2, par lequel il faut diviser les deux
premiers chiffres 22 du reste. Or 22 contient 2 onze
fois, et non-seulement on ne peut avoir à la racine, ni
plus de 10, ni 10, mais 9 lui-même serait encore trop
fort dans le cas actuel ; car en écrivant 9 à côté de 2, et
multipliant 29 par 9, comme le prescrit la règle, on
aurait pour résultat 261, qu'on ne saurait retrancher
de 224. On ne doit donc regarder la division de 22 par 2,
que comme un moyen approximatif de trouver les unités,
et il faut diminuer le quotient obtenu, jusqu'à ce qu'on
parvienne à un produit qui ne surpasse point le reste
224, condition que remplit le nombre 8, puisque
$8 \times 28 = 224$; donc la racine cherchée est 18.

En formant les trois parties du quarré de 18, on
trouve :

$$a^2 = 100$$
$$2\,a\,b = 160$$
$$b^2 = 64$$

Total　　　$\overline{324} = 18 \times 18$,

et on voit que les 6 dixaines que contient le quarré des
unités étant réunies à 160, double produit des dixaines
par les unités, altèrent ce produit, de manière que la
division par le double des dixaines ne peut plus donner
les unités seules.

92. L'extraction de la racine quarrée d'un nombre
composé de trois ou de quatre chiffres, ne saurait arrêter
d'après ce qui précède ; mais il faut encore quelques détails pour mettre le lecteur en état d'extraire la racine
d'un nombre exprimé par autant de chiffres qu'on voudra,
et on va les voir naître des principes déjà posés.

Tout nombre au-dessous de 100 n'aura que quatre
chiffres à son quarré, puisque celui de 100 est 10000,

ou le plus petit nombre exprimé par cinq chiffres. Cela posé, pour examiner la formation du quarré d'un nombre au-dessus de 100, de 473, par exemple, on pourra dé-composer ce nombre en 470+3, ou 47 dixaines, plus 3 unités; et pour déduire son quarré de la formule

$$a^2 + 2ab + b^2,$$

on fera $a = 47$ dixaines $= 470$ unités, $b = 3$ unités, d'où

$$a^2 = 220900$$
$$2.a.b = \quad 2820$$
$$b^2 = \qquad 9$$

Total $223729 = 473 \times 473$.

On voit dans cet exemple que le quarré des dixaines n'a point de chiffres significatifs d'un ordre inférieur aux centaines, et cela doit être en général; puisque des dixaines multipliées par des dixaines, produisent tou-ours des centaines (*Arith.* 32).

C'est donc dans la partie 2237 qui reste sur la gauche du nombre proposé, après qu'on en a séparé les dixaines et les unités, qu'il faut chercher le quarré des dixaines; et comme 473 tombe entre 47 dixaines, ou 470, et 48 dixaines, ou 480, 2237 doit tomber entre le quarré de 47 et celui de 48, d'où il suit que le plus grand quarré contenu dans 2237, sera celui de 47, ou des dixaines de la racine. Il est évident que pour retrouver ces dixaines, il faut opérer comme si on voulait extraire la racine quarrée de 2237; mais au lieu d'arriver à un résultat exact, on trouvera un reste contenant les cen-taines formées par le double produit des 47 dixaines multipliées par les unités.

Pour effectuer le calcul, on dispose l'opération comme on le voit ici :

$$
\begin{array}{r|l}
22,37,29 & 473 \\
\hline
16 & 87 \\
\hline
63,7 & 943 \\
60\ 9 & \\
\hline
282,9 & \\
282\ 9 & \\
\hline
0 &
\end{array}
$$

On sépare d'abord les deux derniers chiffres 29, et pour extraire la racine du nombre 2237 restant sur la gauche, on sépare encore les deux derniers chiffres 37 de ce nombre; de cette manière, le nombre proposé est partagé en tranches de deux chiffres, en allant de droite à gauche. On opère sur les deux premières tranches comme on l'a fait dans le numéro précédent sur le nombre 2209, ce qui donne les deux premiers chiffres 47 de la racine; mais on trouve un reste 28, lequel, joint aux deux chiffres 29 de la dernière tranche, renferme le double du produit des 47 dixaines par les unités, et le quarré des unités. On sépare le chiffre 9, qui ne peut faire partie du double produit des dixaines par les unités, et on divise 282 par 94, double des 47 dixaines; écrivant le quotient 3 à côté de 94; et multipliant 943 par 3, il vient 2829, nombre précisément égal au dernier reste, et l'opération est terminée.

93. Pour montrer comment il faut opérer sur un nombre quelconque, je vais extraire la racine de 22391824. Quelle que soit cette racine, on peut toujours la concevoir décomposée en dixaines et en unités, comme dans les exemples précédens. Le quarré des dixaines n'ayant aucun chiffre significatif d'un ordre inférieur aux centaines, les deux derniers chiffres 24 ne pourront y entrer. On les séparera

donc, et la question sera ramenée d'abord à chercher le plus grand quarré contenu dans la partie 223918, restante à gauche. Cette partie étant composée de plus de deux chiffres, il en faut conclure que le nombre qui exprime les dixaines de la racine cherchée, en a plus d'un; il peut donc être décomposé à son tour en dixaines et en unités. Le quarré de ces dixaines n'entrant point dans les deux derniers chiffres 18 de la partie 223918, c'est dans les chiffres 2239 restant à gauche, qu'il faudra le chercher; et puisque 2239 a encore plus de deux chiffres, le quarré qu'il doit contenir en renfermera au moins deux à sa racine; le nombre qui exprime les dixaines que l'on cherche, aura donc plus d'un chiffre : c'est donc enfin dans 22 qu'il faudra chercher le quarré de celui qui représente les unités de l'ordre le plus élevé de la racine demandée. Par cette suite de raisonnemens qu'on peut pousser aussi loin qu'on voudra, le nombre proposé se trouvera partagé en tranches de deux chiffres en allant de droite à gauche; il est bon néanmoins d'être prévenu que la dernière tranche à gauche pourra ne contenir qu'un seul chiffre.

Le nombre proposé étant ainsi partagé en tranches, et disposé comme on le voit ici, on opère sur les trois premières tranches comme dans l'exemple du numéro précédent; et lorsqu'on a trouvé les trois premiers chiffres 473, à côté du reste 189, on abaisse la quatrième tranche 24, et on considère le nombre 18924, comme contenant le double produit des 473 dixaines trouvées par les unités cherchées,

22,39,18,24	4732
16	87
63,9	943
60 9	9462
301,8	
282 9	
1892,4	
1892 4	
0000 0	

plus le quarré de ces unités. On sépare le dernier chiffre
4 ; on divise ceux qui restent à gauche par 946 double
de 473, et on fait ensuite la vérification du quotient 2,
comme dans les opérations précédentes.

L'opération se termine là dans cet exemple ; mais il
est aisé de voir que s'il y avait une tranche de plus, les
quatre chiffres trouvés 4732, exprimeraient les dixaines
d'une racine dont on chercherait les unités, et que par
conséquent il faudrait diviser le reste qu'il y aurait
alors, plus le premier chiffre de la tranche suivante,
par le double de ces dixaines, et ainsi de suite pour
chacune des tranches à abaisser successivement.

94. S'il arrivait qu'après avoir abaissé une tranche,
le reste, joint au premier chiffre de cette tranche,
ne contînt point le double des chiffres trouvés, il faudrait poser o à la racine ; car, alors, la racine n'aurait
point d'unités de cet ordre : on abaisserait ensuite la
tranche suivante pour continuer l'opération comme à
l'ordinaire. L'exemple ci-
joint est relatif à ce cas. On
n'a point écrit les quantités

$$\begin{array}{c|c} 49,42,09 & 703 \\ \hline 04,20,9 & 1403 \\ \hline 0\ 0\ 0\ 0 & \end{array}$$

à soustraire, mais on a effectué les soustractions par
la pensée, comme dans la division.

95. Tous les nombres proposés ne sont pas des
quarrés parfaits. En jetant les yeux sur la table de la
page 135, on voit qu'entre les quarrés de chacun des
neuf premiers nombres, il existe des lacunes comprenant plusieurs nombres qui n'ont point de racine ;
45, par exemple, n'est point un quarré, puisqu'il tombe
entre 36 et 49. Il arrivera donc le plus souvent que le
nombre dont on demandera la racine quarrée, n'en aura
point ; mais en opérant comme s'il en avait une, le
résultat sera la racine du plus grand quarré qu'il contient.
Si on cherche, par exemple, la racine de 2276, on
trouvera 47, et il restera 67, ce qui montre que

le plus grand quarré contenu dans 2276, est celui de 47 ou 2209.

Comme on pourrait craindre, après avoir trouvé la racine du plus grand quarré contenu dans un nombre, d'avoir mis quelques chiffres trop faibles à la racine, voici un moyen de reconnaître si le reste est trop considérable, et si la racine trouvée est trop petite. Le quarré de $a + b$ étant

$$a^2 + 2ab + b^2,$$

si on fait $b = 1$, le quarré de $a + 1$ sera

$$a^2 + 2a + 1,$$

quantité qui diffère de a^2, quarré de a, du double de a, plus l'unité. Donc *si la racine trouvée devait être augmentée de l'unité ou de plus que l'unité, il faudrait que son quarré, retranché du nombre proposé, laissât un reste au moins égal à deux fois cette racine, plus l'unité.* Toutes les fois que cette circonstance n'aura pas lieu, la racine extraite sera en effet celle du plus grand quarré contenu dans le nombre proposé.

96. Puisque, pour multiplier une fraction par une fraction, il faut multiplier les numérateurs entr'eux et les dénominateurs entr'eux, il est évident que le produit d'une fraction par elle-même, ou *le quarré d'une fraction est égal au quarré de son numérateur, divisé par le quarré de son dénominateur.* Il suit de là que *pour extraire la racine quarrée d'une fraction, il faut extraire celle de son numérateur et celle de son dénominateur.* Ainsi la racine de $\frac{25}{64}$ est $\frac{5}{8}$, parce que 5 est la racine quarrée de 25, et 8 celle de 64.

C'est une chose très-importante à remarquer, que

non-seulement les quarrés des fractions proprement dites, sont toujours des fractions, mais que *tout nombre fractionnaire irréductible, étant multiplié par lui-même, donnera toujours un résultat fractionnaire aussi irréductible.*

97. Cette proposition repose sur celle-ci : *Tout nombre premier* P, *qui divise le produit* A B *de deux nombres* A *et* B, *divise nécessairement l'un de ces nombres.*

Je suppose qu'il ne divise pas B, et que B le surpasse; en désignant par q le quotient entier de cette division, et par B' le reste, on aura

$$B = q\,P + B',$$

d'où on déduira

$$A B = q\,AP + A B',$$

et divisant les deux membres de cette équation par P, on obtiendra

$$\frac{A B}{P} = qA + \frac{A B'}{P};$$

d'où il résulte que la divisibilité de AB par P entraîne celle du produit AB' par le même nombre. Or B' étant le reste de la division de B par P, est nécessairement moindre que P: ainsi, ne pouvant pas diviser B' par P, on divisera P par B', on aura un quotient q' et un reste B''; puis on divisera P par B'', on aura un quotient q'' et un reste B''', et ainsi de suite, puisque P est un nombre premier.

Cela posé on aura cette suite d'équations

$$P = q'\,B' + B'', \quad P = q''\,B'' + B''', \quad \text{etc.}$$

multipliant chacune par A, on obtiendra

$$AP = q'\,AB' + AB'', \quad AP = q''\,AB'' + AB''', \quad \text{etc.}$$

divisant

divisant par P, il viendra

$$A = q' \frac{A B'}{P} + \frac{A B''}{P}, \quad A = q'' \frac{A B''}{P} + \frac{A B'''}{P}, \quad \text{etc.}$$

résultats qui font voir que AB' étant divisible par P, les produits AB'', AB''', etc. doivent l'être aussi. Mais les restes B', B'', B''', etc., deviennent de plus en plus petits ; et l'on doit tomber enfin sur l'unité ; car les opérations indiquées ci-dessus se continuent de la même manière tant que ces restes surpassent 1, puisque P est un nombre premier ; et quand on est parvenu à l'unité, on a le produit $A \times 1$, qui doit être divisible par P : donc A, lui-même, doit être divisible par P.

Il suit de là que si le nombre premier P, qu'on suppose ne pas diviser B, ne divise pas non plus A, il ne divisera point le produit de ces nombres.

(*Cette démonstration est, à-peu-près, extraite de la Théorie des nombres de* Legendre.)

98. Maintenant, lorsque la fraction $\frac{b}{a}$ est irréductible, il n'y a aucun nombre premier qui puisse diviser à-la-fois b et a ; et comme, d'après ce qui précède, tout nombre premier qui ne divise pas a, ne peut diviser $a \times a$, ou a^2, que tout nombre premier qui ne divise pas b, ne divise pas $b \times b$ ou b^2, il devient évident que la fraction $\frac{b^2}{a^2}$ est aussi irréductible que $\frac{b}{a}$.

99. Il résulte de cette dernière proposition que *tous les nombres entiers, qui ne sont point des quarrés parfaits, n'ont point de racine, non-seulement en nombres*

Elémens d'Algèbre.   K

entiers, mais encore en nombres fractionnaires. Cependant on sent qu'il doit exister une quantité qui, multipliée par elle-même, produise un nombre quelconque,
2276, par exemple, et que dans ce cas, cette quantité
est comprise entre 47 et 48; car 47 × 47, donne un
produit moindre que ce nombre, 48 × 48 en donne
un plus grand; et en partageant l'intervalle qui se trouve
entre 47 et 48, par des fractions, on trouve des nombres
qui, multipliés par eux-mêmes, donnent des produits
plus grands que le quarré de 47, moindres que celui de
48, et de plus en plus approchans du nombre 2276.

L'extraction de la racine quarrée, appliquée aux nombres qui ne sont pas des quarrés parfaits, donne donc
naissance à une nouvelle espèce de nombres, de même
que la division engendre les fractions; mais il y a cette
différence entre les fractions et les racines des nombres
qui ne sont pas des quarrés parfaits, que les premières,
qui se composent toujours d'un nombre exact de parties
de l'unité, ont avec cette unité une *commune mesure*,
ou un rapport exprimé par des nombres entiers, et que
les secondes n'en ont point.

En concevant l'unité partagée en cinq parties, par
exemple, on exprime avec neuf de ces parties le quo-
tient de la division de 9 par 5, ou $\frac{9}{5}$; $\frac{1}{5}$ étant contenu
cinq fois dans l'unité et neuf fois dans $\frac{9}{5}$, est la *commune mesure* de l'unité et de la fraction $\frac{9}{5}$, et le rapport
de ces quantités est celui des nombres entiers 5 et 9.

En considérant que les nombres entiers, aussi bien
que les fractions, ont avec l'unité une commune mesure, on dit que ces quantités sont *commensurables* avec
l'unité, ou simplement *commensurables*; et parce que
leurs rapports ou *raisons* avec l'unité sont exprimés par
des nombres entiers, on désigne aussi les nombres entiers et les fractions, sous le nom commun de *nombres
rationnels*.

Au contraire, la racine quarrée d'un nombre, qui n'est pas un quarré parfait, est *incommensurable* ou *irrationnelle*, parce que, ne pouvant être représentée par aucune fraction, il s'ensuit qu'en quelque nombre de parties qu'on suppose l'unité divisée, aucunes ne seront assez petites pour mesurer en même temps, d'une manière exacte, cette racine et l'unité.

Pour indiquer en général une racine à extraire, soit qu'on puisse l'obtenir exactement ou non, on se sert du signe $\sqrt{}$ qu'on nomme *radical*;

$\sqrt{16}$ est la même chose que 4,

$\sqrt{2}$ est *incommensurable* ou *irrationnelle*.

100. Quoiqu'on ne puisse, par aucun nombre entier ou fractionnaire, obtenir une expression exacte de $\sqrt{2}$, on en approche cependant d'aussi près qu'on veut, en convertissant ce nombre en fraction dont le dénominateur soit un quarré; et la racine du numérateur, prise seulement en nombre entier, donne celle du nombre proposé, exprimée en unités fractionnaires de l'espèce marquée par la racine quarrée du dénominateur.

Si l'on convertit, par exemple, le nombre 2 en 25emes, on aura $\frac{50}{25}$. La racine de 50 étant 7 en nombres entiers, et celle de 25 étant exactement 5, on aura $\frac{7}{5}$, ou $1\frac{2}{5}$ pour la racine de 2, approchée à moins d'un 5eme.

101. Il est visible que cette opération, fondée sur ce qu'on a vu dans le numéro 96, que le quarré d'une fraction était exprimé par une nouvelle fraction qui avait pour numérateur le quarré du numérateur primitif, et pour dénominateur le quarré du dénominateur primitif, s'applique à quelqu'espèce de fraction que ce soit, et plus facilement encore aux décimales qu'à toutes les autres. En effet, il suit de son principe, que le quarré d'un nombre qui est exprimé en dixièmes, doit

K 2

l'etre en centièmes, que celui d'un nombre exprimé
en centièmes, doit l'etre en dix – millièmes, et
ainsi de suite ; et que par conséquent *le nombre des
chiffres décimaux du quarré est toujours double de
celui de la racine*. Cette dernière remarque peut encore se déduire du principe de la multiplication des
nombres décimaux, qui veut qu'un produit renferme
autant de chiffres décimaux qu'il y en a tant dans l'un
des facteurs que dans l'autre. Dans le cas actuel, le
nombre proposé, considéré comme le produit de sa
racine multipliée par elle-même, doit avoir deux fois
autant de chiffres décimaux que cette racine.

Ce qui précède étant bien compris, il est aisé d'en
conclure que si on veut obtenir la racine quarrée de
227, par exemple, à moins d'un centième près, il faut
réduire ce nombre en dix-millièmes, c'est-à-dire, ajouter quatre zéros à sa suite ; ce qui donnera 2270000
dix millièmes, dont on extraira la racine comme d'un
pareil nombre d'unités entières ; mais pour marquer
que le résultat doit être des centièmes, on séparera par
une virgule les deux derniers chiffres sur la droite. On
trouvera ainsi, que la racine de 227, à moins d'un centième près, est 15,06 ; voici l'opération :

2,27,00,00	1506
12,7	25
2 00 00	3006
19 64	

Si le nombre proposé contenait déjà des décimales,
faudrait en rendre le nombre pair, ainsi que l'exige
l'extraction. Pour extraire, par exemple, la racine de
51,7, on mettrait un zéro à la suite de ce nombre,
pour qu'il eut au moins des centièmes, et on extrairait
ensuite la racine de 51,70. Si on voulait avoir une décimale de plus, on mettrait deux zéros de plus à la

suite de ce nombre., ce qui ferait 51,7000, et l'on trouverait 7,19 pour sa racine.

Ceux qui voudront s'exercer, pourront chercher les racines quarrées des nombres 2 et 3, avec sept chiffres décimaux, ce qui exigera qu'ils mettent quatorze zéros à la suite de ces nombres, et ils devront trouver pour résultat

$$\sqrt{2} = 1,4142136., \qquad \sqrt{3} = 1,7320508.$$

162. Lorsqu'on a trouvé plus de la moitié des chiffres qu'on veut avoir à la racine, on peut obtenir le reste par la seule division. Soit pour exemple 32976, la racine quarrée de ce nombre est 181, avec un reste 215; en divisant ce reste 215 par 362, double de 181, et poussant le quotient jusqu'à deux décimales, on aura 0,59, qu'il faudra ajouter avec 181, et il en résultera 181,59 pour la racine de 32976, exacte à moins d'un centième près.

Pour prouver la légitimité de ce procédé, je désigne par N le nombre proposé, par a la racine du plus grand quarré contenu dans ce nombre, et par b ce qu'il faut ajouter à cette racine pour avoir la racine exacte du nombre proposé; on aura, d'après ces dénominations,

$$N = a^2 + 2ab + b^2,$$

d'où

$$N - a^2 = 2ab + b^2,$$

et divisant par $2a$, on trouvera

$$\frac{N - a^2}{2a} = b + \frac{b^2}{2a}.$$

Ce résultat fait voir que le premier membre pourra être pris pour la valeur de b, toutes les fois que la quantité $\frac{b^2}{2a}$ sera plus petite que l'unité de l'ordre le moins élevé qui se trouve dans b. Mais le quarré d'un nombre

K 3

ne pouvant avoir au plus que deux fois autant de chiffres que ce nombre , il s'ensuit que si le nombre
de chiffres de a surpasse le double de ceux de b,
la quantité $\dfrac{b^2}{2a}$ sera alors une fraction.

Dans l'exemple précédent, $a = 181$ unités ou 18100
centièmes , et a par conséquent un chiffre de plus que le
quarré de 59 centièmes ; aussi la fraction $\dfrac{b^2}{2a}$ devient
alors $\frac{3481}{36100}$, et se trouve beaucoup au-dessous d'une
unité de la seconde partie 59 , ou d'un centième d'unité
de la première.

103. Ceci conduit à une méthode pour approcher de la racine quarrée d'un nombre par des fractions
ordinaires , en continuant indéfiniment le procédé de
l'extraction des racines ; elle est fondée sur ce que a
étant la racine du plus grand quarré contenu dans N ,
b est nécessairement une fraction, et la quantité $\dfrac{b^2}{2a}$ étant
alors beaucoup plus petite que b, peut se négliger.

Soit pour exemple à extraire la racine quarrée de 2 ;
le plus grand quarré contenu dans ce nombre étant 1 ,
après l'en avoir retranché , il reste 1. Divisant ce reste
par le double de la racine , on trouve $\frac{1}{2}$; prenant ce quotient pour la quantité b , il vient pour une première
approximation de la racine $1 + \frac{1}{2}$, ou $\frac{3}{2}$. Élevant cette
racine au quarré , on trouve $\frac{9}{4}$, qui, retranchés de 2
ou $\frac{8}{4}$, donneront pour reste $-\frac{1}{4}$. Dans ce cas , la formule

$$\frac{N - a^2}{2a} = b + \frac{b^2}{2a}$$

devient

$$-\frac{1}{12} = b + \frac{b^2}{2a}.$$

En prenant $-\frac{1}{12}$ pour b, il viendra pour la seconde approximation $\frac{3}{2} - \frac{1}{12} = \frac{17}{12}$; quarrant $\frac{17}{12}$, on trouvera $\frac{289}{144}$, quantité qui surpasse encore 2 ou $\frac{288}{144}$. Substituant $\frac{17}{12}$ à la place de a, il en résultera

$$-\frac{1}{12 \times 34} = b + \frac{b^2}{2a};$$

ce qui donnera

$$b = -\frac{1}{12 \times 34} = -\frac{1}{408};$$

la troisième approximation sera donc

$$\frac{17}{12} - \frac{1}{12 \times 34} = \frac{17 \times 34 - 1}{408} = \frac{577}{408}.$$

Il est facile de continuer cette opération aussi loin qu'on voudra. Je donnerai dans le *Complément* de ce Traité d'autres formules plus commodes pour extraire les racines en général.

104. Pour approcher de la racine quarrée d'une fraction, l'idée qui s'offre d'abord est d'extraire par approximation la racine quarrée du numérateur et celle du dénominateur; mais en y réfléchissant un peu, on appercevra bientôt qu'on évitera l'une de ces opérations, en faisant en sorte que le dénominateur soit un quarré parfait, ce qui ne tient qu'à multiplier les deux termes de la fraction proposée par ce dénominateur. Si on avait, par exemple, à extraire la racine quarrée de $\frac{3}{7}$, on changerait cette fraction en

$$\frac{3 \times 7}{7 \times 7} = \frac{21}{49},$$

en multipliant ses deux termes par le dénominateur 7; la racine du numérateur de cette dernière fraction, étant prise en nombres entiers, donne $\frac{4}{7}$ pour celle de $\frac{3}{7}$, et ce résultat est approché à moins de $\frac{1}{7}$.

Pour obtenir un plus haut degré d'exactitude, il faudrait convertir, au moins par approximation, la fraction $\frac{3}{7}$ en une autre dont le dénominateur fût le quarré d'un nombre plus grand que 7. On aurait, par exemple, à $\frac{1}{15}$ près, la racine demandée, si l'on convertissait $\frac{3}{7}$ en 225èmes, puisque 225 est le quarré de 15 ; il viendrait ainsi $\frac{675}{7}$ de 225èmes ou $\frac{96}{225}$, à moins de $\frac{1}{225}$; la racine de $\frac{96}{225}$ est entre $\frac{9}{15}$ et $\frac{10}{15}$, mais plus près de la seconde fraction que de la première, parce que 96 est plus près de 100 que 81 : on aurait donc $\frac{10}{15}$ ou $\frac{2}{3}$ pour la racine de $\frac{4}{7}$ à moins de $\frac{1}{15}$ près.

Si l'on voulait employer les décimales pour extraire la racine approchée du numérateur de la fraction $\frac{21}{49}$, on trouverait 4,583 pour la racine approchée du numérateur 21, et on diviserait ce résultat par la racine du nouveau dénominateur. En poussant le quotient jusqu'à trois décimales, on aurait 0,655.

105. Actuellement on est en état de résoudre toutes les équations dans lesquelles il n'entre que la seconde puissance de l'inconnue, combinée avec des quantités connues.

Il suffit pour cela de réunir dans un seul membre tous les termes affectés de cette puissance, puis de la dégager de ses multiplicateurs par la règle du n° 11 : on obtient la valeur de l'inconnue, en extrayant la racine quarrée de l'autre membre.

Soit pour exemple l'équation

$$\tfrac{1}{7} x^2 - 8 = 4 - \tfrac{2}{3} x^2.$$

En faisant disparaître les diviseurs, on trouve d'abord

$$15 x^2 - 168 = 84 - 14 x^2.$$

Transposant dans le premier membre le terme $14\,x^2$, et dans le second le terme 168; il viendra

$$15\,x^2 + 14\,x^2 = 84 + 168$$

ou
$$29\,x^2 = 252$$

et
$$x^2 = \tfrac{252}{29},$$

$$x = \sqrt{\tfrac{252}{29}}.$$

Il faut bien remarquer que pour indiquer la racine de la fraction $\tfrac{252}{29}$, j'ai fait descendre le signe $\sqrt{}$ au-dessous de la barre qui sépare le numérateur du dénominateur. Si j'a-

vais écrit $\dfrac{\sqrt{252}}{29}$, cette expression aurait marqué le quo-

tient que donne la racine quarrée du nombre 252, quand on la divise par 29; résultat différent du premier, dans lequel la division doit être effectuée avant l'extraction de la racine.

Soit encore l'équation littérale
$$a\,x^2 + b^3 = c\,x^2 + d^3 ;$$

en opérant comme sur la précédente, on aura successivement

$$a\,x^2 - c\,x^2 = d^3 - b^3$$

$$x^2 = \frac{d^3 - b^3}{a - c}$$

$$x = \sqrt{\frac{d^3 - b^3}{a - c}}.$$

Je ferai observer à cette occasion, que lorsqu'on veut indiquer la racine quarrée d'une quantité complexe, il faut prolonger la barre supérieure du radical sur toute la quantité.

La racine de la quantité $4\,a^2 b - 2\,b^3 + c^3$, s'écrirait ainsi,

$$\sqrt{4\,a^2 b - 2\,b^3 + c^3},$$

ou bien encore

$$\sqrt{(4\,a^2\,b - 2\,b^3 + c^3)};$$

en substituant à la barre supérieure du radical une parenthèse renfermant toutes les parties de la quantité dont
il faut extraire la racine ; et cette dernière expression
est préférable à l'autre (35).

En général toute équation du second degré de l'espèce que je considère ici, pourra, par la transposition
de ses termes, être ramenée à la forme

$$\frac{p\,x^2}{q} = a,$$

$\frac{p}{q}$ désignant le coefficient quelconque de x^2; et on en
tirera.

$$x^2 = \frac{a\,q}{p}$$

$$x = \sqrt{\frac{a\,q}{p}}.$$

106. Par rapport aux nombres absolus, cette solution
est complète, puisqu'elle ramène à pratiquer sur le nombre, soit entier, soit fractionnaire, que représente la

quantité $\frac{aq}{p}$, une opération arithmétique, conduisant

toujours à un résultat exact, ou approchant du vrai
d'aussi près qu'on voudra; mais en ayant égard aux
signes dont les quantités peuvent être affectées, l'extraction de la racine quarrée laisse une ambiguité d'a-
près laquelle toute équation du second degré est susceptible de deux solutions, tandis que celles du premier
degré n'en ont qu'une.

En effet, dans l'équation générale $x^2 = 25$, la valeur de x étant la quantité qui, élevée au quarré, produit

25, elle pourra, si on considère les quantités algébriquement, être affectée indifféremment du signe $+$ ou du signe $-$; car, soit qu'on la désigne par $+5$ ou par -5, on aura également pour son quarré

$$+5 \times +5 = +25 \text{ ou } -5 \times -5 = +25 :$$

on peut donc prendre

$$x = +5,$$

ou

$$x = -5.$$

Par la même raison, pour l'équation générale

$$x^2 = \frac{aq}{p},$$

on aura indifféremment

$$x = +\sqrt{\frac{aq}{p}},$$

ou

$$x = -\sqrt{\frac{aq}{p}}.$$

On comprend ces deux expressions dans la suivante :

$$x = \pm\sqrt{\frac{aq}{p}},$$

où le double signe $\pm$ indique qu'on peut affecter alternativement du signe $+$ ou du signe $-$, la valeur numérique de

$$\sqrt{\frac{aq}{p}}.$$

D'après ce qu'on vient de remarquer, c'est une règle générale *qu'il faut donner à la racine quarrée d'une quantité quelconque le double signe $\pm$.*

On aurait tort cependant lorsqu'on résout l'équation

$$x^2 = \frac{aq}{p}$$

d'appliquer en même temps cette règle aux racines de chaque membre, ce qui donnerait

$$\pm x = \pm \sqrt{\frac{aq}{p}}$$

et produirait par les différentes combinaisons des signes $+$ et $-$, les quatre résultats suivans :

$$+ x = + \sqrt{\frac{aq}{p}} \qquad + x = - \sqrt{\frac{aq}{p}}$$

$$- x = + \sqrt{\frac{aq}{p}} \qquad - x = - \sqrt{\frac{aq}{p}} ;$$

car il est évident (57) qu'en changeant les signes de chaque membre des résultats de la seconde ligne on retombe sur ceux de la première, où x n'a que le signe $+$.

107. Il suit encore de la considération des signes que si, après les réductions, le second membre de l'équation générale

$$x^2 = \frac{aq}{p}$$

était un nombre négatif, l'équation serait absurde, puisque le quarré d'une quantité affectée, soit du signe $+$, soit du signe $-$, étant toujours affecté du signe $+$, on ne peut trouver ni dans l'ordre des quantités positives, ni dans celui des quantités négatives, aucune quantité dont le quarré soit négatif.

C'est cette circonstance qu'on exprime lorsqu'on dit que *la racine d'une quantité négative est imaginaire*.

Si on parvenait à l'équation

$$x^2 + 25 = 9,$$

on en tirerait

$$x^2 = 9 - 25,$$

où $\quad x^2 = -16$;

or il n'y a aucun nombre qui, multiplié par lui-même, puisse produire — 16. Il est bien vrai que — 4 multiplié par + 4 donne — 16 ; mais ces deux quantités ayant un signe différent, ne peuvent être considérées comme égales, et leur produit n'est par conséquent pas un quarré. On verra plus bas de nouveaux éclaircissemens sur cette espèce de contradiction, qu'il faut bien distinguer de celle du nº 58, qu'un simple changement dans le signe de l'inconnue a fait disparaître ; ici c'est le signe du quarré x^2 qu'il faudrait changer.

108. Pour être complète, une équation du second degré à une seule inconnue, doit contenir trois sortes de termes, savoir : des termes affectés du quarré de l'inconnue, d'autres affectés de l'inconnue au premier degré, d'autres enfin tous connus : telles sont les équations

$$x^2 - 4x = 12, \qquad 4x - \tfrac{1}{3}x^2 = 4 - 2x.$$

La première est, à quelques égards, plus simple que la seconde, parce qu'elle ne renferme que trois termes, que le quarré de x y est pris positivement, et n'a pour coefficient que l'unité. C'est sous cette dernière forme qu'on met toujours les équations du second degré avant de les résoudre ; en sorte qu'elles peuvent être représentées alors par cette formule :

$$x^2 + px = q,$$

p et q désignant des quantités connues, soit positives, soit négatives.

Il est visible qu'on amènera toute équation du second degré à cet état, 1º. en passant dans un seul membre tous les termes affectés de x (10) ; 2º. en changeant le signe de chaque terme de l'équation pour rendre positif

celui de x^2, s'il était d'abord négatif (57); 3°. en divisant
tous les termes de l'équation par le multiplicateur de x^2,
si ce quarré en a un (11), ou en multipliant par son diviseur, s'il est divisé (12).

En appliquant ceci à l'équation

$$4x - \tfrac{1}{5} x^2 = 4 - 2x,$$

elle devient, lorsqu'on passe dans le premier membre
les termes affectés de x,

$$-\tfrac{3}{5} x^2 + 6x = 4;$$

lorsqu'on change les signes,

$$\tfrac{3}{5} x^2 - 6x = -4;$$

lorsqu'on multiplie par le diviseur 5,

$$3x^2 - 30x = -20;$$

et lorsqu'on divise par le multiplicateur 3,

$$x^2 - 10x = -\tfrac{20}{3}.$$

En comparant cette équation avec la formule générale

$$x^2 + px = q,$$

on aurait pour ce cas particulier

$$p = -10, \; q = -\tfrac{20}{3}.$$

109. Pour parvenir à la solution des équations ainsi
préparées, il faut se rappeler ce que j'ai fait remarquer
(34), savoir : que le quarré d'une quantité composée de
deux termes, contient toujours le quarré du premier
terme, le double du premier terme multiplié par le second, et le quarré du second; et que par conséquent le
premier membre de l'équation

$$x^2 + 2ax + a^2 = b,$$

dans laquelle a et b sont des quantités connues, est un
quarré parfait, celui de $x + a$, ou qu'il en résulte

$$(x + a)(x + a) = b.$$

Prenant la racine quarrée du premier membre, et indiquant celle du second, on aura

$$x + a = \pm \sqrt{b},$$

équation qui n'est plus que du premier degré, par rapport à l'inconnue x, et donne, en transposant,

$$x = -a \pm \sqrt{b}.$$

Une équation du second degré serait donc facilement résolue si elle était ramenée à la forme

$$x^2 + 2ax + a^2 = b,$$

c'est-à-dire, si son premier membre était un quarré.

Mais le premier membre de l'équation générale

$$x^2 + px = q,$$

renferme déjà deux termes que l'on peut regarder comme faisant partie du quarré d'un binome, savoir : x^2 qui sera le quarré du premier terme x, et px qui sera le double du premier multiplié par le second, lequel ne peut être par conséquent que la moitié de p, ou $\frac{1}{2}p$. Pour achever le quarré du binome $x + \frac{1}{2}p$, il faudrait encore le quarré du second terme $\frac{1}{2}p$; mais ce quarré peut être formé, puisque p et $\frac{1}{2}p$ sont des quantités connues, et peut ensuite être ajouté au premier membre, pourvu qu'on l'ajoute en même temps au second, afin de conserver l'égalité ; et ce dernier membre demeurera encore tout connu.

Le quarré de $\frac{1}{2}p$ étant $\frac{1}{4}p^2$, son addition aux deux membres de l'équation proposée,

$$x^2 + px = q,$$

la change en

$$x^2 + px + \frac{1}{4}p^2 = q + \frac{1}{4}p^2,$$

résultat dont le premier membre est le quarré de $x + \frac{1}{2}p$; prenant donc la racine des deux membres, j'ai

$$x + \frac{1}{2}p = \pm \sqrt{q + \frac{1}{4}p^2} \qquad (105),$$

et transposant, il vient

$$x = -\tfrac{1}{2}\, p \pm \sqrt{q + \tfrac{1}{4}\, p^2},$$

d'où je tire successivement

$$x = -\tfrac{1}{2} p + \sqrt{q + \tfrac{1}{4} p^2}$$

et $\qquad x = -\tfrac{1}{2} p - \sqrt{q + \tfrac{1}{4} p^2}.$

J'ai donné le signe $+$ au second terme $\tfrac{1}{2} p$ de la racine du premier membre de l'équation proposée, à cause
que le second terme de ce membre était positif; il faut
y mettre le signe $-$ dans le cas contraire, parce que le
quarré $x^2 - 2\,a\,x + a^2$ répond au binome $x - a$.

La résolution d'une équation quelconque du second degré, s'obtiendra en rapportant cette équation à la formule
générale

$$x^2 + p\,x = q;$$

ou bien en appliquant immédiatement à l'équation proposée, l'opération que l'on a faite sur cette formule,
et qui peut s'énoncer comme il suit :

*Rendre le premier membre de l'équation proposée un
quarré parfait, en y ajoutant, ainsi qu'au second, le quarré
de la moitié de la quantité donnée qui multiplie la première puissance de l'inconnue; égaler ensuite les racines
quarrées de chaque membre, en observant que celle du
premier est composée de l'inconnue et de la moitié de la
quantité donnée, qui la multiplie dans le second terme,
prise avec le signe de cette quantité, et que la racine
du second membre doit être précédée du signe $\pm$, et
indiquée par le signe $\sqrt{}$, si elle ne peut s'obtenir immédiatement.*

En voici des exemples.

110. *Trouver un nombre tel, qu'en l'ajoutant 7 fois
à son quarré, la somme soit* 44.

x

x désignant le nombre cherché, l'équation sera évidemment

$$x^2 + 7x = 44.$$

Pour la résoudre, je prends $\frac{7}{2}$ moitié du coefficient 7 qui multiplie x, et l'élevant au quarré, j'ai la quantité $\frac{49}{4}$ que j'ajoute à chaque membre, ainsi qu'il suit :

$$x^2 + 7x + \frac{49}{4} = 44 + \frac{49}{4},$$

et en réduisant le second membre en une seule fraction, il vient

$$x^2 + 7x + \frac{49}{4} = \frac{225}{4}.$$

La racine du premier membre est, suivant la règle ci-dessus, $x + \frac{7}{2}$, et on trouve pour celle du second $\frac{15}{2}$; on a donc l'équation

$$x + \frac{7}{2} = \pm \frac{15}{2},$$

de laquelle on tire

$$x = -\frac{7}{2} \pm \frac{15}{2},$$

ou

$$x = -\frac{7}{2} + \frac{15}{2} = \frac{8}{2} = 4,$$

$$x = -\frac{7}{2} - \frac{15}{2} = -\frac{22}{2} = -11.$$

La première valeur de x résout la question dans le sens de son énoncé, puisqu'on a par cette valeur

$$x^2 = 16$$
$$7x = 28$$

somme. . . . . 44.

Elémens d'Algèbre. L

Quant à la seconde, comme elle est affectée du signe —, le terme $7\,x$ devenant

$$7 \times — 11 = — 77,$$

doit être retranché de x^2; en sorte que l'énoncé de la question résolue par le nombre 11, est celui-ci:

Trouver un nombre tel, qu'en retranchant 7 fois ce nombre de son quarré, il reste 44.

La valeur négative modifie donc ici la question d'une manière analogue à ce qu'on a vu pour les équations du premier degré.

Si on mettait l'énoncé ci-dessus en équation, on obtiendrait

$$x^2 — 7\,x = 44,$$

et en la résolvant, il viendrait

$$x^2 — 7x + \frac{49}{4} = 44 + \frac{49}{4}$$

$$x^2 — 7x + \frac{49}{4} = \frac{225}{4}$$

$$x — \frac{7}{2} = \pm \frac{15}{2}$$

$$x = \frac{7}{2} \pm \frac{15}{2}$$

$$x = \frac{22}{2} = 11$$

$$x = \frac{7}{2} — \frac{15}{2} = — \frac{8}{2} = — 4.$$

La valeur négative de x est devenue positive, parce qu'elle satisfait littéralement au nouvel énoncé, et la valeur positive, qui n'y satisfait pas de même, est devenue négative.

On voit par-là que, dans le second degré, l'Algèbre

réunit dans la même formule deux questions qui ont entr'elles une certaine analogie.

111. Quelquefois les énoncés qui mènent à des équations du second degré sont susceptibles de deux solutions; le suivant est dans ce cas : '

Trouver un nombre tel, que si l'on ajoute 15 à son quarré, la somme soit égale à 8 fois ce nombre.

Soit x le nombre cherché, l'équation du problème sera

$$x^2 + 15 = 8x.$$

En mettant cette équation sous la forme prescrite, n° 108, on aura

$$x^2 - 8x = -15$$
$$x^2 - 8x + 16 = -15 + 16$$
$$x^2 - 8x + 16 = 1$$
$$x - 4 = \pm 1$$
$$x = 4 \pm 1,$$

on
$$x = 5$$
$$x = 3.$$

Il y a donc deux nombres différens 5 et 3, qui jouissent de la propriété comprise dans l'énoncé.

112. Quelquefois aussi on rencontre des énoncés qui ne peuvent être résolus d'aucune manière dans leur sens précis, et qui doivent être modifiés ; ce cas est celui où les deux racines de l'équation sont négatives , comme celles de la suivante : ·

$$x^2 + 5x + 6 = 2.$$

Cette équation, qui exprime que le *quarré du nombre cher-ché augmenté de 5 fois ce nombre, et encore de 6,* doit donner une somme égale à 2, ne peut évidemment être vérifiée par addition, comme elle est posée, puisque déjà

6 surpasse 2 ; et en effet, si on la résout, on trouve successivement

$$x^2 + 5x = -4$$

$$x^2 + 5x + \frac{25}{4} = \frac{25}{4} - 4 = \frac{9}{4}$$

$$x + \frac{5}{2} = \pm \frac{3}{2}$$

$$x = -\frac{5}{2} + \frac{3}{2} = -1$$

$$x = -\frac{5}{2} - \frac{3}{2} = -4.$$

Les signes — dont sont affectés les nombres 1 et 4, font voir que le terme 5 x, doit être retranché des autres, ou que l'énoncé doit, pour les deux valeurs, être rédigé ainsi :

Trouver un nombre tel, que si on le retranche 5 fois de son quarré, et qu'on ajoute 6 au reste, on ait 2 pour résultat.

Cet énoncé fournit l'équation

$$x^2 - 5x + 6 = 2,$$

qui donne pour x les deux valeurs positives 1 et 4.

113. Soit encore ce problême :

Partager un nombre p *en deux parties dont le produit soit égal à* q.

En désignant une de ces parties par x, l'autre sera exprimée par $p - x$, et leur produit sera $px - x^2$; on aura donc l'équation

$$px - x^2 = q,$$

ou, en changeant les signes,

$$x^2 - px = -q :$$

résolvant cette dernière, on trouvera

$$x = \tfrac{1}{2} p \pm \sqrt{\tfrac{1}{4} p^2 - q}.$$

Si, pour particulariser la question, on faisait

$$p = 10, \quad q = 21,$$

on aurait

$$x = 5 \pm \sqrt{25 - 21},$$

ou

$$x = 5 \pm 2$$
$$x = 7$$
$$x = 3,$$

c'est-à-dire, que l'une des parties serait 7, et l'autre serait par conséquent 10 — 7 ou 3.

Si on prenait au contraire 3 pour x, l'autre partie serait 10 — 3 ou 7 ; en sorte que par rapport à l'énoncé actuel, la question n'a, à proprement parler, qu'une solution, puisque la seconde n'est qu'un changement d'ordre entre les parties.

L'inspection attentive de la valeur de x fait voir que dans la question dont il s'agit, on ne peut pas prendre indistinctement les nombres p et q ; car si q surpassait $\frac{p^2}{4}$, ou le quarré de $\frac{1}{2} p$, la quantité $\frac{p^2}{4} - q$, serait négative, et on retomberait sur le caractère d'absurdité remarqué dans le n° 107.

Si on prenait, par exemple,

$$p = 10 \text{ et } q = 30,$$

il viendrait

$$x = 5 \pm \sqrt{25 - 30} = 5 \pm \sqrt{-5};$$

le problème serait donc impossible avec ces données.

114. L'absurdité des questions qui conduisent à des

L 3

racines imaginaires ne se manifeste que par la conclusion, et l'on doit desirer de connaître par des caractères
tenant de plus près à l'énoncé, en quoi consiste l'absurdité du problème, de laquelle résulte celle de la solution;
c'est ce que fera voir d'une manière précise la considération suivante :

Soit d la différence des deux parties du nombre pro-
posé, la plus grande sera $\frac{p}{2}+\frac{d}{2}$, la plus petite $\frac{p}{2}-\frac{d}{2}$ (3) ;
or il est bien prouvé (29, 30 et 34) que

$$\left(\frac{p}{2}+\frac{d}{2}\right)\left(\frac{p}{2}-\frac{d}{2}\right)=\frac{p^2}{4}-\frac{d^2}{4} :$$

donc le produit des deux parties du nombre proposé,
quelles qu'elles soient, sera toujours moindre que $\frac{p^2}{4}$, ou
que le quarré de la moitié de leur somme, tant que d ne sera
pas nul ; et quand cette circonstance a lieu, chacune
de ces deux parties étant égales à $\frac{p}{2}$, leur produit n'est
que $\frac{p^2}{4}$. Il est donc absurde de demander qu'il soit plus
grand; et c'est avec raison que l'Algèbre, répondant alors
d'une manière contradictoire aux principes, prouve par-
là que ce qu'on cherche n'existe pas.

L'équation

$$x^2 - p\,x = -q,$$

fournie par la question précédente, comprend toutes
celles du second degré où q est négatif dans le second
membre, les seules dans lesquelles on puisse rencontrer
des racines imaginaires, puisque le terme $\frac{p^2}{4}$ placé
sous le radical, conserve toujours le signe $+$ quel que
soit celui de p. En effet en supposant que p fût négatif,

ou aurait alors l'équation

$$x^2 + p x = -q, \quad \text{ou} \quad x^2 + p x + q = 0,$$

qui ne saurait admettre aucune solution positive, puisque son premier membre ne renferme que des termes additifs. Pour savoir si l'inconnue x pourrait être négative, il suffirait de changer x en $-y$, ce qui rendrait y positif, et donnerait l'équation

$$y^2 - p y + q = 0, \quad \text{ou} \quad y^2 - p y = -q,$$

qui est précisément celle du numéro précédent; or d'après ce qui précède il ne saurait exister de valeur pour y : il n'y en a donc pas non plus pour x.

On voit par les remarques ci-dessus comment et pourquoi, *lorsque le terme tout connu d'une équation du second degré est négatif dans le second membre, et plus grand que le quarré de la moitié du coefficient de la première puissance de l'inconnue, cette équation ne peut avoir que des racines imaginaires.*

115. Les expressions

$$\sqrt{-b}, \ a + \sqrt{-b},$$

et en général celles qui comprennent la racine quarrée d'une quantité négative, se nomment *quantités imaginaires* (*). Ce ne sont que des symboles d'absurdité qui tiennent la place de la valeur qu'on aurait obtenue, si la question proposée eût été possible.

On ne les néglige point dans le calcul, parce qu'il arrive quelquefois qu'en les combinant d'après certaines lois, l'absurdité se détruit, et le résultat devient réel. On en trouvera des exemples dans le *Complément*.

(*) Il serait plus exact de dire *expressions* ou *symboles imaginaires*, puisque ce ne sont pas des quantités.

116. Comme il importe beaucoup aux commençans d'acquérir des notions exactes sur tous les *faits* d'analyse qui paraissent sortir des idées communes, j'ai cru qu'il fallait aussi ajouter quelques éclaircissemens à ce que l'on a déjà vu (106) sur la nécessité d'admettre deux solutions dans les équations du second degré.

Je vais montrer que *s'il existe une quantité a qui, substituée à la place de* x, *satisfasse à l'équation du second degré* $x^2 + p x = q$, *et soit par conséquent la valeur de* x, *cette inconnue aura encore une autre valeur.* Si l'on substitue, en effet, a à la place de x, il en résultera $a^2 + pa = q$; et puisque, par l'hypothèse, a est la valeur de x, q sera nécessairement égal à la quantité $a^2 + p a$: on pourra donc écrire cette quantité au lieu de q, dans l'équation proposée, qui deviendra par-là

$$x^2 + p x = a^2 + p a.$$

Transposant tous les termes du second membre dans le premier, il viendra

$$x^2 + p x - a^2 - p a = 0,$$

qu'on peut écrire ainsi :

$$x^2 - a^2 + p (x - a) = 0;$$

et à cause que

$$x^2 - a^2 = (x + a) (x - a) \ (34),$$

on voit sur-le-champ que le premier membre est divisible par $x - a$, et donne un quotient exact, savoir : $x + a + p$: on a donc, d'après cela,

$$x^2 + p x - q = x^2 - a^2 + p (x - a) = (x - a) (x + a + p).$$

Maintenant.il est évident qu'un produit est égal à zéro, lorsque l'un quelconque de ses facteurs devient nul ; on doit donc avoir

$$(x-a)(x+a+p)=0,$$

non-seulement lorsque $x=a$, ce qui donne

$$x-a=0,$$

mais encore lorsque $x+a+p=0$, d'où il résulte

$$x=-a-p.$$

Il est donc prouvé que si a est une des valeurs de x, $-a-p$ sera nécessairement l'autre.

Ce résultat s'accorde avec les deux valeurs comprises dans la formule

$$x=-\tfrac{1}{2}p \pm \sqrt{q+\tfrac{1}{4}p^2};$$

car en prenant pour a la première, $-\tfrac{1}{2}p+\sqrt{q+\tfrac{1}{4}p^2}$, par exemple, on trouverait pour l'autre

$$-a-p=+\tfrac{1}{2}p-\sqrt{q+\tfrac{1}{4}p^2}-p=-\tfrac{1}{2}p-\sqrt{q+\tfrac{1}{4}p^2},$$

ce qui est en effet la seconde racine.

Je reviendrai dans la suite sur ces remarques, qui contiennent le germe de la théorie générale des équations d'un degré quelconque.

117. La difficulté de mettre les problêmes en équation, est pour le second degré, et en général pour quelque degré que ce soit, la même que pour le premier, et consiste toujours dans la manière de démêler toutes les conditions distinctes, comprises dans l'énoncé, et de

les exprimer à l'aide des caractères algébriques. Les questions précédentes n'offraient aucune difficulté à cet égard, et l'on doit s'etre suffisamment exercé dès le premier degré ; cependant je vais encore résoudre quelques questions qui donneront lieu à plusieurs observations utiles.

On a employé deux ouvriers, gagnant des salaires différens ; le premier ayant été payé au bout d'un certain nombre de jours, a reçu 96 fr.; et le deuxième ayant travaillé six jours de moins, n'a eu que 54 fr. ; s'il avait travaillé tous les jours, et que l'autre eût manqué six jours, ils auraient reçu tous deux la même somme: on demande combien de jours chacun a travaillé, et le prix de sa journée.

Ce problême, qui semble d'abord renfermer plusieurs inconnues, se résout facilement par le moyen d'une seule, parce que les autres s'expriment immédiatement par celle-ci.

En désignant par x le nombre des jours de travail du premier ouvrier,

$x - 6$ sera celui des jours de travail du second.,

$\dfrac{96^{fr.}}{x}$ sera le prix de la journée du premier ouvrier,

$\dfrac{54}{x-6}$ celui de la journée du second ;

si ce dernier eût travaillé pendant x jours, il aurait gagné

$$x \times \frac{54}{x-6} \quad \text{ou} \quad \frac{54x}{x-6},$$

et le premier travaillant seulement $x-6$ jours, n'aurait eu

que $$(x-6)\frac{96}{x} \quad \text{ou} \quad \frac{96\,(x-6)}{x}:$$

l'équation du problême sera donc

$$\frac{54\,x}{x-6} = \frac{96\,(x-6)}{x}.$$

Il faut d'abord faire disparaître les dénominateurs de cette équation, et il vient

$$54\,x^2 = 96\,(x-6)\,(x-6);$$

les nombres 54 et 96 étant tous deux divisibles par 6, ce résultat se simplifie : on trouve

$$9\,x^2 = 16\,(x-6)\,(x-6).$$

On pourrait préparer cette dernière équation suivant la règle du n° 108, pour la résoudre ; mais l'objet de cette règle n'étant que de faciliter l'extraction de la racine de chaque membre de l'équation proposée, elle est inutile ici, où les deux membres se présentent d'abord sous la forme de quarrés ; car il est visible que $9\,x^2$ est le quarré de $3\,x$, et que $16\,(x-6)\,(x-6)$ est le quarré de $4\,(x-6)$: on aura donc tout de suite

$$3\,x = \pm\,4\,(x-6);$$

d'où il résulte

$$3\,x = 4\,x - 24,\ x = 24$$
$$3\,x = -4\,x + 24,\ x = \frac{24}{7}.$$

Par la première solution de la question, le premier ouvrier a travaillé pendant 24 jours, et a gagné par conséquent $\frac{96^{fr.}}{24}$ ou 4 francs par jour, tandis que le second n'a travaillé que 18 jours, et a gagné $\frac{54^{fr.}}{18}$, ou 3 francs par jour.

La seconde solution répond à une autre question numérique liée à l'équation proposée d'une manière analogue à celle que j'ai remarquée dans le n° 110.

118. *On remet à un banquier deux billets sur la même personne; le premier de 550 francs payable dans sept mois, le second de 720 francs payable dans quatre mois; et il donne pour le tout une somme de 1200 francs: on demande quel est le taux annuel de l'intérêt d'après lequel ces billets ont été escomptés.*

Afin d'éviter les fractions dans l'expression des intérêts pour sept mois et pour quatre, je représenterai par $12x$ celui que produit annuellement une somme de 100 francs, et l'intérêt d'un mois sera alors x. Cela posé, la valeur présente du premier billet s'obtiendra en faisant la proportion

$$100 + 7x : 100 :: 550 : \frac{55000}{100 + 7x} \quad (Arith. 120);$$

la valeur présente du second billet résultera de même de la proportion

$$100 + 4x : 100 :: 720 : \frac{72000}{100 + 4x}.$$

En réunissant ces deux valeurs, l'équation du problême sera

$$\frac{55000}{100 + 7x} + \frac{72000}{100 + 4x} = 1200.$$

Les deux membres pouvant se diviser par 200, on a

$$\frac{275}{100 + 7x} + \frac{360}{100 + 4x} = 6;$$

puis faisant disparaître les dénominateurs, on trouve successivement

$$275(100 + 4x) + 360(100 + 7x) = 6(100 + 7x)(100 + 4x),$$
$$27500 + 1100x + 36000 + 2520x =$$
$$60000 + 6600x + 168x^2,$$

ce qui se réduit à

$$168x^2 + 2980x = 3500;$$

et divisant tout par 2 , on obtient

$$84x^2 + 1490x = 1750,$$

ce qui donne enfin

$$x^2 + \frac{1490}{84}x = \frac{1750}{84}.$$

En comparant cette équation à la formule

$$x^2 + px = q,$$

il vient

$$p = \frac{1490}{84}, \quad q = \frac{1750}{84};$$

et l'expression

$$x = -\frac{1}{2}p \pm \sqrt{\frac{p^2}{4} + q}$$

se change en

$$x = -\frac{745}{84} \pm \sqrt{\frac{745 \cdot 745}{84 \cdot 84} + \frac{1750}{84}}.$$

Il faut d'abord réduire à une seule les fractions comprises sous le radical : on aura

$$\frac{745 \cdot 745 + 1750 \cdot 84}{84 \cdot 84} = \frac{702025}{84 \cdot 84};$$

et en observant que le dénominateur de cette fraction est un quarré parfait, il ne restera qu'à extraire la racine quarrée du numérateur. Si on s'arrête aux millièmes, on trouvera 837,869 pour celle de 702025 ; et en lui donnant le dénominateur 84, les valeurs de x seront

$$x = -\frac{745}{84} + \frac{837,869}{84} = \frac{92,869}{84}$$

$$x = -\frac{745}{84} - \frac{837,869}{84} = -\frac{1582,869}{84}.$$

La première de ces valeurs est la seule qui résolve la question dans le sens de son énoncé. En divisant son dénominateur par 12, on a (*Arith.* 54)

$$12x = \frac{92,869}{7} = 13,267;$$

c'est–à–dire que l'intérêt annuel est de 13, 27 p. $\frac{\circ}{\circ}$.

119. La question suivante est digne d'attention, par les circonstances que présente l'expression de l'inconnue.

Partager un nombre en deux parties dont les quarrés soient dans un rapport donné.

Soit *a* le nombre donné,

m le rapport des quarrés de ses deux parties,

x l'une de ces parties,

l'autre sera $a - x$;

et d'après l'énoncé de la question, on aura l'équation

$$\frac{x^2}{(a-x)(a-x)} = m.$$

Il se présente pour la résoudre deux voies : on peut ou la préparer pour lui donner la forme $x^2 + px = q$, et la résoudre ensuite par la méthode générale ; ou bien profitant de la remarque facile à faire, que la fraction

$$\frac{x^2}{(a-x)(a-x)}$$

est un quarré, puisque son numérateur et son dénominateur sont des quarrés, on en conclura sur–le–champ,

$$\frac{x}{a-x} = \pm \sqrt{m},$$

$$x = \pm (a-x) \sqrt{m}.$$

En résolvant séparément les deux équations du premier degré comprises dans cette formule, savoir :

$$x = + (a - x) \sqrt{m}$$
$$x = - (a - x) \sqrt{m},$$

on en tirera
$$x = \frac{a \sqrt{m}}{1 + \sqrt{m}}$$

$$x = \frac{-a \sqrt{m}}{1 - \sqrt{m}}.$$

Par la première solution, la seconde partie du nombre proposé est

$$a - \frac{a \sqrt{m}}{1 + \sqrt{m}} = \frac{a + a \sqrt{m} - a \sqrt{m}}{1 + \sqrt{m}} = \frac{a}{1 + \sqrt{m}};$$

et les deux parties

$$\frac{a \sqrt{m}}{1 + \sqrt{m}} \text{ et } \frac{a}{1 + \sqrt{m}}$$

sont, comme l'exige l'énoncé de la question, toutes deux plus petites que le nombre proposé.

Par la seconde solution, on a

$$a + \frac{a \sqrt{m}}{1 - \sqrt{m}} = \frac{a - a \sqrt{m} + a \sqrt{m}}{1 - \sqrt{m}} = \frac{a}{1 - \sqrt{m}};$$

et les deux parties alors sont

$$- \frac{a \sqrt{m}}{1 - \sqrt{m}} \text{ et } \frac{a}{1 - \sqrt{m}}.$$

Leurs signes étant contraires, le nombre a n'est plus, à proprement parler, leur somme, mais leur différence.

Lorsqu'on fait $m = 1$, c'est-à-dire qu'on suppose que les quarrés des deux parties cherchées sont égaux, on a

$$\sqrt{m} = 1 ;$$

la première solution donne deux parties égales,

$$\frac{a}{2}, \quad \frac{a}{2},$$

résultat évident par lui-même, tandis que la seconde
solution donne deux résultats infinis (68), savoir :

$$\frac{-a}{1-1} \text{ ou } \frac{-a}{0}, \text{ et } \frac{a}{1-1} \text{ ou } \frac{a}{0};$$

ce qui doit être, car il n'y a qu'en regardant deux
quantités comme infiniment grandes, par rapport à
leur différence a, qu'on peut supposer le rapport de
leurs quarrés égal à l'unité.

En effet, soient x et $x-a$, ces deux quantités ; le
rapport de leurs quarrés sera

$$\frac{x^2}{x^2 - 2ax + a^2},$$

et en divisant les deux termes de cette fraction par x^2,
elle deviendra

$$\frac{1}{1 - \frac{2a}{x} + \frac{a^2}{x^2}};$$

or il est visible que plus le nombre x sera grand, plus
les fractions $\frac{2a}{x}$, $\frac{a^2}{x^2}$, seront petites, et plus le rapport
ci-dessus approchera d'être égal à $\frac{1}{1}$, ou à 1.

120. Pour comparer maintenant à la marche qu'on
vient de tenir, la méthode générale, on développera
l'équation

$$\frac{x^2}{(a-x)(a-x)} = m :$$

on aura successivement

$$x^2 = m \cdot (a-x)(a-x)$$
$$x^2 = a^2 m - 2amx + mx^2$$
$$x^2 - mx^2 + 2amx = a^2 m$$
$$(1-m)x^2 + 2amx = a^2 m$$
$$x^2 + \frac{2amx}{1-m} = \frac{a^2 m}{1-m},$$

et

et faisant $\quad p = \dfrac{2\,a\,m}{1-m}, q = \dfrac{a^2\,m}{1-m},$

la formule générale donnera

$$x = -\frac{a\,m}{1-m} \pm \sqrt{\frac{a^2 m^2}{(1-m)(1-m)} + \frac{a^2 m}{1-m}}.$$

Ces valeurs de x paraissent bien différentes de celles qui ont été trouvées plus haut, cependant elles s'y ramènent; et c'est en quoi l'exemple qui m'occupe peut être utile pour montrer l'importance des transformations que les diverses opérations algébriques produisent dans l'expression des quantités.

Il faut premièrement réduire au même dénominateur les deux fractions comprises sous le radical, ce qui s'effectuera en multipliant par $1-m$, les deux termes de la seconde; et il viendra

$$\frac{a^2 m^2}{(1-m)(1-m)} + \frac{a^2 m}{1-m} = \frac{a^2 m^2 + a^2 m(1-m)}{(1-m)(1-m)} =$$
$$\frac{a^2 m^2 + a^2 m - a^2 m^2}{(1-m)(1-m)} = \frac{a^2 m}{(1-m)(1-m)}.$$

Le dénominateur étant un quarré, il restera seulement à extraire la racine du numérateur, et on aura

$$\sqrt{\frac{a^2 m^2}{(1-m)(1-m)} + \frac{a^2 m}{1-m}} = \frac{\sqrt{a^2 m}}{1-m};$$

mais l'expression $\sqrt{a^2 m}$ peut encore se simplifier.

Il est visible que le quarré d'un produit se compose du produit des quarrés de chacun de ses facteurs, puisque, par exemple,

$$b\,c\,d \times b\,c\,d = b^2 c^2 d^2,$$

et que par conséquent la racine de $b^2 c^2 d^2$ n'est autre chose que le produit des racines b, c et d, des facteurs b^2, c^2 et d^2. En appliquant cette remarque au produit $a^2 m$, on voit que sa racine est le produit de a, racine

Elémens d'Algèbre. M

de a^2, par $\sqrt{m}$ qui est l'indication de la racine de m, ou que

$$\sqrt{a^2 m} = a \sqrt{m}.$$

Il suit de ces diverses transformations que

$$x = -\frac{am}{1-m} \pm \frac{a\sqrt{m}}{1-m},$$

ou bien

$$x = -\frac{am - a\sqrt{m}}{1-m}$$

$$x = -\frac{am + a\sqrt{m}}{1-m}.$$

Quelque simples qu'elles soient, ces expressions ne sont pas encore celles du numéro précédent ; et même si on cherche à les vérifier pour le cas où $m = 1$, elles deviennent

$$x = \frac{-a + a}{1-1} = \frac{0}{0}$$

$$x = \frac{-a - a}{1-1} = \frac{-2a}{0}.$$

On retrouve dans la seconde le symbole de l'infini comme précédemment, mais la première présente cette forme indéterminée, $\frac{0}{0}$, dont on a déjà vu des exemples dans les n°^{s} 69 et 70 ; et avant de prononcer sur sa valeur, il est à propos d'examiner si elle ne tombe pas dans le cas du n° 70 : si ce n'est pas un facteur commun au numérateur et au dénominateur, que la supposition de $m = 1$, rend égal à zéro.

L'expression $\dfrac{-am + a\sqrt{m}}{1-m}$

revient $\dfrac{a(-m + \sqrt{m})}{1-m} = \dfrac{a(\sqrt{m} - m)}{1-m}.$

On voit déjà que le numérateur ne devient zéro, que

par le facteur $\sqrt{m} - m$; il faut donc chercher si ce dernier n'aurait pas quelque facteur commun avec le dénominateur $1 - m$. Pour éviter l'embarras que pourrait causer le signe radical, je fais $\sqrt{m} = n$, et j'en conclus, en prenant les quarrés, $m = n^2$; ceci change les quantités

$$\sqrt{m} - m \text{ et } 1 - m$$

en

$$n - n^2 \text{ et } 1 - n^2;$$

or $n - n^2 = n(1-n)$ et $1 - n^2 = (1-n)(1+n)$ (34);
en remettant pour n sa valeur $\sqrt{m}$, on a

$$\sqrt{m} - m = (1 - \sqrt{m})\sqrt{m}$$
$$1 - m = (1 - \sqrt{m})(1 + \sqrt{m})$$

et par conséquent

$$\frac{a(\sqrt{m} - m)}{1 - m} = \frac{a(1 - \sqrt{m})\sqrt{m}}{(1 - \sqrt{m})(1 + \sqrt{m})} = \frac{a\sqrt{m}}{1 + \sqrt{m}},$$

résultat semblable à celui du n° 119.

On réduit de même la seconde valeur de x, en observant que

$$\frac{-a\sqrt{m} - am}{1 - m} = \frac{-a(1 + \sqrt{m})\sqrt{m}}{(1 - \sqrt{m})(1 + \sqrt{m})} = \frac{-a\sqrt{m}}{1 - \sqrt{m}}$$

comme dans le n° 119 (*).

(*) L'exemple que je viens de traiter si au long, répond à un problème résolu par Clairaut dans son Algèbre, et dont l'énoncé est celui-ci : *Trouver sur la ligne qui joint deux lumières quelconques, le point où ces deux lumières éclairent également.* J'ai dépouillé ce problème des circonstances physiques qui sont étrangères à l'objet de cet ouvrage, et qui ne peuvent que détourner l'attention qu'exigent les circonstances algébriques, très-remarquables en elles-mêmes, et que, pour cette raison, j'ai développées plus que ne l'avait fait Clairaut.

Il n'est pas difficile de voir que j'aurais pu éviter les radicaux dans les calculs précédens, en représentant par m^2 le rapport des quarrés des deux parties du nombre proposé : alors m en eût été la racine quarrée, qu'on peut toujours regarder comme connue, lorsque son quarré est donné ; mais on n'aurait pas d'abord senti le but d'un pareil changement de données, dont les algébristes font souvent usage pour simplifier les calculs ; c'est pourquoi j'invite le lecteur à recommencer la solution du problême, en mettant m^2 au lieu de m.

De l'extraction de la racine quarrée des quantités algébriques.

121. La question précédente suffit pour indiquer comment il faut se conduire dans la solution des questions littérales, et a présenté une transformation qu'il importe de remarquer, savoir, celle de

$$\sqrt{a^2 m} \text{ en } a \sqrt{m} \text{ (page 177)}$$

puisque par son moyen on peut réduire au plus petit nombre possible les facteurs contenus sous le radical, et simplifier d'autant l'extraction de la racine qui reste à opérer.

Cette transformation consiste, comme on a vu à l'endroit cité, à *prendre séparément la racine de tous les facteurs qui sont des quarrés, et à écrire ces racines hors du radical, comme multiplicateurs de ce radical, sous lequel on laisse tels qu'ils sont, les facteurs qui ne sont pas des quarrés.*

Cette règle suppose premièrement, que l'on sache reconnaître si une quantité algébrique est un quarré, et dans ce cas en extraire la racine ; et pour cela, il faut distinguer les quantités monomes des polynomes.

122. Il résulte évidemment de la règle des exposans dans la multiplication, que la *seconde puissance d'une quantité quelconque a un exposant double de celui de cette quantité.*

On a, par exemple,

$$a^1 \times a^1 = a^2, \quad a^2 \times a^2 = a^4, \quad a^3 \times a^3 = a^6, \quad \text{etc.}$$

Il suit de là que *tout facteur qui est un quarré, doit avoir un exposant pair, et qu'on obtient la racine de ce facteur en écrivant sa lettre avec un exposant égal à la moitié de l'exposant primitif.*

On a ainsi

$$\sqrt{a^2} = a^1 \text{ ou } a, \quad \sqrt{a^4} = a^2, \quad \sqrt{a^6} = a^3, \quad \text{etc.}$$

A l'égard des facteurs numériques, l'extraction de leurs racines s'opère, s'il y a lieu, par les règles enseignées précédemment.

D'après ces remarques, les facteurs a^6, b^4, c^2, de l'expression

$$\sqrt{64\, a^6\, b^4\, c^2},$$

sont des quarrés, le nombre 64 est le quarré de 8; donc *l'expression proposée étant le produit des facteurs quarrés, aura pour racine le produit des racines de chacun de ces facteurs* (121); et par conséquent

$$\sqrt{64\, a^6\, b^4\, c^2} = 8\, a^3\, b^2\, c.$$

123. Lorsque cette circonstance n'a pas lieu, *il faut chercher à décomposer le produit proposé en deux autres, dont l'un ne contienne que les facteurs quarrés et l'autre les facteurs non-quarrés*; et pour cela il faut considérer à part chacun de ses facteurs.

Soit pour exemple

$$\sqrt{72\, a^4\, b^3\, c^5}.$$

On reconnaît facilement que parmi les diviseurs du

M 3

nombre 72, il y.a des quarrés parfaits, savoir : 4, 9 et 36 ; et en prenant le plus grand, on a

$$72 = 36 \times 2.$$

Le facteur a^4 étant un quarré, on le met de côté ; passant ensuite au facteur b^3, qui n'en est pas un, puisque le nombre 3 est impair, on remarque que ce facteur peut se décomposer en deux autres b^2 et b, dont le premier est un quarré, et qu'on a

$$b^3 = b^2 . b ;$$

on voit aussi que

$$c^5 = c^4 . c ;$$

il en serait de même de toute lettre ayant un exposant impair. Toutes ces décompositions donnent

$$72 a^4 b^3 c^5 = 36 . 2 a^4 b^2 . b c^4 . c ,$$

et rassemblant les facteurs quarrés, il vient

$$36 a^4 b^2 c^4 \times 2bc.$$

Enfin, prenant la racine du premier produit et indiquant celle du second, on a

$$\sqrt{72 \, a^4 b^3 c^5} = 6 a^2 b c^2 \sqrt{2bc}.$$

Voici encore quelques exemples de réductions semblables, précédées des calculs qui les mettent en évidence :

$$\sqrt{\frac{a^3}{b}} = \sqrt{a^2 \frac{a}{b}} = a \sqrt{\frac{a}{b}} =$$

$$a \sqrt{\frac{ab}{b^2}} = \frac{a}{b} \sqrt{ab} ;$$

$$6 \sqrt{\frac{75}{98} a b^2} = 6 \sqrt{\frac{25 . 3 a b^2}{49 . 2}} = 6 \sqrt{\frac{25 b^2 . 3 a}{49 . 2}} =$$

$$\frac{6 . 5}{7} b \sqrt{\frac{3a}{2}} = \frac{30 b}{7} \sqrt{\frac{3a}{2}} ;$$

$$\sqrt{\frac{a^2 m^2}{n^2} + \frac{a^2 m}{n}} = \sqrt{\frac{a^2 m^2 + a^2 mn}{n^2}} =$$

$$\sqrt{\frac{a^2}{n^2} (m^2 + mn)} = \frac{a}{n} \sqrt{m^2 + mn}.$$

Il faut remarquer, par rapport au premier, qu'on peut faire sortir du radical le dénominateur des fractions algébriques, en le rendant un quarré, d'après ce qui a été dit n° 104, pour les fractions numériques.

124. Je vais passer à l'extraction de la racine quarrée des polynomes. Il est important de se rappeler qu'aucun binome n'est un quarré parfait, parce que tout monome élevé au quarré ne produit qu'un monome, et que le quarré d'un binome renferme toujours trois parties (34).

On se tromperait grossièrement en prenant pour $\sqrt{a^2+b^2}$ le binome $a+b$, quoique a soit séparément la racine de a^2, et b celle de b^2; car le quarré de $a+b$, étant $a^2+2ab+b^2$, contient en outre le terme $+2ab$, qui ne se trouve pas dans l'expression $\sqrt{a^2+b^2}$.

Soit donc le trinome

$$24a^2b^3c + 16a^4c^2 + 9b^6 :$$

afin de retrouver dans cette expression les trois parties qui composent le quarré d'un binome, je l'ordonne par rapport à l'une de ses lettres, à la lettre a, par exemple, il vient

$$16a^4c^2 + 24a^2b^3c + 9b^6.$$

Alors, quelle que soit la racine cherchée, en la supposant ordonnée par rapport à la même lettre a, le quarré de son premier terme doit nécessairement former le premier terme $16a^4c^2$ de la quantité proposée; le double produit du premier terme de la racine par le second, doit donner le second terme $24a^2b^3c$ de la quantité proposée; et enfin le quarré du dernier terme de la racine doit être précisément le dernier terme $9b^6$ de la quantité proposée. D'après ces considérations, l'opération se dispose comme on le voit plus loin :

M 4

$$16a^4c^2 + 24a^2b^3c + 9b^6 \ \big|\ 4a^2c + 3b^3 \text{ racine}$$
$$\underline{- 16a^4c^2 \qquad\qquad\quad}\ \big|\ \overline{8.a^2c + 3b^3}$$

$$+ 24a^2b^3c + 9b^6$$
$$\underline{- 24a^2b^3c - 9b^6}$$
$$\qquad 0 \qquad\quad 0$$

J'extrais d'abord la racine quarrée du premier terme $16a^4c^2$, et le résultat $4a^2c$ (122) est le premier terme de la racine qui s'écrit à droite sur la même ligne que la quantité proposée.

Je retranche de cette quantité le quarré, $16a^4c^2$, du premier terme, $4a^2c$, de la racine ; et faisant la réduction, il ne reste que les deux termes $24a^2b^3c + 9b^6$.

Le terme $24a^2b^3c$ étant le double produit du premier terme de la racine $4a^2c$, par le second, j'obtiens ce dernier en divisant $24a^2b^3c$ par $8a^2c$, double de $4a^2c$, et qui s'écrit au-dessous de la racine. Le quotient $3b^3$ est le second terme de la racine.

La racine est maintenant déterminée, mais il faut, pour qu'elle soit exacte, que le quarré du second terme fasse $9b^6$, ou bien que le double $8a^2c$ du premier terme de la racine, augmenté du second $3b^3$; et multiplié par le second, reproduise les deux derniers termes du quarré (91) ; en conséquence, à côté de $8a^2c$, j'écris $+ 3b^3$, je multiplie $8a^2c + 3b^3$ par $3b^3$; le produit étant retranché des deux premiers termes de la quantité proposée, il ne reste rien, et j'en conclus que cette quantité est le quarré de $4a^2c + 3b^3$.

Il est évident que les mêmes raisonnemens et les mêmes procédés peuvent s'appliquer à toutes les quantités composées de trois termes.

125.. Lorsque la quantité dont on veut extraire la racine a plus de trois termes, elle n'est plus le quarré d'un binome ; mais en la supposant celui d'un trinome $m + n + p$, et représentant par l la somme $m + n$ de ses deux premiers termes, ce trinome se changeant en $l + p$, son quarré devient

$$l^2 + 2pl + p^2,$$

où le quarré l^2 du binome $m + n$, étant développé, produirait les termes $m^2 + 2mn + n^2$. Ainsi, lorsqu'on aura ordonné la quantité proposée, le premier terme sera évidemment le quarré du premier terme de la racine, et le second renfermera le double produit du premier terme de la racine par le second de cette racine ; on aura donc ce dernier en divisant le second terme de la quantité proposée, par le double de la racine du premier. Connaissant alors les deux premiers termes de la racine cherchée, on complettera le quarré de ces deux termes, représenté ici par l^2, et le retranchant de la quantité proposée, il restera

$$2lp + p^2,$$

quantité qui contient le double produit de l, ou du premier binome $m + n$, par le reste de la racine, plus le quarré de ce reste, et fait voir qu'il faut opérer avec ce binome, comme on a fait avec le premier terme m, de la racine.

Soit pour exemple la quantité

$$64a^2bc + 25\,a^2b^2 - 40\,a^3b + 16a^4 + 64b^2c^2 - 80ab^2c\,;$$

je l'ordonne par rapport à la lettre a, et je dispose l'opération comme précédemment.

$$16a^4 - 40a^3b + 25a^2b^2 - 80ab^2c + 64b^2c^2 \quad \left| \, 4a^2 - 5ab + 8bc \right.$$
$$\qquad\qquad\qquad +64a^2bc$$
$$-16a^4 \qquad\qquad\qquad\qquad\qquad\qquad \left| \, 8a^2 - 5ab \right.$$
$$\overline{\qquad\qquad\qquad\qquad\qquad\qquad\qquad} \quad 8a^2 - 10ab + 8bc$$
$$1^{er}\text{rest.} -40a^3b + 25a^2b^2 - 80ab^2c + 64b^2c^2$$
$$\qquad\qquad\qquad +64a^2bc$$
$$\qquad\qquad +40a^3b - 25a^2b^2$$
$$\overline{\qquad\qquad\qquad\qquad\qquad\qquad\qquad}$$
$$2^e \text{ reste} \ldots\ldots +64a^2bc - 80ab^2c + 64b^2c^2$$
$$\qquad\qquad\qquad -64a^2bc + 80ab^2c - 64b^2c^2$$

Cela fait, j'extrais la racine quarrée du premier terme $16a^4$, et j'obtiens $4a^2$ pour le premier terme de la racine cherchée ; j'en forme le quarré, que je retranche de la quantité proposée.

Je double le premier terme de la racine, et j'écris au-dessous le résultat $8a^2$, par lequel je divise le terme $-40a^3b$ qui commence le premier reste ; j'ai $-5ab$ pour le second terme de la racine ; je l'écris à côté de $8a^2$, je multiplie le tout par ce second terme, et je retranche le résultat du reste, sur lequel j'opère.

De cette manière j'ai retranché de la quantité proposée le quarré du binome $4a^2 - 5ab$; le deuxième reste ne contenant plus que le double produit de ce binome par le troisième terme de la racine et le quarré de ce terme, je double la quantité $4a^2 - 5ab$, ce qui donne

$$8a^2 - 10ab,$$

que j'écris au-dessous de $8a^2 - 5ab$, et que je prends pour diviseur du deuxième reste : le premier terme du quotient, qui est $8bc$, est le troisième de la racine.

Je l'écris aussi à côté de $8a^2 - 10ab$, et je multiplie le tout par ce terme ; je retranche les produits du reste sur lequel j'opère, qui se trouve entièrement détruit : la quantité proposée est donc le quarré de

$$4a^2 - 5ab + 8bc.$$

Il est maintenant aisé d'étendre aussi loin qu'on voudra l'opération ci-dessus, qui est d'ailleurs parfaitement semblable à celle qui a été indiquée pour les nombres.

De la formation des puissances et de l'extraction de leurs racines.

126. L'opération arithmétique d'où dépend la réso-lution des équations du second degré, et par laquelle on revient du quarré à la quantité qui l'a formé, ou à la racine quarrée, n'est qu'un cas particulier d'une autre plus générale, servant à *trouver un nombre dont on connaît une puissance quelconque.* On conçoit que cette opération, qui conduit à un résultat qu'on dé-signe encore par le mot *racine*, mais en y ajoutant l'indication du degré, étant inverse de celle qui sert à trouver la puissance, ne peut être déduite que de l'examen des circonstances de cette dernière, comme cela arrive pour la division à l'égard de la multiplica-tion, avec lesquelles ce sujet a d'ailleurs des rapports qu'on appercevra bientôt.

C'est par la multiplication qu'on parvient aux puis-sances des nombres entiers (24), et il est visible que celles des fractions se forment en élevant leur numérateur et leur dénominateur à la puissance proposée. (96).

Réciproquement la racine d'une fraction s'obtient dans quelque degré que ce soit, en prenant celle du numérateur et celle du dénominateur.

L'usage des symboles algébriques étant très-commode pour exprimer tout ce qui tient à la composition et à la décomposition des quantités, on procède d'abord à la formation des puissances des expressions algébriques; car à l'égard de celles des nombres, ce qu'on a dit n° 24, suffit pour les trouver.

*Table des 7 premières puissances des nombres, depuis
1 jusqu'à 9.*

1re	1	2	3	4	5	6	7	8	9
2^e	1	4	9	16	25	36	49	64	81
3^e	1	8	27	64	125	216	343	512	729
4^e	1	16	81	256	625	1296	2401	4096	6561
5^e	1	32	243	1024	3125	7776	16807	32768	59049
6^e	1	64	729	4096	15625	46656	117649	262144	531441
7^e	1	128	2187	16384	78125	279936	823543	2097152	4782969

J'ai principalement rapporté cette table, afin de montrer avec quelle rapidité s'accroissent les puissances des
nombres, à mesure qu'elles deviennent plus élevées,
remarque qui est très-importante pour la suite. On voit
en effet que la septième puissance de 2 est déjà 128,
et que celle de 9 monte à 4782969.

On conçoit facilement par-là que les puissances des
fractions proprement dites, décroissent très-rapidement,
puisque les puissances du dénominateur deviennent de
plus en plus grandes par rapport à celles du numérateur.

La septième puissance de $\frac{1}{2}$, par exemple, serait $\frac{1}{128}$,

et celle de $\frac{1}{9}$ serait seulement

$$\frac{1}{4782969}$$

127. Il suit de ce que dans un produit, chaque lettre a pour exposant la somme des exposans qu'elle a dans chacun des facteurs (26) que *la puissance d'une quantité monome se forme en multipliant l'exposant de chaque facteur par l'exposant de cette puissance.*

La troisième puissance de $a^2 b^3 c$, par exemple, s'obtiendra en multipliant les exposans 2, 3 et 1, des lettres a, b, c, par 3, exposant de la puissance demandée ; on aura $a^6 b^9 c^3$; et en effet, cette puissance revient à

$$a^2 b^3 c \times a^2 b^3 c \times a^2 b^3 c = a^{2.3} b^{3.3} c^{1.3}.$$

Si la quantité proposée avait un coefficient numérique, il faudrait élever aussi ce coefficient à la puissance proposée ; ainsi la quatrième puissance de $3 a b^2 c^5$ est

$$81 a^4 b^8 c^{20},$$

parce que celle de 3 est 81.

128. A l'égard des signes qui peuvent affecter les quantités monomes, il faut observer *que toutes les puissances dont l'exposant est pair ont le signe +, et que celles dont l'exposant est impair, ont le même signe que la quantité qui les a formées.*

En effet, les puissances d'un degré pair résultent de la multiplication d'un nombre pair de facteurs ; et les signes — combinés 2 à 2, dans la multiplication, donnent toujours au produit le signe + (31). Au contraire, si le nombre des facteurs est impair, le produit aura le signe — quand les facteurs en seront affectés, puisqu'il résultera du produit d'un nombre pair de facteurs, et par conséquent positif, multiplié par un facteur négatif.

129. Pour revenir de la puissance à la quantité qui l'a formée, ou à sa racine, il n'y a qu'à renverser les règles données ci-dessus ; c'est-à-dire, *diviser l'exposant de chaque lettre par celui qui marque le degré de la racine qu'on veut extraire.*

On trouvera de cette manière la *racine cubique*, ou *du troisième degré*, de l'expression $a^6 b^9 c^3$, en divisant par 3 les exposans 6, 9 et 3, ce qui donnera

$$a^2 b^3 c.$$

Lorsque l'expression proposée a un coefficient numérique, il faut en prendre aussi la racine, pour former le coefficient de la quantité littérale qu'on obtient par la règle précédente.

Si l'on demandait, par exemple, la racine quatrième de $81\, a^4 b^8 c^{20}$, on verrait par la table du n° 126, que 81 est la quatrième puissance de 3; et divisant par 4 les exposans des lettres, on aurait pour résultat

$$3 a b^2 c^5.$$

Dans les cas où la racine du coefficient numérique ne peut se trouver par la table citée, on l'extrait par les méthodes que je donnerai ci-après.

130. Il est évident que l'extraction des racines ne peut s'effectuer sur la partie littérale des monomes, qu'autant que chacun des exposans est divisible par celui de la racine ; dans le cas contraire, on ne peut qu'indiquer l'opération arithmétique qu'il faudra faire lorsqu'on substituera des nombres aux lettres.

On se sert encore pour cela du signe $\sqrt{}$, mais pour désigner le degré de la racine, on met l'exposant comme on le voit ci-dessous, dans les expressions

$$\sqrt[3]{a}, \qquad \sqrt[5]{a^2},$$

dont la première représente la racine cubique, ou du troisième degré de a, et la seconde la racine cinquième de a^2.

Les expressions affectées du signe $\sqrt{}$, de quelque degré qu'il soit, peuvent souvent se simplifier en faisant

attention que, d'après le n° 127, *une puissance quelconque d'un produit est formée du produit de la même
puissance de chacun des facteurs ;* et que, par conséquent,
*la racine quelconque d'un produit est formée du produit
des racines de même degré de chacun de ses facteurs.* Il
résulte de ce dernier principe, que *si la quantité soumise au radical a des facteurs qui soient des puissances
exactes du même degré que le radical, on pourra prendre
séparément les racines de ces facteurs, et multiplier leur
produit par la racine indiquée des autres facteurs.*

Soit, par exemple,

$$\sqrt[5]{96\, a^5 . b^7\, c^{11}}.$$

On voit que

$$96 = 32 \times 3 = 2^5 . 3,$$

que $\quad\quad a^5 \quad$ est la cinquième puissance de a,

que $\quad\quad b^7 = b^5 . b^2,$

que $\quad\quad c^{11} = c^{10} . c;$

on a par conséquent

$$96\, a^5 b^7 c^{11} = 2^5 a^5 b^5 c^{10} \times 3\, b^2\, c.$$

Le premier facteur ayant pour racine cinquième la
quantité $2\,a\,b\,c^2$, il vient

$$\sqrt[5]{96\, a^5 b^7 c^{11}} = 2\,a\,b\,c^2 \sqrt[5]{3\,b^2\,c}.$$

131. Toute puissance paire devant avoir le signe $+$
(128), aucune quantité affectée du signe $-$ ne peut être
une puissance de degré pair, et n'a point de racine de ce
degré. Il suit de là, que *tout radical d'un degré pair,
comprenant une quantité négative, est une expression
imaginaire* :

$$\sqrt[4]{-a}, \quad \sqrt[6]{-a^4}, \quad b + \sqrt[8]{-a\,b^7},$$

sont des expressions imaginaires.

On ne peut par conséquent assigner, soit exactement, soit par approximation pour les degrés, dont l'exposant est pair, que les racines des quantités positives, et *ces racines peuvent être affectées indifféremment du signe + ou du signe —*, parce que dans l'un et l'autre cas elles reproduisent également la quantité proposée avec le signe +, et qu'on ignore auquel des deux elles appartiennent.

Il n'en est pas de même pour les degrés impairs, dans lesquels les puissances ont le même signe que leurs racines (128), *on doit donner aux racines de ces degrés le signe dont la puissance est affectée ;* et il n'y a point d'imaginaires dans ce cas.

132. Il est à propos d'observer que l'application de la règle donnée n°. 129, pour l'extraction des racines des monomes, par les exposans de leurs facteurs, conduit naturellement à indiquer par des signes plus commodes pour le calcul que le signe $\sqrt{\ }$, les racines qui ne peuvent s'obtenir algébriquement.

Lorsqu'on demande, par exemple, la racine troisième de a^5, il faut, suivant la règle citée, diviser l'exposant 5 par 3 ; mais la division ne pouvant s'effectuer, conduit au nombre fractionnaire $\frac{5}{3}$; et la forme que prend alors l'exposant du résultat indique que l'extraction n'est pas possible dans l'état actuel de la quantité proposée : on doit donc regarder les deux expressions

$$\sqrt[3]{a^5} \qquad \text{et} \qquad a^{\frac{5}{3}}$$

comme équivalentes.

La dernière a néanmoins sur la première l'avantage de conduire tout de suite à la simplification dont la quantité $\sqrt[3]{a^5}$ est susceptible ; car si on extrait l'entier

contenu

contenu dans la fraction $\frac{1}{3}$, on aura $1+\frac{2}{3}$, et par conséquent

$$a^{\frac{5}{3}}=a^{1+\frac{2}{3}}=a^1\times a^{\frac{2}{3}}\ (25),$$

d'où on voit que la quantité $a^{\frac{5}{3}}$ est composée de deux facteurs, dont le premier est rationnel, et l'autre revient à $\sqrt[3]{a^2}$.

On conclurait la même chose de l'expression $\sqrt[3]{a^5}$, au moyen du n° 130, mais l'exposant fractionnaire y mène immédiatement : on aura d'ailleurs occasion de reconnaître dans d'autres opérations les avantages des exposans fractionnaires.

Pour le moment, il suffit d'observer que la division des exposans, dans le cas où elle peut s'effectuer, répondant à l'extraction des racines, on doit, lorsqu'elle est indiquée, la regarder comme le symbole de la meme opération, et en conclure que les expressions

$$\sqrt[n]{a^m} \quad \text{et} \quad a^{\frac{m}{n}}$$

sont équivalentes.

Voilà encore les conventions établies sur la manière d'exprimer les puissances, qui conduisent par analogie et par extension, à des symboles particuliers, comme dans le n°37, on est parvenu à l'expression $a^0=1$.

133. Je remarque à cette occasion que la règle des exposans, relative à la division (36) étant appliquée conformément à celle des signes, relative à la soustraction (20), mène aussi à des expressions nouvelles pour une certaine classe de fractions.

En effet, on a par ces règles

$$\frac{a^m}{a^n}=a^{m-n};$$

Elémens d'Algèbre.　　　　N

mais si l'exposant n du dénominateur surpasse l'exposant m du numérateur, l'exposant de la lettre a dans le second membre sera négatif.

Si, par exemple, $m = 2$, $n = 3$, on aura

$$\frac{a^2}{a^3} = a^{2-3} = a^{-1};$$

mais d'ailleurs, en simplifiant la fraction $\frac{a^2}{a^3}$, on trouve $\frac{1}{a}$: les expressions

$$\frac{1}{a} \quad \text{et} \quad a^{-1}$$

sont donc équivalentes.

En général, on a par la règle des exposans

$$\frac{a^m}{a^{m+n}} = a^{m-m-n} = a^{-n},$$

et d'ailleurs

$$\frac{a^m}{a^{m+n}} = \frac{1}{a^n};$$

il résulte de là, que les expressions

$$\frac{1}{a^n} \quad \text{et} \quad a^{-n}$$

sont équivalentes.

En effet, le signe — qui précède l'exposant n étant pris dans le sens du n° 62, indique que l'exposant proposé vient d'une fraction dont le dénominateur contient n facteurs a de plus que le numérateur, ce qui est bien $\frac{1}{a^n}$; on peut donc, lorsqu'on rencontre l'une quelconque de ces expressions, y substituer l'autre.

D'après cette observation, la quantité $\dfrac{a^2 b^5}{c^2 d^3}$ considérée comme

$$a^2 b^5 \times \frac{1}{c^2} \times \frac{1}{d^3},$$

peut être mise sous la forme

$$a^2 b^5 c^{-2} d^{-3};$$

c'est-à-dire, *qu'on peut faire passer au numérateur tous les facteurs du dénominateur, en affectant leurs exposans du signe —.*

Réciproquement, *lorsqu'une quantité renferme des facteurs affectés d'exposans négatifs, on les met au dé-nominateur, en donnant le signe + à leurs exposans;* c'est ainsi que la quantité

$$a^2 b^5 c^{-2} d^{-3},$$

redevient

$$\frac{a^2 b^5}{c^2 d^3}.$$

De la formation des puissances des quantités complexes.

134. Je commencerai par observer que les puissances des quantités complexes s'indiquent en enveloppant ces quantités d'une parenthèse, qu'on affecte de l'exposant de la puissance. L'expression

$$(4 a^2 - 2 a b + 5 b^2)^3,$$

ar exemple, désigne la troisième puissance de la quantité $4 a^2 - 2 a b + 5 b^2$. On marquerait encore cette puissance comme ci-dessous

$$\overline{4 a^2 - 2 a b + 5 b^2}^3.$$

135. Les quantités binomes sont les plus simples après

les monomes; cependant, si l'on en voulait former les puissances par des multiplications successives, on ne parviendrait de cette manière qu'à des résultats particuliers, pour chaque puissance, comme le sont pour la deuxième et la troisième, ceux que j'ai fait remarquer dans le numéro 34 ; on formerait cette table :

$$(x+a)^2 = x^2 + 2\,a\,x + a^2$$
$$(x+a)^3 = x^3 + 3\,a\,x^2 + 3\,a^2\,x + a^3$$
$$(x+a)^4 = x^4 + 4\,a\,x^3 + 6\,a^2\,x^2 + 4\,a^3\,x + a^4$$
etc.

mais on ne saisirait pas facilement la loi des coefficiens numériques de ces résultats. En réfléchissant au procédé de la multiplication, on reconnaîtra que les coefficiens numériques naissent des réductions qu'entraîne l'égalité des facteurs qui forment une puissance, et qu'en empêchant ces réductions, on rendra la composition des produits plus évidente.

Pour produire ces effets, il suffit de donner à tous les binomes qu'on multiplie, des seconds termes différens, de prendre, par exemple,

$$x+a, \quad x+b, \quad x+c, \quad x+d, \quad \text{etc.}$$

En effectuant les multiplications que je vais indiquer, et en plaçant dans une même colonne les termes affectés d'une même puissance de x, il est aisé de trouver que

$$(x+a)(x+b) = x^2 + ax + ab$$
$$+bx$$

$$(x+a)(x+b)(x+c) = x^3 + ax^2 + abx + abc$$
$$+bx^2 + acx$$
$$+cx^2 + bcx$$

$$(x+a)(x+b)(x+c)(x+d) = x^4 + ax^3 + abx^2 + abcx + abcd$$
$$+bx^3 + acx^2 + abdx$$
$$+cx^3 + adx^2 + acdx$$
$$+dx^3 + bcx^2 + bcdx$$
$$+bdx^2$$
$$+cdx^2.$$

Sans pousser plus loin ces produits, on peut déjà reconnaître la loi de leur formation.

En concevant que tous les termes affectés de la même puissance de x, et placés dans la même colonne, n'en forment qu'un seul, comme, par exemple,

$$a x^3 + b x^3 + c x^3 + d x^3 = (a+b+c+d)\, x^3$$

et ainsi des autres,

1°. *On trouve dans chaque produit un terme de plus qu'il n'y a d'unités dans le nombre de ses facteurs.*

2°. *L'exposant de* x *dans le premier terme est le même que le nombre des facteurs, et va en diminuant de l'unité, d'un terme au suivant.*

3°. *La plus haute puissance de* x *n'a pour coefficient que l'unité; celle qui la suit, ou qui a une unité de moins dans son exposant, est multipliée par la somme des seconds termes des binomes; celle qui a deux unités de moins dans son exposant, l'est par la somme des divers produits qu'on obtient, en multipliant, deux à deux, les seconds termes des binomes; celle qui a trois unités de moins dans son exposant, l'est par la somme des divers produits qu'on obtient en multipliant, trois à trois, les*

N 3

*seconds termes des binomes, et ainsi de suite ; enfin, dans
le dernier terme, l'exposant de x étant censé égul à
zéro (37), se trouve composé du premier, diminué d'autant d'unités qu'il y en a dans le nombre des facteurs; et
ce terme contient le produit de tous les seconds termes
des binomés.*

Il est facile de voir que la forme de ces produits doit
rester soumise aux mêmes lois, quel que soit le nombre
de facteurs; cependant, on peut encore en avoir une
preuve autre que l'analogie.

136   Il est d'abord évident que tout produit de cette
espèce doit contenir les puissances successives de x, depuis celle dont l'exposant est égal au nombre des facteurs
qu'on a multipliés, jusqu'à celle dont l'exposant est zéro.
Pour désigner généralement le résultat, on exprimera ce
nombre par la lettre m; les puissances successives de x
seront indiquées par

$$x^m, \ x^{m-1}, \ x^{m-2}, \ \text{etc.}$$

on mettra les lettres $A, B, C, \ldots\ldots\ldots\ldots Y,$
pour les quantités qui doivent les multiplier, à partir de
x^{m-1}; mais le nombre des termes qui dépend des valeurs
particulières données à l'exposant, demeurant indéterminé, tant que cet exposant n'est point fixé, on ne peut
écrire que les premiers et les derniers termes de l'expression, et on indique par une suite de points les termes intermédiaires qui sont sous-entendus.

C'est ainsi que la formule

$$x^m + A x^{m-1} + B x^{m-2} + C x^{m-3} \ldots + Y,$$

représente le produit d'un nombre quelconque m de facteurs, $x+a, \ x+b, \ x+c, \ x+d,$ etc.

Si on le multiplie par un nouveau facteur $x+l,$ il
viendra

$$\left.\begin{array}{l} x^{m+1} + A x^m + B x^{m-1} + C x^{m-2} \ldots \\ \quad + l \ x^m + l A x^{m-1} + l B x^{m-2} \ldots + l Y \end{array}\right\}$$

« Il est évident , 1°. que si A est la somme des m seconds termes a, b, c, d, etc. $A + l$ sera celle des $m + 1$ seconds termes a, b, c, d, etc. l, et que par conséquent la composition assignée à ce coefficient sera vraie pour le produit du degré $m + 1$, si elle est vraie pour celui du degré m.

2°. Si B est la somme des produits des m quantités a, b, c, d, etc. prises deux à deux, $B + lA$, exprimera celle des produits de $m + 1$ quantités a, b, c, d, etc. l, prises aussi deux à deux ; car A étant la somme des premières, lA sera celle de leurs produits par la nouvelle quantité introduite l ; donc la composition assignée sera vraie pour le degré $m + 1$, si elle l'est pour le degré m.

3°. Si C est la somme des produits des m quantités a, b, c, d, etc. prises trois à trois, $C + lB$ sera celle des produits des $m + 1$ quantités a, b, c, d, etc. l, prises aussi trois à trois, puisque lB, d'après ce qui précède, exprimera la somme des produits des premières prises deux à deux, multipliés par la nouvelle quantité introduite l ; donc la composition assignée sera vraie pour le degré $m + 1$, si elle a lieu pour le degré m.

On voit que cette manière de raisonner s'étend à tous les termes, et que le dernier lY sera le produit des $m + 1$ seconds termes,

Les remarques énoncées dans le numéro 135 étant vraies pour le quatrième degré, par exemple, le seront, suivant ce qu'on vient de voir, pour le cinquième, pour le sixième, et en s'élevant ainsi de degré en degré, elles seront prouvées en général.

Il suit de là que le produit d'un nombre quelconque m de facteurs binomes $x + a$, $x + b$, $x + c$, $x + d$, etc. étant représenté par

$$x^m + A x^{m-1} + B x^{m-2} + C x^{m-3} + \text{etc.}$$

A sera toujours la somme des m lettres a, b, c, etc. B celle des produits de ces quantités prises deux à deux, C celle des produits de ces quantités prises trois à trois, et ainsi de suite.

Pour embrasser la loi de cette expression dans un seul terme, j'en considérerai un placé dans un rang indéterminé, et que, pour cette raison, je représenterai par $N\,x^{m-n}$.

Ce terme sera le second, si l'on fait $n=1$, le troisième, si l'on fait $n=2$, le onzième, si l'on fait $n=10$, etc. Dans le premier cas, la lettre N sera la somme des m lettres a, b, c, etc. ; dans le second, celle de leurs produits deux à deux ; dans le troisième, celle de leurs produits dix à dix ; et en général celle de leurs produits n à n.

137. Pour changer les produits

$$(x + a) (x + b), (x + a) (x + b) (x + c),$$
$$(x + a) (x + b) (x + c) (x + d), \text{etc.}$$

dans les puissances de $x + a$, savoir en

$$(x + a)^2, \qquad (x + a)^3,$$
$$(x + a)^4, \qquad \text{etc.}$$

il suffit de faire dans les développemens de ces produits,

$$a = b, \qquad a = b = c,$$
$$a = b = c = d, \qquad \text{etc.}$$

Toutes les quantités qui multiplient une même puissance de x, deviendront alors égales entr'elles : ainsi le coefficient du second terme, qui, dans le produit

$$(x + a) (x + b) (x + c) (x + d) \text{ est } a + b + c + d,$$

se changera en $4\,a$; celui du troisième terme dans le même produit, étant

$$ab + ac + ad + bc + bd + cd,$$

deviendra $6\,a^2$; et de là il est aisé d'appercevoir que les coefficiens des diverses puissances de x, se changeront en une seule puissance de a, répétée autant de fois qu'ils ont de termes, et marquée par le nombre de facteurs que contiennent ces termes. Ainsi, le coefficient N qui multiplie la puissance x^{m-n}, dans le développement général, sera la puissance n de a, ou a^n, répétée autant de fois qu'on peut former de produits différens en prenant de toutes les manières possibles un nombre n de lettres sur un nombre m; c'est donc à la recherche du nombre de ces produits qu'est ramenée celle du coefficient du terme affecté de x^{m-n}.

138. Pour parvenir à découvrir le nombre dont il s'agit, il faut d'abord distinguer les arrangemens ou *permutations*, des produits ou *combinaisons*. Deux lettres, a et b, ne donnent qu'un produit, mais sont susceptibles de deux arrangemens, $a\,b$ et $b\,a$; trois lettres, $a\,b\,c$, qui ne donnent qu'un produit, sont susceptibles de six arrangemens (88), et ainsi de suite.

Afin de fixer les idées, je suppose qu'il y ait en tout 9 lettres,

$$a, b, c, d, e, f, g, h, i,$$

et qu'il soit question de les arranger 7 à 7; il est évident qu'en choisissant comme on voudra un arrangement de six de ces lettres, $a\,b\,c\,d\,e\,f$, par exemple, on pourra y joindre successivement chacune des trois lettres restantes g, h et i, et on aura de cette manière trois arrangemens de 7 lettres, savoir :

$$a\,b\,c\,d\,e\,f\,g, \qquad a\,b\,c\,d\,e\,f\,h, \qquad a\,b\,c\,d\,e\,f\,i.$$

Ce qu'on vient de dire sur un arrangement particulier de six lettres, conviendra également à tous ; et on en doit conclure que chaque arrangement de six lettres en donnera trois de sept lettres, c'est-à-dire, autant qu'il reste de lettres qui n'y sont pas employées. Donc, si le nombre des arrangemens de six lettres est représenté par P, on aura celui des arrangemens de sept lettres en multipliant P par 3 ou 9 — 6. Remplaçant les nombres 9 et 7 par m et par n, et regardant P comme le nombre des arrangemens dont sont susceptibles m lettres prises en nombre $n - 1$, le raisonnement ne changera pas, et on aura encore pour le nombre des arrangemens composés de n lettres,

$$P(m - (n - 1)), \quad \text{ou} \quad P(m - n + 1).$$

Cette formule renferme implicitement tous les cas particuliers. Pour en déduire, par exemple, le nombre d'arrangemens de m lettres prises deux à deux, on fera $n = 2$, ce qui donnera

$$n - 1 = 1,$$

et on aura

$$P = m;$$

car P égalera alors le nombre de lettres prises une à une : il résultera donc de là

$$m(m - 2 + 1) \quad \text{ou} \quad m(m - 1).$$

Posant ensuite

$$P = m(m - 1) \quad \text{et} \quad n = 3,$$

on trouvera pour le nombre d'arrangemens dont sont susceptibles m lettres prises 3 à 3,

$$m(m - 1)(m - 3 + 1) = m(m - 1)(m - 2).$$

En faisant

$$P = m(m - 1)(m - 2) \quad \text{et} \quad n = 4,$$

on obtiendra

$$m(m - 1)(m - 2)(m - 3)$$

pour le nombre des arrangemens 4 à 4. On calculera donc ainsi de proche en proche les expressions du nombre d'arrangemens formés d'autant de lettres qu'on voudra (*).

139. Pour passer maintenant du nombre des arran-

(*) Dans ces arrangemens, on exclut les répétitions de la même lettre, parce que la recherche qui nous occupe n'en admet point;

gemens de n lettres, à celui des produits différens, il faut connaître le nombre d'arrangemens dont un même produit est susceptible. Pour cela ; on observera que si dans l'un quelconque de ces arrangemens, on fixe une des lettres à la première place, on pourra faire entre toutes les autres autant de permutations que le comporte un produit de $n-1$ lettres. Je prends pour exemple le produit $a\,b\,c\,d\,e\,f\,g$, composé de 7 lettres; on peut, en laissant a à la première place, écrire ce produit d'autant de manières que le produit de six lettres, $b\,c\,d\,e\,f\,g$, admet d'arrangemens; mais chaque lettre du produit proposé peut être première à son tour : ainsi, nommant Q le nombre d'arrangemens dont est susceptible un produit de 6 lettres, on aura $Q \times 7$ pour celui des arrangemens d'un produit composé de 7 lettres. Il suit de là que si Q désigne le nombre d'arrangemens que peut fournir un produit de $n-1$ lettres, Qn exprimera le nombre d'arrangemens d'un produit de n lettres.

Tous les cas particuliers se déduisent sans peine de cette formule ; car en faisant $n=2$, et en observant que lorsqu'il n'y a qu'une seule lettre, $Q=1$, il vient $1 \times 2=2$ pour le nombre des arrangemens d'un produit de deux lettres ; prenant ensuite $Q=1 \times 2$ et $n=3$, on aura

---

mais la théorie des permutations et des combinaisons, servant de base au calcul des probabilités, présente des questions où cette circonstance peut avoir lieu. Pour en calculer l'effet, dans l'exemple dont je me suis servi, il suffira d'observer qu'on peut écrire indifféremment chacune des 9 lettres a, b, c, d, e, f, g, h, i, à la suite du produit de 6 lettres $a\,b\,c\,d\,e\,f$. En nommant donc P le nombre d'arrangemens de cette espèce, on aura $P \times 9$ pour le nombre d'arrangemens de 7 lettres. Par la même raison, si P désigne le nombre d'arrangemens de m lettres prises $n-1$ à $n-1$, celui des arrangemens n à n sera Pm.

Cela posé, le nombre d'arrangemens de m lettres prises 1 à 1 étant évidemment m, celui des arrangemens 2 à 2 sera $m \times m$, ou m^2 ; celui des arrangemens 3 à 3 sera $m \times m \times m$, ou m^3; et enfin m^n exprimera le nombre d'arrangemens n à n.

1×2×3=6 pour le nombre d'arrangemens d'un produit de trois lettres ; faisant encore $Q = 1 \times 2 \times 3$ et $n = 4$, il en résultera $1 \times 2 \times 3 \times 4$, ou 24 arrangemens possibles dans un produit de 4 lettres, et ainsi de suite.

140. Ce qui précède étant bien compris, il est facile de voir qu'en divisant le nombre total des arrangemens de n lettres, fourni par les m lettres proposées, par le nombre des arrangemens dont un même produit est susceptible, on aura pour quotient le nombre des produits différens qu'on peut faire en prenant de toutes les manières possibles n facteurs parmi ces m lettres. Ce nombre sera donc exprimé par $\dfrac{P(m-n+1)}{Qn}$ (*) ; et d'après ce qu'on a vu n° 137, $\dfrac{P(m-n+1)}{Qn} a^n x^{m-n}$ sera le terme affecté de x^{m-n} dans le développement de $(x+a)^m$.

Il est évident que le terme qui précède celui-ci sera exprimé par $\dfrac{P}{Q} a^{n-1} x^{m-n+1}$; car en remontant vers le premier terme, l'exposant de x augmente d'une unité, et celui de a diminue d'autant ; de plus, P et Q sont les quantités relatives au nombre $n-1$.

(*) Il est à propos de remarquer qu'en y faisant successivement

$$n=2, \quad n=3, \quad n=4, \text{ etc.}$$

la formule $\dfrac{P(m-n+1)}{Qn}$ devient

$$\frac{m(m-1)}{1.2}, \quad \frac{m(m-1)(m-2)}{1.2.3}, \quad \frac{m(m-1)(m-2)(m-3)}{1.2.3.4}, \text{ etc.}$$

nombres qui expriment respectivement combien on peut faire de combinaisons avec un nombre quelconque m de choses, en les prenant *deux à deux*, ou *trois à trois*, ou *quatre à quatre*, etc.

141. Si on fait $\dfrac{P}{Q} = M$, les deux termes consécutifs indiqués ci-dessus deviendront

$$M a^{n-1} x^{m-n+1} \text{ et } M \frac{(m-n+1)}{n} a^n x^{m-n},$$

résultats qui montrent comment chaque terme du développement de $(x+a)^m$ se forme de celui qui le précède. En partant du premier terme, qui est x^m, on arrive au second, en faisant $n=1$: on a $M = 1$, puisque x^m n'a pour coefficient que l'unité ; et il en résulte $\dfrac{1 \times m}{1} a x^{m-1}$, ou $\dfrac{m}{1} a x^{m-1}$. Pour passer au troisième terme, on fait $M = \dfrac{m}{1}$ et $n = 2$, ce qui donne $\dfrac{m(m-1)}{1 \cdot 2} a^2 x^{m-2}$. Le quatrième s'obtient par la supposition de $M = \dfrac{m(m-1)}{1 \cdot 2}$ et $n = 3$, qui conduit à $\dfrac{m(m-1)(m-2)}{1 \cdot 2 \cdot 3} a^3 x^{m-3}$, et ainsi de suite, ce qui produit la formule

$$(x+a)^m = x^m + \frac{m}{1} a x^{m-1} + \frac{m(m-1)}{1 \cdot 2} a^2 x^{m-2}$$

$$+ \frac{m(m-1)(m-2)}{1 \cdot 2 \cdot 3} a^3 x^{m-3} + \text{etc.}$$

que l'on peut convertir dans cette règle :

Pour passer d'un terme à celui qui le suit, multipliez le coefficient numérique par l'exposant de x *dans le premier ; divisez par le nombre qui marque le rang de ce terme, augmentez de l'unité l'exposant de* a *et diminuez pareillement celui de* x.

Quoiqu'on ne puisse fixer le nombre des termes de

cette formule qu'en assignant une valeur particulière à m, il ne doit cependant rester maintenant aucun doute sur la loi que suivent les termes de la formule, quelqu'éloignés qu'on les suppose du premier; et on voit que

$$\frac{m\,(m-1)\,(m-2)\ldots.(m-n+1)}{1\;.\;2\;.\;3\;\ldots.\;n}\,a^n x^{m-n}$$

exprime le terme qui en a n avant lui.

Cette dernière formule s'appelle le *terme général* de la suite

$$x^m + \frac{m}{1}\,a x^{m-1} + \frac{m\,(m-1)}{1\;.\;.\;2}\,a^2 x^{m-2} + \text{etc.}$$

parce qu'en faisant successivement

$$n = 1,\quad n = 2,\quad n = 3, \text{ etc.}$$

elle donne tous les termes de cette suite.

142. Appliquons maintenant la règle du numéro précédent à la formation du développement de $(x+a)^5$; le premier terme étant

$$x^5 \quad \text{ou} \quad a^0 x^5 \;(37),$$

le second sera

$$\frac{5}{1}\,a^1 x^4 \quad \text{ou} \quad 5\,a x^4;$$

le troisième

$$\frac{5 \times 4}{2}\,a^2 x^3 \quad \text{ou} \quad 10\,a^2 x^3;$$

le quatrième

$$\frac{10 \times 3}{3}\,a^3 x^2 \quad \text{ou} \quad 10\,a^3 x^2,$$

le cinquième

$$\frac{10 \times 2}{4}\,a^4 x \quad \text{ou} \quad 5\,a^4 x,$$

le sixième

$$\frac{5 \times 1}{5}\,a^5 x^0 \quad \text{ou} \quad a^5.$$

Le développement s'arrête ici , parce que pour passer au terme suivant, il faudrait multiplier par l'exposant de x dans le sixième , et que cet exposant est zéro.

C'est aussi ce que montre la formule ; car le septième terme ayant pour coefficient numérique.

$$\frac{m\,(m-1)\,(m-2)\,(m-3)\,(m-4)\,(m-5)}{1\;.\;2\;.\;3\;.\;4\;.\;5\;.\;6},$$

contient dans le cas actuel, le facteur $m-5$, qui devient $5-5$ ou 0 ; et ce même facteur entrant dans les termes qui viennent après , les rend tous nuls.

En réunissant les termes que j'ai obtenus ci-dessus , il vient

$$(x+a)^5 = x^5 + 5ax^4 + 10a^2x^3 + 10a^3x^2 + 5a^4x + a^5.$$

143. On déduirait en général de la formule du numéro 141 , le développement de la puissance quelconque d'un binome quelconque. Si l'on avait , par exemple, à former la sixième puissance de $2x^3 - 5a^3$, il suffirait de remplacer dans la formule les puissances de x et de a par celles de $2x^3$ et de $-5a^3$ respectivement, puisque si l'on faisait

$$2x^3 = x' \quad \text{et} \quad -5a^3 = a',$$

on aurait

$$(2x^3 - 5a^3)^6 = (x' + a')^6 =$$
$$x'^6 + 6\,a'\,x'^5 + 15a'^2x'^4 + 20a'^3x'^3$$
$$+ 15a'^4x'^2 + 6\,a'^5x' + a'^6 \quad (141),$$

et il resterait à substituer pour x' et pour a' les quantités que ces lettres désignent. On trouverait

$$(2x^3)^6 + 6\;(-5a^3)\;(2x^3)^5 + 15\;(-5a^3)^2(2x^3)^4$$
$$+ 20(-5a^3)^3\;(2x^3)^3 + 15\;(-5a^3)^4\;(2x^3)^2$$
$$+ 6(-5a^3)^5\;(2x^3) + (-5a^3)^6,$$

ou
$$64x^{18} - 960a^3x^{15} + 6000a^6x^{12}$$
$$- 20000a^9x^9 + 37500a^{12}x^6$$
$$- 37500a^{15}x^3 + 15625a^{18}.$$

Les termes de ce développement sont alternativement positifs et négatifs ; et il est visible qu'il en sera
toujours de même, lorsque le second terme du binome
proposé aura le signe —.

144. On prépare la formule du numéro 141 d'une
manière qui en facilite l'application dans les cas analogues au précédent.

En observant que

$$x^{m-1} = \frac{x^m}{x}, \quad x^{m-2} = \frac{x^m}{x^2}, \quad x^{m-3} = \frac{x^m}{x^3}, \text{ etc.}$$

elle peut être écrite ainsi

$$x^m + \frac{m}{1}\frac{a}{x} x^m + \frac{m(m-1)}{1 \cdot 2}\frac{a^2}{x^2} x^m + \text{etc.}$$

ce qui revient à

$$x^m \left\{ 1 + \frac{m}{1}\frac{a}{x} + \frac{m(m-1)}{1 \cdot 2}\frac{a^2}{x^2} \right.$$
$$\left. + \frac{m(m-1)(m-2)}{1 \cdot 2 \cdot 3}\frac{a^3}{x^3} + \text{etc.} \right\},$$

en isolant le facteur commun x^m. Pour calculer par
cette formule, il faut *former la suite des nombres*

$$\frac{m}{1}, \quad \frac{m-1}{2}, \quad \frac{m-2}{3}, \quad \frac{m-3}{4}, \text{ etc.}$$

multiplier d'abord le premier par la fraction $\frac{a}{x}$, *puis le*

résultat par le second, et encore par la fraction $\frac{a}{x}$, *puis*

encore le résultat par le troisième et par la fraction $\frac{a}{x}$, *et*

ainsi de suite ; réunir tous ces termes ; ajouter l'unité,
et enfin multiplier le tout par le facteur x^m.

Dans l'exemple $(2x^3 - 5a^3)^6$, il faut écrire $(2x^3)^6$ à

la

la place de x^m, et $-\dfrac{5\,a^3}{2\,x^3}$ à celle de $\dfrac{a}{x}$. Je laisserai au lecteur le soin d'effectuer le calcul (*).

145. On ramène facilement le développement de la puissance d'un polynome quelconque, à celui des puissances du binome, ainsi que je vais le montrer sur le trinome $a + b + c$, dont je vais former la troisième puissance.

Je fais d'abord $b + c = m$, et j'obtiens

$$(a+b+c)^3 = (a+m)^3 = a^3 + 3a^2m + 3am^2 + m^3;$$

mettant ensuite pour m le binome $b + c$, qu'elle représente, j'ai

$$(a+b+c)^3 = a^3 + 3a^2(b+c) + 3a(b+c)^2 + (b+c)^3.$$

Il ne reste plus qu'à développer les puissances du binome $b + c$, et à effectuer sur ces puissances les multiplications indiquées, ce qui donnera

$$
\begin{aligned}
&a^3 + 3a^2b + 3ab^2 + b^3 \\
&\quad + 3a^2c + 6abc + 3b^2c \\
&\qquad\quad + 3ac^2 + 3bc^2. \\
&\qquad\qquad\quad + c^3
\end{aligned}
$$

De l'extraction des racines des quantités complexes.

146. Ayant exposé la composition des puissances des quantités complexes, je vais passer à l'extraction de leurs racines, en commençant par la racine cubique des nombres.

Pour opérer l'extraction de la racine cubique des

(*) La formule du développement de $(x+a)^m$ convient à toutes les valeurs de l'exposant m, et s'applique également au cas où cet exposant serait fractionnaire ou négatif. Cette propriété, qui est très-importante, est prouvée dans le *Complément* de ce traité.

nombres, il faut d'abord connaître les cubes des nombres d'un seul chiffre ; on les trouvera dans la seconde ligne de la table ci-dessous :

1	2	3	4	5	6	7	8	9
1	8	27	64	125	216	343	512	729

et le cube de 10 étant 1000, tout nombre de trois chiffres ne renferme que le cube d'un nombre d'un seul.

La formation du cube d'un nombre de deux chiffres s'opère d'une manière analogue à celle du quarré ; car en décomposant ce nombre en dixaines et en unités, désignant ensuite les premières par a, les secondes par b, il vient

$$(a + b)^3 = a^3 + 3a^2b + 3ab^2 + b^3 ;$$

ce qui fait voir que *le cube, ou la troisième puissance d'un nombre composé de dixaines et d'unités, renferme quatre parties, savoir : le cube des dixaines, trois fois le quarré des dixaines multiplié par les unités, trois fois les dixaines multipliées par le quarré des unités, enfin le cube des unités.*

Soit 47 le nombre dont on demande la troisième puissance ; en faisant $a = 4$ dixaines ou 40, $b = 7$ unités, on trouvera

$$a^3 = 64000$$
$$3 a^2 b = 33600$$
$$3 ab^2 = 5880$$
$$b^3 = 343$$

Total........ 103823 $= 47 \times 47 \times 47$.

Pour revenir maintenant du cube 103823 à sa racine 47, on remarquera d'abord que 64000, cube des dixaines 4, n'a point de chiffres significatifs d'un ordre inférieur aux mille ; on peut donc, dans la recherche du cube des dixaines, faire abstraction des

centaines, des dixaines et des unités du nombre 103823.
D'après cela, en disposant l'opération comme pour
l'extraction de la racine quarrée, on séparera les trois
premiers chiffres sur la droite par une 103,8 23 | 47
virgule ; le plus grand cube contenu $\overline{64}$ | 48
dans 103, sera celui des dixaines. On
verra par la table précédente que ce 39 8,23
cube est 64, dont la racine est 4 ; on posera donc 4 à la
place destinée à la racine. On retranchera ensuite 64
de 103 ; et à côté du reste 39, on abaissera les trois
derniers chiffres. Le reste total, 39823, contiendra encore trois parties du cube, savoir, trois fois le quarré
des dixaines multiplié par les unités, ou $3a^2b$, trois
fois les dixaines multipliées par le quarré des unités,
ou $3ab^2$, et le cube des unités, ou b^3. Si on avait la
valeur du produit $3a^2b$, comme on connaît déjà les
dixaines a, en divisant ce produit par $3a^2$, on obtiendrait les unités b ; mais quoiqu'on ne connaisse pas
$3a^2b$, on sait cependant que ce produit ne doit avoir
aucun chiffre significatif d'un ordre inférieur aux centaines, puisqu'il contient le facteur a^2 qui exprime le
quarré des dixaines ; il ne peut donc se trouver que
dans la partie 398, qui reste du nombre 39823, après
qu'on en a séparé les dixaines et les unités, partie qui
contient en outre les centaines que fournissent le produit
$3ab^2$ des dixaines par le quarré des unités, et le cube b^3
des unités.

En divisant 398 par 48, qui exprime, dans l'exemple
proposé, le triple quarré des dixaines, $3a^2$ ou 3×16, on
trouvera pour quotient 8 ; mais ce qui précède fait voir
qu'on ne doit pas adopter ce chiffre pour les unités de
la racine cherchée sans l'avoir vérifié, et cela en formant
les trois dernières parties du cube que doit contenir le
reste 39823. En faisant $b = 8$, on trouve

$$3a^2b = 38400$$
$$3ab^2 = 7680$$
$$b^3 = 512$$

Total......... 46592 ;

et ce résultat surpassant 39823, prouve qu'il faut diminuer le nombre 8 pris pour les unités. En essayant 7 de
la même manière, on voit qu'il satisfait aux conditions,
et que par conséquent 47 est la racine demandée.

Au lieu de faire la vérification que je viens d'employer, on préfère ordinairement d'élever immédiatement au cube le nombre qu'expriment les deux chiffres
trouvés, en le multipliant par son quarré. En opérant
ainsi sur 48, on trouvera

$$48 \times 48 \times 48 = 110592,$$

et ce nombre étant plus grand que le proposé 103823,
montre encore que le chiffre 8 est trop fort.

147. Ce qu'on a pratiqué sur l'exemple ci-dessus doit
s'effectuer de même sur tous les nombres exprimés par
plus de trois chiffres et moins de 7. Ayant séparé les
trois premiers vers la droite, on cherchera le plus grand
cube contenu dans la partie restante à gauche ; on por-
tera sa racine à la place qui lui est destinée ; on retranchera ce cube de la partie du nombre proposé sur laquelle on a opéré ; à côté du reste, on abaissera les trois
derniers chiffres ; on séparera les dixaines et les unités,
et on divisera ce qui reste à gauche par le triple du
quarré des dixaines trouvées ; mais avant d'écrire le
quotient à la racine, on le vérifiera en élevant au cube
le nombre qu'exprime ce chiffre joint aux dixaines
connues. Si le résultat de cette opération est trop fort,
on diminuera le chiffre des unités ; on procédera à une
nouvelle vérification, et ainsi de suite jusqu'à ce qu'on
trouve un résultat égal au nombre proposé, ou moindre,

que ce nombre , s'il n'est pas un cube parfait. Dans ce cas , la racine trouvée n'est que celle du plus grand cube qu'il contient. Comme on a souvent des restes très-considérables , voici à quoi on pourra reconnaître si le chiffre des unités n'est pas trop faible.

Le cube de $a + b$, lorsqu'on fait $b = 1$, devient celui de $a + 1$, et a pour expression

$$a^3 + 3a^2 + 3a + 1,$$

quantité qui surpasse a^3, cube de a, de

$$3a^2 + 3a + 1.$$

Il suit de là que *tant que le reste d'une extraction de la racine cubique sera moindre que trois fois le quarré de la racine , plus trois fois la racine , plus l'unité, cette racine ne sera pas trop faible.*

148. Pour extraire la racine de 105823817, on observera d'abord que quel que soit le nombre de chiffres de cette racine , si on la décompose en unités et dixaines , le cube de celles-ci ne pourra faire partie des trois derniers chiffres vers la droite , et devra par conséquent se trouver dans 105823. Mais le plus grand cube contenu dans 105823 aura plus d'un chiffre à sa racine , qui pourra par conséquent se décomposer en dixaines et unités ; et le cube de ces dixaines ne descendant pas au-dessous des mille , ne pourra faire partie des trois derniers chiffres 823. S'il restait encore plus de trois chiffres vers la gauche après la séparation de ceux-ci , on répéterait le raisonnement précédent , et on parviendrait ainsi à marquer la place du cube des unités de l'ordre le plus élevé de la racine cherchée , en partageant le nombre proposé en tranches de trois chiffres , en allant de droite à gauche , la dernière pouvant en contenir moins de trois.

Cela posé , après avoir préparé l'opération comme

Q 3.

à l'ordinaire, on cherchera d'abord, par la règle du n° précédent, la racine cubique des deux premières tranches à gauche, et on trouvera 47 pour résultat : on retranchera le cube de ce nombre des deux tranches qui le contiennent ; à côté du reste 2000, on abaissera la tranche suivante 817, et le nombre 2000817 doit renfermer les trois dernières

$$
\begin{array}{r|l}
105,823,817 & 473 \\
\hline
64 & \quad\; 48 \\
\hline
41\,8,23 & 6627 \\
103\,8\,23 \\
\hline
2\,00\,00\,8,17 \\
105\,8\,23\,8\,17 \\
\hline
000\,0\,00\,0\,00
\end{array}
$$

parties du cube d'un nombre dont 47 exprime les dixaines, et dont on cherche les unités ; on trouvera donc ces unités, comme dans l'exemple du numéro cité, en séparant les deux derniers chiffres vers la droite du reste, et en divisant la partie à gauche par 6627, triple du quarré de 47. On vérifiera le quotient 3, en élevant 473 au cube, et on trouvera pour résultat le nombre proposé lui-même, parce que ce nombre est un cube parfait.

L'explication de l'exemple ci-dessus peut tenir lieu de règle générale. Si le nombre proposé avait une tranche de plus, on continuerait l'opération comme on l'a fait pour la troisième ; et il ne faudrait pas manquer de mettre un zéro à la racine, si le nombre à diviser sur la gauche du reste, ne contenait point celui par lequel il faut le diviser : on descendrait alors la tranche suivante, et on opérerait sur cette tranche réunie au reste, comme sur les précédentes.

149. Puisque *le cube d'une fraction s'obtient en multipliant cette fraction par son quarré, ou, ce qui revient au même, en cubant son numérateur, et en cubant son dénominateur,* il s'ensuit qu'on *retombera sur la racine en prenant celle du nouveau numérateur et celle du nouveau dénominateur* Le cube de $\frac{5}{6}$, par exemple,

est $\frac{125}{216}$; prenant la racine cubique de 125 et celle de

216, on retrouve $\frac{5}{6}$.

Tel est le procédé qu'il faut suivre lorsque le numérateur et le dénominateur sont tous deux des cubes parfaits : mais lorsque cela n'a pas lieu, on s'épargne la peine d'extraire la racine du dénominateur, en multipliant par son quarré les deux termes de la fraction proposée ; car le dénominateur résultant de cette opération se trouve le cube du dénominateur primitif, et il ne reste qu'à prendre la racine du numérateur. Si on avait, par exemple, $\frac{3}{5}$, en multipliant les deux termes de cette fraction par 25, quarré du dénominateur, on aurait

$$\frac{75}{5 \times 5 \times 5},$$

la racine du dénominateur est 5 : quant à celle de 75, on trouve qu'elle est entre 4 et 5. En se bornant à 4, on aura $\frac{4}{5}$ pour la racine cubique de $\frac{3}{5}$, à moins d'un cinquième près. Pour avoir une exactitude plus grande, il faudra extraire la racine approchée de 75 par les moyens que j'indiquerai plus bas.

Lorsque le dénominateur sera déjà un quarré parfait, il suffira de multiplier les deux termes de la fraction par la racine quarrée du dénominateur. Ainsi pour trouver la racine cubique de $\frac{4}{9}$, je multiplie les deux termes par 3, racine quarrée de 9, et j'obtiens

$$\frac{12}{3 \times 3 \times 3},$$

prenant la racine du plus grand cube 8 contenu dans 12, il vient $\frac{2}{3}$ pour la racine cherchée, à moins d'un tiers.

O 4

150. Il suit de ce qui a été démontré dans le n° 97, que la racine cubique d'un nombre qui n'est pas un cube parfait, ne peut s'exprimer exactement par aucune fraction, quelque grand que soit le dénominateur : c'est donc une quantité irrationnelle, mais d'une espèce différente de la racine quarrée ; car le plus souvent il est impossible d'exprimer l'une par l'autre.

151. On pourrait obtenir la racine cubique approchée par le moyen des fractions ordinaires, en se servant d'un procédé analogue à celui que j'ai fait connaitre n° 103, sur la racine quarrée, et trop facile à imaginer pour que je m'y arrête, vu qu'il serait d'ailleurs peu commode.

La meilleure manière d'employer les fractions ordinaires pour cette recherche, consiste à extraire la racine en fractions d'une espèce donnée. Pour obtenir, par exemple, la racine cubique de 22, à moins d'un cinquième d'unité, on observera que le cube de $\frac{1}{5}$ est $\frac{1}{125}$, et on réduira par conséquent 22 en $\frac{2750}{125}$: la racine de 2750, étant prise en nombre entier, on aura $\frac{14}{5}$, ou $2\frac{4}{5}$, pour celle de 22.

152. Le moyen le plus en usage pour extraire par approximation la racine cubique d'un nombre, consiste à convertir ce nombre en fraction décimale, mais en observant que ce ne peut être qu'en millièmes ou en millionièmes, etc. parce que les dixièmes deviennent des millièmes lorsqu'on les élève à la troisième puissance, les centièmes se changent en millionièmes, et en général, *le nombre des chiffres décimaux qui se trouvent au cube est triple de celui que contient la racine.* Il faut conclure de là qu'on doit mettre à la suite du nombre proposé, trois fois autant de zéros qu'on veut avoir de décimales à sa racine. On fera ensuite l'extraction d'après les règles exposées dans ce qui pré-

cède, et on séparera au résultat le nombre demandé de chiffres décimaux.

Si on voulait avoir, par exemple, la racine cubique de 327, à moins d'un centième près, on écrirait six zéros à la suite de ce nombre, et on extrairait, d'après la règle, la racine de 327000000. Voici l'opération :

$$
\begin{array}{r|l}
327,000,000 & 688 \\
\hline
216 & 108 \\
\hline
1110,00 & 13872 \\
3144\ 32 & \\
\hline
125\ 680,00 & \\
3256\ 606\ 72 & \\
\hline
13\ 393\ 28 &
\end{array}
$$

On séparerait ensuite deux chiffres décimaux sur la droite du résultat, et on aurait 6,88 ; mais il sera plus exact de prendre 6,89, parce que le cube de ce nombre, quoique plus fort que 327, en approche davantage que celui de 6,88.

Si le nombre proposé contenait déjà des décimales, il faudrait, avant de commencer l'extraction, mettre à sa droite autant de zéros qu'il serait nécessaire pour rendre le nombre de chiffres décimaux multiple de 3. Soit, par exemple, 0,07, on écrira 0,070 : prenant la racine de 70 millièmes, on trouve 0,4. Pour pousser l'exactitude jusqu'aux centièmes, il faudrait mettre encore trois zéros de plus, ce qui ferait 0,070000. La racine de 70000, extraite en nombres entiers, étant 41, celle de 0,07, à moins d'un centième près, serait 0,41.

153. Après avoir fourni les moyens d'extraire la racine quarrée et la racine cubique des nombres, la formule du binôme conduit à un procédé analogue pour obtenir la racine d'un degré quelconque ; mais aupara-

vant d'exposer ce procédé, je férai quelques remarques
sur l'extraction des racines dont l'exposant est un nombre qui a des diviseurs.

L'extraction de la racine quatrième peut s'effectuer
au moyen de deux extractions successives de la racine
quarrée, car en prenant d'abord la racine quarrée d'une
quatrième puissance, de a^4, par exemple, on tombe sur
le quarré ou a^2, résultat dont la racine quarrée est a,
ou la quantité cherchée.

On verra de même que trois extractions successives
de la racine quarrée équivalent à l'extraction de la racine huitième, puisque la racine quarrée de a^8 est a^4,
que celle de a^4 est a^2, et qu'enfin celle de a^2 est a.

Il est évident de cette manière, que toute racine d'un
degré marqué par quelqu'un des nombres 2, 4, 8, 16,
32, etc. c'est-à-dire par une puissance de 2, s'obtiendra
par une suite d'extractions de la racine quarrée.

Les racines dont les exposans ne sont pas des nombres
premiers, peuvent se ramener à d'autres d'un degré
moins élevé ; la racine sixième, par exemple, s'obtiendra
par une extraction de la racine quarrée suivie d'une
extraction de la racine cubique. Pour s'en convaincre,
il suffit d'observer qu'en opérant ainsi sur a^6, on trouve
d'abord a^3, puis a ; on pourrait aussi prendre d'abord
la racine cubique, ce qui donnerait a^2, puis la racine
quarrée, et on aurait a.

154. Je passe maintenant à la méthode générale, que
j'appliquerai au cinquième degré. Sa marche sera plus
facile à saisir sur un cas particulier ; et en la rapprochant
de celles que j'ai données pour l'extraction de la racine
quarrée et pour celle de la racine cubique, on verra
sans peine comment il faut opérer pour un degré quelconque.

Soit donc à extraire la racine cinquième de 231554007.
J'observe d'abord que le plus petit nombre de 2 chiffres,
c'est-à-dire 10, en a six à sa cinquième puissance, qui
est 100000, et j'en conclus que la racine cinquième du
nombre proposé a au moins deux chiffres : je pourrai
donc représenter cette racine par $a + b$, a étant les
dixaines, et b les unités, et le nombre proposé aura
pour expression

$$(a + b)^5 = a^5 + 5a^4b + 10a^3b^2 + \text{etc.}$$

Je ne développe point tous les termes de cette puissance,
parce qu'il suffit de connaître la composition des deux
premiers, ainsi qu'on va le voir.

Cela posé, il est évident que a^5 ou la cinquième puissance des dixaines de cette racine, ne pouvant descendre
au-dessous des centaines de mille, ne fait point partie
des cinq premiers chiffres à droite ; je sépare donc ces
cinq chiffres. S'il en restait plus de cinq à gauche, je
ferais à leur égard le même raisonnement que tout-à-
l'heure ; et je séparerais ainsi le nombre proposé en
tranches de cinq chiffres, en allant de droite à gauche :
la dernière de ces tranches vers la gauche contiendra
la cinquième puissance des unités de l'ordre le plus élevé
qui soit dans la racine.

En formant les cinquièmes puissances des nombres d'un seul chiffre,
je reconnais que 2315 tombe entre
la cinquième puissance de 4, qui est
1024, et celle de 5, qui est 3125.

$$2315,54007 \mid 47$$
$$1024$$
$$1291\ 5,4007 \mid 1280$$

Je prends donc 4 pour les dixaines de la racine cherchée, et retranchant la cinquième puissance de ce nombre, ou 1024, de la première tranche du nombre proposé,
j'ai pour reste 1291, à côté duquel je descends la tranche
suivante. Le nombre qui en résulte doit contenir les

termes $5a^4b + 10a^3b^2 +$ etc. restans de $(a+b)^5$, après qu'on en a retranché a^5; mais le plus élevé de ces termes est $5a^4b$, ou cinq fois la quatrième puissance des dixaines multipliée par les unités, parce qu'il ne descend pas au-dessous des dixaines de mille. Pour le considérer en particulier, on séparera les 4 derniers chiffres sur la droite, qui n'en font point partie, et le nombre 12915, restant à gauche, contiendra ce terme, plus les dixaines de mille provenant des termes qui le suivent. On voit donc qu'en divisant 12915 par $5a^4$, ou cinq fois la quatrième puissance des 4 dixaines trouvées, on ne parviendra qu'à approcher des unités. La quatrième puissance de 4 est 256; son quintuple s'élève à 1280; divisant 12915 par 1280, on trouverait 10 pour quotient; mais on ne saurait mettre plus de 9 à la racine, et il faut même, avant d'adopter ce chiffre, essayer si la racine 49 qu'il donne, en le joignant aux 4 dixaines qu'on a déjà, ne produit pas une cinquième puissance plus forte que le nombre proposé. On trouve de cette manière qu'il faut diminuer le nombre 49 de deux unités, et que la vraie racine est 47, avec un reste égal à 2209000; car la cinquième puissance de 47 est 229345007; c'est-à-dire que la racine exacte du nombre proposé tombe entre 47 et 48.

S'il y avait une tranche de plus on l'abaisserait pour la joindre au reste qu'a laissé dans ce cas la soustraction de la cinquième puissance, effectuée sur les deux premières tranches; on opérerait sur le reste total comme on a fait sur le précédent, et ainsi de suite.

D'après ce qu'on vient de lire, il est facile d'étendre au cas actuel les règles données, tant pour extraire la racine quarrée et la racine cubique des fractions, que pour approcher des racines des puissances imparfaites de ces degrés.

155. C'est par des procédés fondés sur les mêmes

principes, qu'on parvient à extraire les racines des quantités littérales; l'exemple suivant suffira pour montrer comment on doit s'y prendre dans un degré quelconque.

On a trouvé dans le n° 143, la sixième puissance de $2x^3 - 5a^3$; je reprends cette puissance pour en extraire la racine sixième, et pour cela je la dispose comme il suit :

$$64x^{18} - 960a^3x^{15} + 6000a^6x^{12} - 20000a^9x^9$$
$$+ 37500a^{12}x^6 - 37500a^{15}x^3 \;\big|\; 2x^3 - 5a^3$$
$$+ 15625a^{18} \;\big|\; 192x^{15}$$

$$-64x^{18}$$

reste $\quad - 960a^3x^{15} +$ etc.

La quantité proposée étant ordonnée par rapport à x, son premier terme doit être la sixième puissance du premier terme de la racine ordonnée de la même manière ; prenant en conséquence la racine sixième de $64x^{18}$, suivant la règle du n° 129, on a $2x^3$.

En élevant ce résultat à la sixième puissance, et la soustrayant de la quantité proposée, le reste, qu'on obtient, commence nécessairement par le deuxième terme du développement de la sixième puissance des deux premiers termes de la racine. Or, dans l'expression

$$(a + b)^6 = a^6 + 6a^5 b + \text{etc.}$$

ce terme est le produit de six fois la cinquième puissance du premier terme de la racine par le second ; et si on le divisait par $6a^5$, le quotient serait le second terme b.

Il faut donc former six fois la cinquième puissance du premier terme $2x^3$ de la racine, ce qui donnera

$$6 \times 32x^{15} \text{ ou } 192x^{15},$$

et diviser par cette quantité le terme $-960a^3x^{15}$, qui commence le reste de l'opération précédente ; le quotient $-5a^3$ est le second terme de la racine. Pour le vérifier, on éleverait à la sixième puissance le binome $2x^3-5a^3$, et le résultat donnerait la quantité proposée.

Si la racine devait contenir un terme de plus, on trouverait après l'opération ci-dessus, un second reste qui commencerait par six fois le produit de la cinquième puissance des deux premiers termes de la racine, multipliés par le troisième ; et qu'il faudrait par conséquent diviser par $6(2x^3-5a^3)^5$: le quotient serait le troisième terme de la racine, et on le vérifierait en formant la sixième puissance des trois termes trouvés. On procéderait de même pour trouver tous les termes suivans, en quelque nombre qu'ils fussent.

Des équations à deux termes.

156. Toute équation qui ne renferme qu'une seule puissance de l'inconnue, combinée avec des quantités connues, peut toujours se réduire à deux termes, dont l'un est la réunion de tous ceux qui renferment l'inconnue, et l'autre comprend l'assemblage des quantités données : on l'a déjà vu pour le second degré, n° 105, et il est facile de le concevoir pour un degré quelconque.

Si on a par exemple l'équation

$$a^2x^5 - a^5b^2 = b^4c^3 + acx^5,$$

en passant tous les termes affectés de x dans un seul membre, on en déduira

$$a^2x^5 - acx^5 = b^4c^3 + a^5b^2$$

ou $\qquad (a^2-ac)x^5 = b^4c^3 + a^5b^2.$

Si maintenant on représente les quantités

$a^2 - ac$ par p, $b^4c^3 + a^5b^2$ par q,

l'équation précédente deviendra

$$px^5 = q$$

et en dégageant la quantité x^5, on aura

$$x^5 = \frac{q}{p},$$

d'où l'on conclura

$$x = \sqrt[5]{\frac{q}{p}}.$$

En général toute équation à deux termes étant ramenée à la forme

$$px^m = q,$$

donne alors

$$x^m = \frac{q}{p};$$

et prenant la racine du degré m de chaque membre, on a

$$x = \sqrt[m]{\frac{q}{p}}.$$

157. Il faut observer que si l'exposant m est un nombre impair, le radical n'aura qu'un seul signe, qui sera celui de la quantité qu'il affecte (131).

Quand l'exposant m sera pair, le radical aura le double signe $\pm$; il sera alors imaginaire si la quantité $\frac{q}{p}$ est négative, et la question sera absurde, comme pour le second degré (131).

Voici quelques exemples.

L'équation $x^5 = -1024$ donne

$$x = \sqrt[5]{-1024} = -4,$$

parce que l'exposant 5 est impair.

L'équation $x^4 = 625$ donne

$$x = \pm \sqrt[4]{625} = \pm 5,$$

parce que l'exposant 4 est pair.

Enfin, l'équation $x^4 = -16$ donnant

$$x = \pm \sqrt[4]{-16},$$

ne conduit qu'à des valeurs imaginaires, parce que l'exposant 4 étant pair, la quantité placée sous le radical est négative.

158. Avant d'aller plus loin, je ferai connaître un fait analytique qui sera très-utile, tant pour la suite de cet ouvrage que pour son *Complément*, et qui est par lui-même asséz remarquable : c'est que toutes les expressions $x - a$, $x^2 - a^2$, $x^3 - a^3$, et en général $x^m - a^m$ (m étant un nombre entier positif quelconque), sont exactement divisibles par $x - a$. La chose est évidente pour la première ; on sait que la seconde

$$x^2 - a^2 = (x + a)(x - a) (34),$$

et par la division, on décomposerait facilement les autres. En divisant de même $x^m - a^m$ par $x - a$, on trouverait pour quotient

$$x^{m-1} + ax^{m-2} + a^2 x^{m-3} + \text{etc.},$$

l'exposant de x diminuant toujours de l'unité, et celui de a augmentant pareillement ; mais au lieu de suivre le détail de cette opération, je poserai sur-le-champ l'équation

$$\frac{x^m - a^m}{x - a} = x^{m-1} + ax^{m-2} + a^2 x^{m-3} \dots + a^{m-2} x + a^{m-1};$$

qu'on

qu'on peut vérifier, en multipliant le second membre par $x - a$. Il devient alors

$$x^m + ax^{m-1} + a^2x^{m-2} \cdots + a^{m-2}x^2 + a^{m-1}x$$
$$- ax^{m-1} - a^2x^{m-2} - a^3x^{m-3} \cdots - a^{m-1}x - a^m ;$$

tous les termes de la première ligne, à partir du second, étant les mêmes, au signe près, que ceux qui précèdent le dernier de la seconde ligne, il reste seulement, après la réduction, $x^m - a^m$; c'est-à-dire le dividende proposé.

Il faut observer qu'à la suite du terme a^2x^{m-2} vient nécessairement dans la ligne supérieure le terme a^3x^{m-3}, qui se trouve détruit par son correspondant inférieur; et que de même, dans la ligne inférieure, on trouve, avant le terme $a^{m-1}x$, un terme $-a^{m-2}x^2$, qui détruit son correspondant supérieur. Ces termes ne sont point écrits, parce qu'ils sont censés compris dans la lacune indiquée par les points.

159. Ceci conduit à des conséquences fort importantes, relativement à l'équation à deux termes

$$x^m = \frac{q}{p}.$$

En désignant par a le nombre qu'on obtient par l'extraction immédiate de la racine, opérée d'après les règles du n° 154, on a

$$\frac{q}{p} = a^m \text{ ou } x^m = a^m ;$$

et transposant le second membre dans le premier, il vient

$$x^m - a^m = 0.$$

La quantité $x^m - a^m$ se divise par $x - a$, et on a par le numéro précédent

$$x^m - a^m = (x-a)(x^{m-1} + ax^{m-2} \cdots + a^{m-2}x + a^{m-1});$$

Elémens d'Algèbre. P

ce dernier résultat, qui s'évanouit lorsque $x = a$, deviendrait également nul si l'on avait

$$x^{m-1} + ax^{m-2} \ldots\ldots + a^{m-2}x + a^{m-1} = 0 \; (116);$$

et s'il existait par conséquent une valeur de x qui satisfit à cette dernière équation, elle satisferait également à la proposée.

Ces valeurs ont avec l'unité des relations fort simples que l'on découvrira en faisant $x = ay$; par-là l'équation $x^m - a^m = 0$ deviendra

$$a^m y^m - a^m = 0 \text{ ou } y^m - 1 = 0,$$

et on obtiendra les valeurs de x en multipliant celles de y par le nombre a.

L'équation $y^m - 1 = 0$ donne en premier lieu

$$y^m = 1, \; y = \sqrt[m]{1} = 1;$$

puis, en divisant $y^m - 1$ par $y - 1$, il vient

$$y^{m-1} + y^{m-2} + y^{m-3} \ldots\ldots + y^2 + y + 1;$$

et ce quotient étant égalé à zéro, est l'équation d'où dépendent les autres valeurs de y, qui auront aussi bien que l'unité la propriété de satisfaire à l'équation

$$y^m - 1 = 0 \text{ ou } y^m = 1,$$

c'est-à-dire que leur puissance du degré m sera l'unité.

De là résulte cette conséquence, singulière au premier coup-d'œil, que l'unité peut avoir plusieurs *racines* autres qu'elle-même.

Ces racines, qui sont imaginaires, sont malgré cela d'un fréquent usage dans l'analyse; mais je ne peux faire connaître ici que celles des quatre premiers degrés, parce qu'il n'y a que pour ces degrés que l'on puisse résoudre, par ce qui précède, l'équation

$$y^{m-1} + y^{m-2} \ldots\ldots + 1 = 0,$$

qui les donne.

Soit, 1°. $m = 2$, on a

$$y^2 - 1 = 0,$$

d'où on tire

$$y = +1, \quad y = -1.$$

2°. En faisant $m = 3$, il vient

$$y^3 - 1 = 0,$$

d'où on tire

$$y = 1,$$

puis

$$y^2 + y + 1 = 0.$$

Cette dernière équation étant résolue, donne

$$y = \frac{-1 + \sqrt{-3}}{2}, \quad y = \frac{-1 - \sqrt{-3}}{2} :$$

ainsi on a pour ce degré

$$y = 1, \quad y = \frac{-1 + \sqrt{-3}}{2}, \quad y = \frac{-1 - \sqrt{-3}}{2}.$$

Les deux dernières expressions sont imaginaires ; mais en les élevant au cube suivant les procédés de la multiplication, on trouve, par leur moyen, $y^3 = 1$, comme le donne la premiere valeur $y = 1$.

3°. Prenant $m = 4$, on a

$$y^4 - 1 = 0,$$

d'où on déduit

$$y = 1,$$

puis

$$y^3 + y^2 + y + 1 = 0.$$

On ne voit pas d'abord comment on pourrait résoudre cette équation ; mais en observant que

$$y^4 - 1 = (y^2 + 1)(y^2 - 1),$$

P 2

on a successivement

$$y^2 - 1 = 0, \qquad y^2 + 1 = 0,$$

desquelles il résulte

$$y = + 1, \; y = -1, \; y = + \sqrt{-1}, \; y = -\sqrt{-1}.$$

De ces quatre valeurs, deux seulement sont réelles, et les deux autres imaginaires.

Cette multiplicité de racines de l'unité tient à une loi générale des équations, d'après laquelle une inconnue admet autant de valeurs qu'il y a d'unités dans l'exposant du degré de l'équation qui la détermine; et quand la question ne comporte pas ce nombre de solutions réelles, il est complété par des symboles purement algébriques, qui, se trouvant soumis aux opérations indiquées dans l'équation, la vérifient.

Il suit de là que les racines des nombres ont deux espèces d'expressions ou de valeurs ; la première que j'appellerai *détermination arithmétique*, est le nombre qu'on trouve par les procédés exposés dans le n° 154, et qui est unique pour chaque cas particulier ; la seconde comprend les valeurs négatives et les expressions imaginaires, que je désignerai sous le nom de *déterminations algébriques*, parce qu'elles ne doivent leur existence qu'à la combinaison des signes de l'algèbre.

Des équations qui peuvent se résoudre comme celles
du second degré.

160. Le caractère de ces équations consiste en ce qu'elles ne contiennent que deux puissances différentes de l'inconnue, et que l'exposant de l'une est double de celui de l'autre ; leur formule générale est

$$x^{2m} + px^m = q,$$

p et q étant des quantités connues.

Si l'on prend d'abord x^m pour l'inconnue, ou que l'on fasse $x^m = u$, on aura

$$x^{2m} = u^2,$$

d'où

$$u^2 + pu = q,$$

$$u = -\tfrac{1}{2} p \pm \sqrt{q + \tfrac{1}{4} p^2} \quad (109);$$

remettant x^m pour u, il viendra

$$x^m = -\tfrac{1}{2} p \pm \sqrt{q + \tfrac{1}{4} p^2},$$

équation à deux termes, puisque la quantité

$$-\tfrac{1}{2} p \pm \sqrt{q + \tfrac{1}{4} p^2},$$

ne renfermant que des opérations connues, à effectuer sur des quantités données, doit être regardée comme connue.

En représentant par a et par a', les deux valeurs de cette quantité, on aura

$$x^m = a \text{ et } x^m = a',$$

d'où l'on tirera

$$x = \sqrt[m]{a} \text{ et } x = \sqrt[m]{a'}.$$

Si l'exposant m était pair, au lieu des deux valeurs ci-dessus, on en aurait quatre, puisque chaque radical serait susceptible du signe $\pm$; il viendrait

$$x = +\sqrt[m]{a}, \; x = +\sqrt[m]{a'},$$

$$x = -\sqrt[m]{a}, \; x = -\sqrt[m]{a'},$$

et ces quatre valeurs seraient réelles si les quantités a et a' étaient positives.

Toutes les valeurs de x seront comprises dans une.

P 3

seule formule, en indiquant immédiatement la racine
des deux membres de l'équation

$$x^m = -\tfrac{1}{2} p \pm \sqrt{q + \tfrac{1}{4} p^2},$$

ce qui donnera

$$x = \sqrt[m]{-\tfrac{1}{2} p \pm \sqrt{q \pm \tfrac{1}{4} p^2}}.$$

La question suivante conduit à une équation de ce
genre.

161. *Décomposer le nombre 6 en deux facteurs, tels
que la somme de leurs cubes soit 35.*

Soit x l'un de ces facteurs, l'autre sera $\dfrac{6}{x}$, et on aura

par la somme de leurs cubes, x^3 et $\dfrac{216}{x^3}$, l'équation

$$x^3 + \frac{216}{x^3} = 35,$$

qui revient à

$$x^6 + 216 = 35 \, x^3$$

ou à

$$x^6 - 35x^3 = -216.$$

Si on regarde x^3 comme l'inconnue, on obtiendra
par la règle des équations du second degré,

$$x^3 = \tfrac{35}{2} \pm \sqrt{(\tfrac{35}{2})^2 - 216};$$

en effectuant les calculs numériques indiqués, on
trouvera

$$(\tfrac{35}{2})^2 = \tfrac{1225}{4}$$

$$\sqrt{(\tfrac{35}{2})^2 - 216} = \sqrt{\tfrac{361}{4}} = \tfrac{19}{2},$$

et par conséquent

$$x^3 = \tfrac{35}{2} + \tfrac{19}{2} = \tfrac{54}{2} = 27$$
$$x^3 = \tfrac{35}{2} - \tfrac{19}{2} = \tfrac{16}{2} = 8,$$

d'où

$$x = \sqrt[3]{27} = 3$$

$$x = \sqrt[3]{8} = 2.$$

La première valeur donne pour le second facteur $\frac{6}{3}$ ou 2 , tandis que la deuxième valeur conduit à $\frac{6}{2}$ ou 3; on a donc dans un cas 3 et 2 pour les facteurs cherchés, et dans l'autre 2 et 3. Ces deux solutions ne diffèrent ainsi que par un changement d'ordre dans les facteurs du nombre donné 6.

162. Les équations que je viens de considérer sont également comprises dans la loi générale énoncée n° 159, car il faut multiplier les valeurs de $\sqrt[m]{a}$, $\sqrt[m]{a'}$ par les racines de l'unité dans le degré m.

En appliquant cette considération à l'équation

$$x^6 - 35\,x^3 = -216,$$

on lui trouvera les six racines suivantes :

$$x = 1 \times 3, \qquad\qquad x = 1 \times 2,$$

$$x = \frac{-1 + \sqrt{-3}}{2} \times 3, \quad x = \frac{-1 + \sqrt{-3}}{2} \times 2,$$

$$x = \frac{-1 - \sqrt{-3}}{2} \times 3, \quad x = \frac{-1 - \sqrt{-3}}{2} \times 2,$$

dont les deux premières, sont les seules réelles.

Du calcul des radicaux.

163. Le grand nombre de cas dans lesquels on ne peut extraire exactement les racines, et la longueur de l'opération nécessaire pour les obtenir par approximation, a conduit les algébristes à tâcher d'effectuer immédiatement sur les quantités soumises aux signes radicaux, les

opérations fondamentales indiquées sur leurs racines, et à en simplifier autant qu'il était possible les résultats, de manière à renvoyer à la fin du calcul l'opération la plus compliquée, c'est-à-dire, l'extraction, et à n'avoir à la pratiquer que sur les plus petits nombres ou les expressions les plus simples que puissent comporter les questions proposées.

L'addition et la soustraction des quantités radicales dissemblables ne peuvent que s'indiquer par les signes + et —. Par exemple, les sommes

$$\sqrt[3]{a} + \sqrt[5]{a}, \quad \sqrt[3]{a} + \sqrt[3]{b},$$

les différences

$$\sqrt[3]{a} - \sqrt[5]{a}, \quad \sqrt[3]{a} - \sqrt[3]{b},$$

ne sont pas susceptibles d'une autre expression.

Il n'en serait pas de même de la quantité

$$4a\sqrt[3]{2b} + \sqrt[3]{16a^3b} - \frac{5c}{ad}\sqrt[3]{2a^6b},$$

parce que les radicaux qui la composent peuvent devenir semblables, au moyen de la simplification indiquée dans le n° 130. On observerait d'abord que

$$\sqrt[3]{16a^3b} = \sqrt[3]{8a^3.2b} \quad \text{ou} \quad 2a\sqrt[3]{2b}$$

$$\sqrt[3]{2a^6b} = \sqrt[3]{a^6.2b} \quad \text{ou} \quad a^2\sqrt[3]{2b};$$

il viendrait

$$4a\sqrt[3]{2b} + 2a\sqrt[3]{2b} - \frac{5a^2c}{ad}\sqrt[3]{2b},$$

et en réduisant, on obtiendrait

$$6a\sqrt[3]{2b} - \frac{5ac}{d}\sqrt[3]{2b} \quad \text{ou} \quad (6d-5c)\frac{a}{d}\sqrt[3]{2b}$$

164. A l'égard des autres opérations, le calcul des radicaux repose sur ce principe déjà cité : *Si l'on élève les différens facteurs d'un produit à une même puissance, le produit sera élevé à cette puissance.* D'un autre côté, il est visible qu'on élève une quantité radicale à la puissance du même exposant que ce radical, en le supprimant. Par exemple, $\sqrt[7]{a}$ élevée à la septième puissance, est a seulement, puisque cette opération, inverse de celle qu'indique le signe $\sqrt[7]{}$, ne fait que ramener à son premier état la quantité a.

Cela posé, si, par exemple, dans l'expression

$$\sqrt[7]{a} \times \sqrt[7]{b},$$

on supprime les radicaux, le résultat ab sera la septième puissance du produit indiqué plus haut ; et prenant la racine septième, on en conclura

$$\sqrt[7]{a} \times \sqrt[7]{b} = \sqrt[7]{ab}.$$

Ce raisonnement, qu'on peut appliquer à tout autre cas, montre que *pour multiplier deux expressions radicales du même degré, il faut faire le produit des quantités soumises aux radicaux, et l'affecter d'un radical du même degré.*

Au moyen de cette règle, on a

$$3\sqrt{2ab^3} \times 7\sqrt{5a^3bc} = 21\sqrt{10a^4b^4c} =$$
$$21\,a^2b^2\sqrt{10c};$$
$$4\sqrt{a^2-b^2} \times \sqrt{a^2+b^2} = 4\sqrt{(a^2-b^2)\,(a^2+b^2)} =$$
$$4\sqrt{a^4-b^4};$$

$$\sqrt{\frac{2\,a^9 - a^3 b^6}{a^4 - b^4}} \times \sqrt{\frac{a^2 b^3 c^2 + b^5 c^2}{d^2}}$$

$$= \sqrt{\frac{2\,a^9 - a^3 b^6}{a^4 - b^4} \times \frac{a^2 b^3 c^2 + b^5 c^2}{d^2}}$$

$$= \sqrt{\frac{a^3 \,(2\,a^6 - b^6)}{a^4 - b^4} \times \frac{b^3 c^2}{d^2}\,(a^2 + b^2)}$$

$$= \sqrt{\frac{a^3 b^3 c^2}{d^2} \times \frac{(2\,a^6 - b^6)}{a^2 - b^2}},$$

à cause que

$$a^4 - b^4 = (a^2 + b^2)\,(a^2 - b^2).$$

165. Si on considère que la septième puissance de l'expression $\dfrac{\sqrt[7]{a}}{\sqrt[7]{b}}$, par exemple, est $\dfrac{a}{b}$, on conclura, en prenant la racine septième de ce dernier résultat, que

$$\frac{\sqrt[7]{a}}{\sqrt[7]{b}} = \sqrt[7]{\frac{a}{b}},$$

d'où il suit que *pour diviser l'une par l'autre deux quantités radicales du même degré, il faut prendre le quotient des quantités soumises aux radicaux, et l'affecter d'un radical du même degré.*

On trouve par cette règle, que

$$\frac{\sqrt{6\,a\,b}}{\sqrt{3\,a}} = \sqrt{\frac{6\,a\,b}{3\,a}} = \sqrt{2\,b};$$

$$\frac{\sqrt{a^2 - b^2}}{\sqrt{a + b}} = \sqrt{\frac{a^2 - b^2}{a + b}} = \sqrt{a - b};$$

$$\frac{\sqrt[5]{a^4 b}}{\sqrt[5]{b^3 c^2}} = \sqrt[5]{\frac{a^4 b}{b^3 c^2}} = \sqrt[5]{\frac{a^4}{b^2 c^2}}$$

166. Il suit de la règle de la multiplication des radi‑ caux du même degré, donnée dans le n° 164, *que pour élever une quantité radicale à une puissance quelconque, il suffit d'élever à cette puissance la quantité soumise au radical, et d'affecter de ce même radical le résultat ;*

car, par exemple, élever $\sqrt[3]{ab}$ à la troisième puissance, c'est effectuer le produit :

$$\sqrt[3]{ab} \times \sqrt[3]{ab} \times \sqrt[3]{ab},$$

et comme les radicaux sont du même degré, il faut (164) multiplier entr'elles les quantités qu'ils affectent, puis poser le radical sur le produit, ce qui donne

$$\sqrt[3]{a^3\,b^3}.$$

De même, $\sqrt[7]{a^2\,b^3}$ élevé à la puissance quatrième, donne $\sqrt[7]{a^8\,b^{12}}$, qui se réduit à

$$a\,b\,\sqrt[7]{a\,b^5},$$

en décomposant $a^8\,b^{12}$ en $a^7\,b^7 \times ab^5$, et prenant la racine du facteur $a^7\,b^7$ (130).

Il est à propos de remarquer aussi que *lorsque l'exposant du radical est divisible par celui de la puissance à laquelle on élève la quantité proposée, l'opération s'effectue en divisant le premier exposant par le second.* Par exemple,

$$\left(\sqrt[6]{a}\right)^2 = \sqrt[3]{a},$$

parce que $\frac{6}{2} = 3$.

En effet, $\sqrt[6]{a}$ désigne une quantité qui est six fois facteur dans a, et la quantité $\sqrt[3]{a}$, qu'on obtient en divisant l'exposant 6 par 2, n'étant plus que trois fois facteur dans a, équivaut par conséquent au produit de deux des premiers facteurs; elle est donc la seconde puissance de l'un de ces facteurs ou de $\sqrt[6]{a}$.

Le même raisonnement s'appliquerait à l'exemple ci-dessous, et à tout autre :

$$\left(\sqrt[12]{a^2 b}\right)^3 = \sqrt[4]{a^2 b}.$$

167. En renversant les règles de l'article précédent, on obtient celles qu'il faut suivre dans l'extraction des racines des quantités radicales.

On voit d'abord, par la première, que *si les exposans des quantités soumises au radical sont divisibles par celui de la racine qu'on veut extraire, l'opération s'effectuera comme s'il n'y avait point de radical; et l'on affectera du radical primitif le résultat.*

On trouve, par exemple, que

$$\sqrt[3]{\sqrt[5]{a^6}} = \sqrt[5]{\sqrt[3]{a^6}} = \sqrt[5]{a^2},$$

$$\sqrt[4]{\sqrt[3]{a^4 b^8}} = \sqrt[3]{\sqrt[4]{a^4 b^8}} = \sqrt[3]{ab^2}.$$

De la seconde règle du numéro précédent, on conclut que *l'extraction de la racine des quantités radicales s'indique en général, en multipliant l'exposant du radical par celui de la racine qu'on veut extraire.*

Par cette dernière règle, on trouve que

$$\sqrt[3]{\sqrt[5]{a^4}} = \sqrt[15]{a^4}.$$

En effet, $\sqrt[5]{a^4}$ est une quantité qui est cinq fois facteur dans a^4 (24, 129); mais la racine cubique de $\sqrt[5]{a^4}$ devant être aussi trois fois facteur dans cette dernière quantité, se trouvera 5×3 fois ou 15 fois facteur dans

la première a^4 : donc $\sqrt[3]{\sqrt[5]{a^4}} = \sqrt[15]{a^4}$. On prouve-

rait de même que $\sqrt[5]{\sqrt[3]{a^4}} = \sqrt[15]{a^4}$.

168. Puisqu'en multipliant l'exposant d'une quantité soumise à un radical, par un nombre (166), on élève à la puissance marquée par ce nombre, la racine indi-quée, et qu'en multipliant aussi par le même nombre, l'exposant du radical (167), on tire du résultat une ra-cine du degré égal à celui de la puissance qu'on a formée, il s'ensuit que cette seconde opération ramène dans son premier état la quantité proposée.

L'expression $\sqrt[5]{a^3}$, par exemple, peut se changer en $\sqrt[35]{a^{21}}$, qui s'obtient en multipliant par 7 les exposans 5 et 3; car multiplier par 7 l'exposant de a^3, c'est former, par le radical $\sqrt[35]{a^{21}}$, la septième puissance du radical pro-posé, et multiplier par 7 l'exposant 5 du radical $\sqrt[5]{a^{21}}$, c'est prendre la racine septième du résultat, opération qui détruit l'effet de la première.

169. Par cette double opération, on ramène au même degré un nombre quelconque de radicaux de degrés différens, en multipliant à-la-fois l'exposant de chaque radical et ceux des quantités qu'il affecte, par le pro-duit des exposans de tous les autres radicaux. L'iden-tité des nouveaux exposans des radicaux est évidente par elle-même, puisqu'ils sont formés du produit de tous les exposans des radicaux primitifs; et d'après ce qui précède, chaque quantité radicale n'a pas changé de valeur.

On transforme par cette règle,

$$\sqrt[6]{a^3 b^2} \text{ et } \sqrt[7]{c^4 d^3},$$

en

$$\sqrt[35]{a^{21} b^{14}} \text{ et } \sqrt[35]{c^{20} d^{15}};$$

de même les trois quantités

$$\sqrt[3]{a b^2}, \qquad \sqrt[5]{a^2 c^3}, \qquad \sqrt[7]{b^4 c^3},$$

deviennent respectivement

$$\sqrt[105]{a^{35} b^{70}}, \qquad \sqrt[105]{a^{42} c^{63}}, \qquad \sqrt[105]{b^{60} c^{45}}.$$

S'il y avait des nombres sous les radicaux, il faudrait les élever à la puissance marquée par le produit des exposans des autres radicaux.

170. De même, on peut *passer sous un radical un facteur qui en est dehors, en l'élevant à la puissance marquée par l'exposant du radical.*

On changera, par exemple,

$$a^2 \text{ en } \sqrt[5]{a^{10}}, \text{ et } 2a \sqrt[3]{b} \text{ en } \sqrt[3]{8 a^3 b}.$$

171. Après avoir réduit au même degré, par la transformation précédente, des radicaux quelconques, on leur appliquera sans difficulté les règles données dans les n°^{os} 164 et 165, pour la multiplication et la division des quantités radicales du même degré.

Soit en général

$$\sqrt[m]{a^p b^q} \times \sqrt[n]{b^r c^s}.$$

Je change (169)

$$\sqrt[m]{a^p b^q}, \qquad \sqrt[n]{b^r c^s},$$

en

$$\sqrt[mn]{a^{np} b^{nq}}, \qquad \sqrt[mn]{b^{mr} c^{ms}};$$

·et la règle du n° 164, donne

$$\sqrt[mn]{a^{np}b^{nq}} \times \sqrt[mn]{b^{mr}c^{ms}} = \sqrt[mn]{a^{np}b^{nq+mr}c^{ms}},$$

pour le produit dès radicaux proposés.

On a aussi par le n° 165

$$\frac{\sqrt[m]{a^{p}b^{q}}}{\sqrt[n]{b^{r}c^{s}}} = \frac{\sqrt[mn]{a^{np}b^{nq}}}{\sqrt[mn]{b^{mr}c^{ms}}} = \sqrt[mn]{\frac{a^{np}b^{nq}}{b^{mr}c^{ms}}} = \sqrt[mn]{\frac{a^{np}b^{nq-mr}}{c^{ms}}};$$

Remarques sur quelques cas singuliers du calcul des radicaux.

172. Les règles auxquelles on vient de ramener le calcul des radicaux, s'appliquent sans difficulté aux quantités réelles ; mais elles induiraient en erreur par rapport aux quantités imaginaires, si on ne les accompagnait pas de quelques remarques qui tiennent aux propriétés des équations à deux termes.

Par exemple, la règle du n° 164 donne immédiatement

$$\sqrt{-a} \times \sqrt{-a} = \sqrt{-a \times -a} = \sqrt{a^{2}};$$

et si on se contentait de prendre $+a$ pour $\sqrt{a^{2}}$, le résultat serait visiblement fautif, car le produit $\sqrt{-a} \times \sqrt{-a}$, étant le quarré de $\sqrt{-a}$, doit s'obtenir en supprimant le radical, et est par conséquent égal à $-a$.

Bézout a très-bien expliqué cette difficulté, en observant que quand on ignore de quelle manière a été formé le quarré a^{2}, et qu'on en demande la racine, on doit assigner également $+a$ et $-a$; mais que quand on sait d'avance laquelle de ces deux quantités a été multipliée par elle-même pour former a^{2}, il n'est plus permis, lorsqu'on revient sur ses pas, d'en prendre une autre. Ce cas est évidemment celui de l'expression $\sqrt{-a} \times \sqrt{-a}$; on sait alors que la quantité a^2, comprise sous le radical $\sqrt{a^2}$ vient de $-a$ multiplié par $-a$, l'ambiguité cesse donc ; et quand on revient à la racine, il faut mettre $-a$.

Le même embarras aurait lieu aussi pour le produit $\sqrt{a} \times \sqrt{a}$, si l'on n'était pas conduit, parce qu'il n'y a aucun signe $-$ dans l'expression, à prendre immédiatement la valeur positive de $\sqrt{a^2}$. Il faudrait faire attention que, dans ce cas, a^2 venant de $+a$ multiplié par $+a$, sa racine doit être nécessairement $+a$

Ces raisonnemens ne laissent aucun nuage sur le cas particulier qu'on vient de considérer ; mais il y en a d'autres qui ne peuvent s'expliquer clairement que par les propriétés des équations à deux termes.

173. Si par exemple on demandait le produit $\sqrt[4]{a}\sqrt{-1}$; en réduisant le second radical au même degré que le premier (169), on aurait

$$\sqrt[4]{a} \times \sqrt[4]{(-1)^2} = \sqrt[4]{a} \times \sqrt[4]{+1} = \sqrt[4]{a},$$

résultat réel, quoiqu'il soit bien évident que la quantité réelle $\sqrt[4]{a}$, multipliée par la quantité imaginaire $\sqrt[4]{-1}$, doive donner un produit imaginaire. Il ne faut pas croire cependant que l'expression $\sqrt[4]{a}$ soit tout-à-fait fausse, mais seulement qu'on la prend alors dans un sens trop particulier.

En effet, $\sqrt[4]{a}$, considérée algébriquement, étant l'expression de l'inconnue x, dans l'équation à deux termes

$$x^4 - a = 0,$$

est susceptible de quatre déterminations différentes (159), car

car si on fait $a = \alpha^4$, en représentant par α la valeur numérique de $\sqrt[4]{a}$, abstraction faite de son signe, ou la détermination arithmétique de cette quantité, on aura les quatre valeurs

$$\alpha \times + 1, \quad \alpha \times - 1, \quad \alpha \times + \sqrt{-1}, \quad \alpha \times - \sqrt{-1},$$

dont la troisième est précisément le produit proposé.

Avec un peu d'attention, on reconnaît aisément la cause de l'ambiguité qu'on vient de remarquer. La seconde puissance $+ 1$ de la quantité $- 1$ placée sous le radical quarré, pouvant venir aussi bien de $+ 1 \times + 1$, que de $- 1 \times - 1$, on introduit dans la quantité $\sqrt[4]{1}$ deux déterminations qui ne se trouvaient pas dans $\sqrt{-1}$.

En général, la manière dont on a trouvé la règle qui sert à former le produit $\sqrt[m]{a} \times \sqrt[n]{b}$, revient à élever ce produit à la puissance mn; car si on l'avait représenté par z, ou qu'on eût fait

$$\sqrt[m]{a} \times \sqrt[n]{b} = z,$$

en élevant d'abord à la puissance m, on aurait eu

$$a \sqrt[n]{b^m} = z^m ;$$

puis élevant encore à la puissance n, il serait venu

$$a^n b^m = z^{mn}.$$

Ce produit n'étant donc connu que par sa puissance du degré mn, ou par une équation de ce degré à deux termes, doit avoir mn déterminations (159).: et on le conçoit aisément lorsqu'on fait attention que les expressions $\sqrt[m]{a}$ et $\sqrt[n]{b}$, n'étant autre chose que les valeurs

Elémens d'Algèbre.   Q

des inconnues x et y dans les équations à deux termes

$$x^m - a = 0, \quad y^n - b = 0,$$

et par conséquent susceptibles de m et de n déterminations, on pourra, en combinant chacune des m déterminations de x avec chacune des n déterminations de y,
obtenir mn déterminations du produit demandé.

Quand il s'agit de quantités réelles, il n'y a point
d'embarras à choisir ; parce que le nombre de déterminations de cette espèce ne surpasse jamais deux (157),
qui ne diffèrent que par le signe.

174. En faisant usage de la transformation du n° 159,
on fait tomber toute la difficulté sur les racines de $+1$,
ou de -1 ; car si on pose $x = \alpha t$ et $y = \beta u$, α et β désignant
les déterminations numériques de $\sqrt[m]{a}$, $\sqrt[n]{b}$, sans égard
au signe, les équations

$$x^m \mp a = 0, \quad y^n \mp b = 0,$$

deviennent

$$t^m \mp 1 = 0, \quad u^n \mp 1 = 0,$$

et on tire l'expression

$$xy = \sqrt[m]{\pm a} \times \sqrt[n]{\pm b} = \alpha \beta \, tu = \alpha \beta \sqrt[m]{\pm 1} \times \sqrt[n]{\pm 1} ;$$

dans laquelle $\alpha \beta$ représente le produit des nombres
$\sqrt[m]{a}$, $\sqrt[n]{b}$, ou la détermination arithmétique de la racine
du degré mn du nombre $a^n b^m$.

Quand on voudra particulariser le produit des radi-
caux $\sqrt[m]{\pm a}$, $\sqrt[n]{\pm b}$, par une détermination spéciale
de ces radicaux, il faudra trouver, d'après les équa-
tions

$$t^m \mp 1 = 0, \quad u^n \mp 1 = 0 ;$$

les diverses expressions de $\sqrt[m]{\pm 1}$, $\sqrt[n]{\pm 1}$, et les combiner convenablement.

Au reste, ces opérations ne se présentent guère que
pour quelques cas fort simples, dont voici les principaux:

1°. $\sqrt{-a} \times \sqrt{-b} = \sqrt{a} \times \sqrt{b} (\sqrt{-1} \times \sqrt{-1})$;

je supprime le radical de $\sqrt{-1}$, et j'obtiens

$$\sqrt{-a} \times \sqrt{-b} = \sqrt{ab} \times -1 = -\sqrt{ab}.$$

2°. $\sqrt[4]{-a} \times \sqrt[4]{-b} = \sqrt[4]{ab} (\sqrt[4]{-1})^2$;

je ne multiplie point ici -1 par -1, parce que je
tomberais sur l'ambiguité remarquée dans le n° 173;
mais j'observe que le quarré de la racine quatrième
n'est autre chose que la racine quarrée, et il vient
alors

$$\sqrt[4]{-a} \times \sqrt[4]{-b} = \sqrt[4]{ab} \times \sqrt{-1}.$$

3°. $\sqrt[6]{-a} \times \sqrt[6]{-b} = \sqrt[6]{ab} \times (\sqrt[6]{-1})^2 = \sqrt[6]{ab} \times \sqrt[3]{-1}$

$$= \sqrt[6]{ab} \times -1 = -\sqrt[6]{ab}.$$

On trouverait ainsi des résultats alternativement réels,
et imaginaires.

Du calcul des exposans fractionnaires.

175. Lorsqu'on remplace les radicaux par les exposans fractionnaires qui leur correspondent (132), l'application immédiate des règles des exposans, fournit les
mêmes résultats que les procédés usités dans le calcul
des radicaux.

En effet, si l'on transforme, par exemple,

$$\sqrt{a^3 b^2}, \quad \sqrt{a^3 c^2}$$

Q 2

en $a^{\frac{1}{3}} b^{\frac{2}{3}}$, $a^{\frac{3}{3}} c^{\frac{2}{3}}$,

on aura

$$\sqrt[3]{a^3 b^2} \times \sqrt[3]{a^3 c^2} = a^{\frac{3}{3}} b^{\frac{2}{3}} \times a^{\frac{3}{3}} c^{\frac{2}{3}} =$$

$$a^{\frac{3}{3} + \frac{3}{3}} b^{\frac{2}{3}} c^{\frac{2}{3}} = a^{\frac{6}{3}} b^{\frac{2}{3}} c^{\frac{2}{3}};$$

puis en observant que $\frac{6}{3} = 1 + \frac{1}{3}$, que par conséquent

$$a^{\frac{6}{3}} = a^{1 + \frac{1}{3}} = a \times a^{\frac{1}{3}} (25),$$

et que $a^{\frac{1}{3}} b^{\frac{2}{3}} c^{\frac{2}{3}}$ équivaut à $\sqrt[3]{ab^2 c^2}$, il viendra

$$\sqrt[3]{a^3 b^2} \times \sqrt[3]{a^3 c^2} = a \sqrt[3]{ab^2 c^2},$$

résultat non-seulement exact, mais encore réduit à sa plus simple expression.

Soit l'exemple général $\sqrt[m]{a^p b^q} \times \sqrt[n]{b^r c^s}$; les radicaux proposés se transformeront en

$$a^{\frac{p}{m}} b^{\frac{q}{m}}, \qquad b^{\frac{r}{n}} c^{\frac{s}{n}},$$

et il viendra, suivant les règles des exposans (25),

$$a^{\frac{p}{m}} b^{\frac{q}{m}} \times b^{\frac{r}{n}} c^{\frac{s}{n}} = a^{\frac{p}{m}} b^{\frac{q}{m} + \frac{r}{n}} c^{\frac{s}{n}}.$$

Si maintenant on veut effectuer l'addition des fractions $\frac{q}{m}, \frac{r}{n}$, il faut les réduire au même dénominateur; et afin de donner de l'uniformité aux résultats, il faut en faire autant sur les fractions $\frac{p}{m}, \frac{s}{n}$: on obtient par ce moyen

$$a^{\frac{np}{mn}} b^{\frac{nq + mr}{mn}} c^{\frac{ms}{mn}},$$

et passant aux radicaux, on a

$$\sqrt[m]{a^p b^q} \times \sqrt[n]{b^r c^s} = \sqrt[nm]{a^{np} b^{nq+mr} c^{ms}}.$$

176. La division s'effectue aussi simplement : on a, par exemple,

$$\frac{\sqrt[s]{a^3 b^2}}{\sqrt[s]{a^4 c}} = \frac{a^{\frac{3}{5}} b^{\frac{2}{5}}}{a^{\frac{4}{5}} c^{\frac{1}{5}}} = \frac{b^{\frac{2}{5}}}{a^{\frac{4}{5}-\frac{3}{5}} c^{\frac{1}{5}}} \quad (38),$$

ce qui se réduit à

$$\frac{b^{\frac{2}{5}}}{a^{\frac{1}{5}} c^{\frac{1}{5}}};$$

et en passant aux radicaux, on a

$$\frac{\sqrt[s]{a^3 b^2}}{\sqrt[s]{a^4 c}} = \sqrt[5]{\frac{b^2}{ac}};$$

On a en général,

$$\frac{\sqrt[m]{a^p b^q}}{\sqrt[n]{b^r c^s}} = \frac{a^{\frac{p}{m}} b^{\frac{q}{m}}}{b^{\frac{r}{n}} c^{\frac{s}{n}}} = \frac{a^{\frac{p}{m}} b^{\frac{q}{m}-\frac{r}{n}}}{c^{\frac{s}{n}}};$$

et en réduisant au même dénominateur les exposans fractionnaires, pour effectuer la soustraction indiquée, on trouve

$$\frac{\sqrt[m]{a^p b^q}}{\sqrt[n]{b^r c^s}} = \frac{a^{\frac{np}{mn}} b^{\frac{nq-mr}{mn}}}{c^{\frac{ms}{mn}}} = \sqrt[mn]{\frac{a^{np} b^{nq-mr}}{c^{ms}}}.$$

Il est aisé de voir que la réduction des exposans fractionnaires au même dénominateur, remplace ici la ré-

Q 3

duction des radicaux au même degré, et conduit précisément aux mêmes résultats (171).

177. Il est tout aussi évident, par la règle du n° 127,
que

$$\left(\sqrt[m]{a^p}\right)^n = \left(a^{\frac{p}{m}}\right)^n = a^{\frac{np}{m}} = \sqrt[m]{a^{np}}.$$

et par celle du n° 129, que

$$\sqrt{\sqrt[m]{a^p}} = \sqrt{a^{\frac{p}{m}}} = a^{\frac{p}{mn}} = \sqrt[mn]{a^p}.$$

Le calcul des exposans fractionnaires est un des
exemples les plus remarquables de l'utilité des signes
lorsqu'ils sont bien choisis. L'analogie qui règne entre
les exposans fractionnaires et ceux qui sont entiers, rend
les règles qu'il faut suivre dans le calcul de ceux-ci,
applicables à celui des autres, tandis qu'il a fallu des
raisonnemens particuliers pour découvrir les règles du
calcul des radicaux, parce que le signe $\sqrt{\ }$, qui les
exprime, n'a aucune liaison avec l'opération qui les engendre. Plus on avance dans l'algèbre, et plus on reconnaît les nombreux avantages qu'a produit dans cette
science la notation des exposans, imaginée par Descartes.

Théorie générale des Équations.

178. Les équations du premier et du second degré,
sont, à proprement parler, les seules dont on ait une
solution complète ; mais on a découvert, aux équations
de degré quelconque, des propriétés générales qui conduisent à les résoudre lorsqu'elles sont numériques, et
qui offrent de nombreuses conséquences pour les parties plus élevées de l'algèbre. Ces propriétés tiennent à
une forme particulière sous laquelle toute équation peut
se mettre.

En la supposant aussi générale qu'elle peut l'être, pour un degré quelconque, une équation doit renfermer toutes les puissances de l'inconnue, depuis celle de ce degré, jusqu'à la première inclusivement, multipliées chacune par des quantités connues, et en outre un terme tout connu.

L'équation générale du cinquième degré, par exemple, contiendra toutes les puissances de l'inconnue, depuis la première jusqu'à la cinquième inclusivement; et s'il y a plusieurs termes affectés de la même puissance de l'inconnue, il faudra les concevoir réunis en un seul, comme on l'a fait pour les équations du second degré dans le n° 108. Ensuite on passera, ainsi qu'on l'a fait dans ce numéro, tous les termes de l'équation dans un seul membre; l'autre sera nécessairement égal à zéro; et on rendra le premier terme positif en changeant, s'il le faut, tous les signes de l'équation.

On aura, par ce moyen une expression semblable à la suivante :

$$nx^5 + px^4 + qx^3 + rx^2 + sx + t = 0,$$

dans laquelle il faut bien observer que les lettres n, p, q, r, s, t, peuvent représenter des nombres négatifs aussi bien que des nombres positifs. Puis divisant tout par n, afin de ne laisser au premier terme que l'unité pour coefficient, et faisant

$$\frac{p}{n} = P, \quad \frac{q}{n} = Q, \quad \frac{r}{n} = R, \quad \frac{s}{n} = S, \quad \frac{t}{n} = T,$$

il viendra

$$x^5 + Px^4 + Qx^3 + Rx^2 + Sx + T = 0.$$

Dorénavant je supposerai qu'on ait toujours préparé les équations ainsi que je viens de le faire, et je représenterai l'équation générale d'un degré quelconque par

Q 4

$$x^n + Px^{n-1} + Qx^{n-2} \ldots + Tx + U = 0.$$

La lacune indiquée par les points se remplit lorsqu'on donne à l'exposant n une valeur particulière.

Toute quantité ou toute expression, soit réelle, soit imaginaire, qui, mise à la place de l'inconnue x dans une équation préparée comme ci-dessus, en rend le premier membre égal à zéro, et par conséquent satisfait à la question, se nomme la *racine de l'équation proposée*; mais comme il ne s'agit pas ici de puissances, cette acception est plus générale que celle que j'ai donnée jusqu'à présent au mot *racine* (90, 129).

179. Voici une proposition analogue à celles des numéros 116 et 159, et que l'on doit regarder comme fondamentale.

La racine d'une équation quelconque

$$x^n + Px^{n-1} + Qx^{n-2} \ldots + Tx + U = 0$$

étant représentée par a, *le premier membre de cette équation se divise exactement par le binome* x — a.

En effet, puisque a est une valeur de x, on a nécessairement

$$a^n + Pa^{n-1} + Qa^{n-2} \ldots + Ta + U = 0,$$

et par conséquent

$$U = -a^n - Pa^{n-1} - Qa^{n-2} \ldots - Ta;$$

ensorte que l'équation proposée est identiquement la même que

$$\left.\begin{array}{l} x^n + Px^{n-1} + Qx^{n-2} \ldots + Tx \\ -a^n - Pa^{n-1} - Qa^{n-2} \ldots - Ta \end{array}\right\} = 0,$$

et revient à

$$\left.\begin{array}{l} x^n - a^n + P(x^{n-1} - a^{n-1}) + Q(x^{n-2} - a^{n-2}) \\ \ldots\ldots\ldots\ldots\ldots\ldots\ldots\ldots + T(x - a) \end{array}\right\} = 0.$$

es quantité s

$x^n - a^n$, $x^{n-1} - a^{n-1}$, $x^{n-2} - a^{n-2}$, ... $x - a$,

étant toutes divisibles par $x - a$ (158), il est évident
que le premier membre de l'équation proposée aura tous
ses termes divisibles par cette quantité, et sera par conséquent divisible par $x - a$, comme le porte l'énoncé
de la proposition (*).

180. Pour former le quotient, il n'y a qu'à substituer
au lieu des quantités

$x^n - a^n$, $x^{n-1} - a^{n-1}$, $x^{n-2} - a^{n-2}$, ... $x - a$,

les quotiens qu'elles donnent, lorsqu'on les divise par
$x - a$, et qui sont respectivement

$$x^{n-1} + ax^{n-2} + a^2 x^{n-3} \dots + a^{n-1},$$
$$x^{n-2} + ax^{n-3} \dots + a^{n-2},$$
$$x^{n-3} \dots + a^{n-3},$$
$$+ 1.$$

En ordonnant le résultat par rapport aux puissances
de x, on trouvera

(*) D'Alembert prouve la même proposition, ainsi qu'il suit :

Si l'on conçoit que le premier membre de l'équation proposée soit
divisé par $x - a$, et que l'opération ait été poussée jusqu'à ce qu'on
ait épuisé tous les termes affectés de x, le reste, s'il y en a un, ne
pourra contenir x. En le représentant par R, et nommant Q le quotient quelconque auquel on sera parvenu, on aura nécessairement

$$x^n + P x^{n-1} \dots + \text{etc.} = Q (x - a) + R.$$

Or, lorsqu'à la place de x on substitue a, le premier membre s'a-
néantit, puisque a est la valeur de x ; le terme $Q (x - a)$ s'anéantit
aussi, à cause du facteur $x - a$ qui devient zéro : on doit donc avoir
$R = 0$; et cela, indépendamment de la substitution ; car ce reste ne
contenant pas x, la substitution ne peut s'y effectuer, et il conserve
après la valeur qu'il avait auparavant.

Il suit de là que, dans tous les cas, $R = 0$, et que par conséquent
$$x^n + P x^{n-1} + Q x^{n-2}, \text{etc.}$$
est divisible exactement par $x - a$.

$$x^{n-1} + a x^{n-2} + a^2 x^{n-3} \ldots + a^{n-1}$$
$$+ P x^{n-2} + P a x^{n-3} \ldots + P a^{n-2}$$
$$+ Q x^{n-3} \ldots + Q a^{n-3}$$
$$\ldots \ldots \ldots \ldots \ldots$$
$$+ T.$$

181. Il est visible, d'après les seules règles de la division, que le premier membre de l'équation

$$x^n + P x^{n-1} + Q x^{n-2} + \text{etc.} = 0,$$

étant divisé par $x - a$, donnera un quotient de la forme

$$x^{n-1} + P' x^{n-2} + Q' x^{n-3} + \text{etc.}$$

P', Q', etc. désignant des quantités connues différentes de P, Q, etc. on aura donc

$$x^n + P x^{n-1} + \text{etc.} = (x - a)(x^{n-1} + P' x^{n-2} + \text{etc.});$$

et suivant l'observation du numéro 116, l'équation proposée se vérifiera de deux manières, savoir: en faisant

$$x - a = 0 \quad \text{ou} \quad x^{n-1} + P' x^{n-2} + \text{etc.} = 0.$$

Si maintenant l'équation

$$x^{n-1} + P' x^{n-2} + \text{etc.} = 0$$

a une racine b, son premier membre sera divisible par $x - b$; on aura encore

$$x^{n-1} + P' x^{n-2} + \text{etc.} = (x - b)(x^{n-2} + P'' x^{n-3} + \text{etc.})$$

et par conséquent

$$x^n + P x^{n-1} + \text{etc.} = (x - a)(x - b)(x^{n-2} + P'' x^{n-3} + \text{etc.})$$

l'équation proposée pourra donc se vérifier de trois manières, savoir: en faisant

$$x - a = 0, \quad \text{ou} \quad x - b = 0, \quad \text{ou} \quad x^{n-2} + P'' x^{n-3} + \text{etc.} = 0.$$

Si la dernière de ces équations a une racine c, son premier membre se décomposera encore en deux facteurs,

$$x - c, \quad x^{n-3} + P''' x^{n-4} + \text{etc.} = 0,$$

et l'on aura

$$x^n + Px^{n-1} + \text{etc.}$$
$$= (x-a)(x-b)(x-c)(x^{n-3} + P'''x^{n-4} + \text{etc.});$$

d'où l'on voit que l'équation proposée pourra se vérifier de quatre manières, savoir : en faisant

$$x-a=o, x-b=o, x-c=o, x^{n-3} + P'''x^{n-4} + \text{etc.} = o.$$

En continuant de raisonner ainsi, on obtiendra successivement des facteurs des degrés

$$n-4, \quad n-5, \quad n-6, \text{etc.};$$

et si chacun de ces facteurs, égalé à zéro, est susceptible d'une racine, le premier membre de l'équation proposée sera ramené à la forme

$$(x-a)(x-b)(x-c)(x-d)\ldots(x-l),$$

c'est-à-dire décomposé en autant de facteurs du premier degré qu'il y a d'unités dans l'exposant n de son degré. L'équation

$$x^n + Px^{n-1} + \text{etc.} = o,$$

pourra donc se vérifier de n manières, savoir : en faisant $x-a=o$, ou $x-b=o$, ou $x-c=o$; ou $x-d=o$, ou enfin $x-l=o$.

Il faut bien remarquer que ces équations ne doivent être regardées comme vraies qu'alternativement, et qu'on tomberait dans des contradictions manifestes, si l'on supposait qu'elles aient lieu en même temps. En effet, de $x-a=o$, on tire $x=a$, tandis que $x-b=o$ conduit à $x=b$, conséquences qui ne peuvent s'accorder lorsque a et b sont des quantités inégales.

182. Le premier membre de l'équation proposée,

$$x^n + Px^{n-1} + \text{etc.} = o,$$

étant décomposé en n facteurs du premier degré,

$$x-a, \quad x-b, \quad x-c, \quad x-d, \ldots x-l,$$

n'en saurait avoir d'autres de ce degré. En effet, si ce premier membre était divisible par $x - \alpha$, par exemple on aurait nécessairement

$$x^n + Px^{n-1} + \text{etc.} = (x - \alpha)(x^{n-1} + px^{n-2} + \text{etc.}),$$

et par conséquent

$$(x - a)(x - b)(x - c)(x - d)\ldots(x - l)$$
$$= (x - \alpha)(x^{n-1} + px^{n-2} + \text{etc.});$$

mais le premier membre de cette équation s'évanouissant lorsque $x = a$, il en doit être de même du second, qui, dans cette hypothèse, devient

$$(a - \alpha)(a^{n-1} + pa^{n-2} + \text{etc.});$$

et comme a et α sont supposés inégaux, le premier facteur $a - \alpha$ n'est pas nul : c'est donc le facteur

$$a^{n-1} + pa^{n-2} + \text{etc.}$$

qui doit le devenir ; ainsi la quantité a est nécessairement racine de l'équation

$$x^{n-1} + px^{n-2} + \text{etc.} = 0$$

Il suit de là que son premier membre est divisible par $x - a$, et que

$$x^{n-1} + px^{n-2} + \text{etc.} = (x - a)(x^{n-2} + p'x^{n-3} + \text{etc.}),$$

d'où il résulte que

$$(x - a)(x - b)(x - c)(x - d)\ldots(x - l)$$
$$= (x - a)(x - a)(x^{n-2} + p'x^{n-3} + \text{etc.})$$

Divisant les deux membres de cette équation par $x - a$, on en déduira

$$(x - b)(x - c)(x - d)\ldots(x - l)$$
$$= (x - a)(x^{n-2} + p'x^{n-3} + \text{etc.}).$$

On prouvera comme plus haut que le second facteur

$$x^{n-2} + p'x^{n-3} + \text{etc.}$$

du second membre, doit être divisible par $x - b$, ce qui réduira l'équation ci-dessus à

$$(x - c)(x - d) \ldots (x - l)$$
$$= (x - a)(x^{n-3} + p'' x^{n-4} + \text{etc.})$$

En continuant ainsi, on ôtera successivement du premier membre et du second $(n - 1)$ facteurs : il ne restera dans l'un que $x - l$, et dans l'autre que $x - a$: on en conclura donc

$$x - l = x - a \text{ ou } l = a.$$

Il suit de ce qui précède, qu'*une équation d'un degré quelconque ne peut admettre plus de diviseurs binomes du premier degré, qu'il n'y a d'unités dans l'exposant de son degré, et qu'elle ne peut avoir par conséquent un plus grand nombre de racines.*

183. En regardant une équation comme le produit d'un nombre de facteurs

$$x - a, \ x - b, \ x - c, \ x - d, \ \text{etc.}$$

égal à l'exposant de son degré, elle prendra la forme du produit indiqué dans le n.° 135, avec cette modification que les termes seront alternativement positifs et négatifs.

Si l'on se borne à quatre facteurs, par exemple, on aura

$$\begin{aligned}
x^4 &- a x^3 + a b x^2 - a b c x + a b c d = 0 \\
&- b x^3 + a c x^2 - a b d x \\
&- c x^3 + a d x^2 - a c d x \\
&- d x^3 + b c x^2 - b c d x \\
&\qquad\quad + b d x^2 \\
&\qquad\quad + c d x^2
\end{aligned}$$

Les seconds termes des binomes $x - a$, $x - b$, $x - c$, etc. étant les racines de l'équation, prises avec un signe contraire, les propriétés remarquées dans le n.° 135, et prouvées en général dans le n° 136, auront lieu pour le cas actuel de la manière suivante :

Le coefficient du second terme, pris avec un signe contraire, sera la somme des racines :

Le coefficient du troisième terme sera la somme des produits des racines multipliées deux à deux :

Le coefficient du quatrième terme, pris avec un signe contraire, sera la somme des produits des racines multipliées trois à trois, et ainsi de suite, en observant de changer le signe des coefficiens des termes de rang pair.

Le dernier terme, soumis comme les autres à cette loi, *sera le produit de toutes les racines.*

En égalant, par exemple, à zéro le produit des trois facteurs

$$x-5, \ x+4, \ x+3 ;$$

on formera l'équation

$$x^3 + 2x^2 - 23x - 60 = 0,$$

dont les racines seront

$$+5, \ -4, \ -3 :$$

on aura, pour leur somme,

$$5 - 4 - 3 = -2 ;$$

pour celle de leurs produits 2 à 2

$$+5 \times -4 + 5 \times -3 - 4 \times -3 = -20 - 15 + 12 = -23,$$

et pour le produit des 3,

$$+5 \times -4 \times -3 = 60.$$

C'est aussi ce qu'on déduirait des coefficiens 2, —23, —60, en changeant le signe de ceux du second et du quatrième terme.

Si on égale à zéro le produit des facteurs

$$x - 2, \quad x - 3 \text{ et } x + 5;$$

l'équation résultante

$$x^3 - 19 x + 30 = 0,$$

n'ayant point de terme affecté de x^2, puissance immédiatement inférieure à celle du premier terme, *manque de second terme*, et cela parce que la somme des racines, qui, prise avec un signe contraire, forme le coefficient de ce terme, est ici

$$2 + 3 - 5,$$

ou zéro, ou en d'autres termes, parce que la somme des racines positives est égale à celle des négatives (*).

(*) On pourrait croire que pour découvrir les racines d'une équation quelconque du quatrième degré

$$x^4 + p\, x^3 + q\, x^2 + r\, x + s = 0,$$

il suffirait de la comparer avec le produit du numéro 183, en observant d'égaler les quantités qui multiplient dans l'un et dans l'autre, les mêmes puissances de x : c'est par-là que la plupart des auteurs élémentaires pensent démontrer qu'*une équation d'un degré quelconque est le produit d'autant de facteurs simples qu'il y a d'unités dans l'exposant de son degré* : on verra par ce qui suit que leur raisonnement est fautif. Je n'ai conclu cette proposition que conditionnellement dans le numéro 182, parce qu'il faudrait, pour l'affirmer positivement, montrer qu'une équation d'un degré quelconque a une racine, soit réelle, soit imaginaire, ce qui ne paraît pas facile à faire dans les élémens, et ce qui heureusement n'est pas nécessaire alors : on peut d'ailleurs voir dans le *Complément* les réflexions que j'ai rapportées à ce sujet.

En formant les équations

$$-a - b - c - d = p$$
$$ab + ac + ad + bc + bd + cd = q$$
$$-abc - abd - acd - bcd = r$$
$$abcd = s$$

pour en tirer les valeurs des lettres a, b, c, d, qui seraient les racines de l'équation proposée, le calcul serait fort compliqué, si on voulait

184. Quand on considère une équation comme formée du produit de plusieurs facteurs simples, ou du

employer à la détermination des inconnues a, b, c, d, le procédé
du numéro 78; mais si on multiplie la première des équations ci-
dessus par a^3, la seconde par a^2, la troisième par a, et qu'on ajoute
ces trois produits avec la quatrième, membre à membre, on aura

$$- a^4 = p a^3 + q a^2 + r a + s,$$

d'où on conclut, par une simple transposition,

$$a^4 + p a^3 + q a^2 + r a + s = 0.$$

Cette équation ne contient plus que a, mais elle est entièrement semblable à la proposée : la difficulté d'obtenir a est donc la même que
celle d'obtenir x.

Ainsi, comme l'a dit Castillon (Mém. de Berlin, année 1789):
« On prouve bien dans toutes les Algèbres, que par le produit de plu-
» sieurs binomes simples on forme une équation de tel degré qu'on
» veut, mais on n'a pas fait voir qu'une équation formée par la
» multiplication de plusieurs binomes simples, peut avoir tels coeffi-
» ciens qu'on veut ».

Si, au lieu de multiplier les trois premières équations en a, b, c, d,
par a^3, a^2 et a, respectivement, on les multipliait par b^3, b^2 et b, ou
par c^3, c^2, c, ou par d^3, d^2, d, et qu'on ajoutât encore les produits
à la quatrième, on aurait, dans le premier cas,

$$- b^4 = p b^3 + q b^2 + r b + s,$$

dans le second,

$$- c^4 = p c^3 + q c^2 + r c + s,$$

dans le troisième ;

$$- d^4 = p d^3 + q d^2 + r d + s,$$

d'où il suit qu'on est conduit à la même équation, soit pour avoir a,
soit pour avoir b, etc. En effet, les quantités a, b, c, d, étant toutes
disposées de la même manière dans chaque équation, il n'y a pas de
raison pour que l'une soit déterminée par aucune opération différente
de celles qui déterminent l'autre ; et en général, si, dans la recherche de plusieurs quantités inconnues, on est obligé d'employer
pour chacune les mêmes raisonnemens, les mêmes opérations et les
mêmes quantités connues, toutes ces quantités seront nécessairement racines d'une même équation.

premier

premier degré, on prouve (182) qu'elle n'en peut avoir qu'un nombre marqué par l'exposant n de son degré ; mais si l'on combine ces facteurs deux à deux, on formera des quantités du second degré, qui seront aussi facteurs de l'équation proposée, et dont le nombre sera exprimé par

$$\frac{n\,(n-1)}{1\,.\,2}\ (140).$$

Par exemple, le premier membre de l'équation

$$x^4 - ax^3 + abx^2 - abcx + abcd = 0$$
$$-bx^3 + acx^2 - abdx$$
$$-cx^3 + adx^2 - acdx$$
$$-dx^3 + bcx^2 - bcdx$$
$$+bdx^2$$
$$+cdx^2$$

étant le produit de

$$(x-a) \times (x-b) \times (x-c) \times (x-d),$$

peut se décomposer en facteurs du second degré, des six manières suivantes :

$$(x-a)\ (x-b) \times (x-c)\ (x-d)$$
$$(x-a)\ (x-c) \times (x-b)\ (x-d)$$
$$(x-a)\ (x-d) \times (x-b)\ (x-c)$$
$$(x-b)\ (x-c) \times (x-a)\ (x-d)$$
$$(x-b)\ (x-d) \times (x-a)\ (x-c)$$
$$(x-c)\ (x-d) \times (x-a)\ (x-b).$$

et il en résulte qu'une équation du quatrième degré peut avoir six diviseurs du second.

En combinant les facteurs simples trois à trois, on formera les diviseurs du troisième degré de la proposée ; pour une équation du degré n, le nombre en sera

Elémens d'Algèbre. R

$$\frac{n\,(n-1)\,(n-2)}{1\,.\,2\,.\,3}\,:$$

et ainsi de suite.

De l'élimination entre les équations des degrés supérieurs au premier.

185. La règle du n° 78, ou le procédé du n° 84, suffit toujours pour éliminer entre deux équations, une inconnue qui n'y passe pas le premier degré, quel que soit d'ailleurs celui des autres inconnues ; et lors même que l'inconnue ne serait au premier degré que dans l'une des équations proposées, la règle du n° 78 s'y appliquerait encore.

Si l'on a, par exemple, les équations

$$a x^2 + b x y + c y^2 = m^2$$
$$x^2 + x y = n^2,$$

on prendra dans la seconde la valeur de y, qui sera

$$y = \frac{n^2 - x^2}{x}\,;$$

en substituant cette valeur et son quarré, à la place de y et de y^2 dans la première équation, on obtiendra un résultat en x seulement.

186. Si les équations proposées étaient toutes deux du second degré, par rapport à l'une et à l'autre des inconnues, on ne pourrait appliquer la méthode précédente qu'en résolvant une des équations, soit par rapport à x, soit par rapport à y.

Soient, par exemple, les équations

$$a x^2 + b x y + c y^2 = m^2,$$
$$x^2 + y^2 = n^2 :$$

la seconde donne

$$y = \pm \sqrt{n^2 - x^2}\,;$$

substituant dans la première, cette valeur de y et son quarré, on obtiendra

$$a x^2 \pm b.x \sqrt{n^2 - x^2} + c(n^2 - x^2) = m^2.$$

L'objet proposé semble rempli, puisque ce résultat ne contient plus l'inconnue y; mais on ne peut résoudre l'équation en x, sans la ramener à une forme rationnelle, en faisant disparaître le radical où l'inconnue se trouve engagée.

Il est facile de voir que si le radical était seul dans un membre, on le ferait disparaître en élevant ce membre au quarré; en réunissant donc, par la transposition des termes $\pm bx \sqrt{n^2 - x^2}$ et m^2, tous les termes rationnels dans un seul membre, on aura

$$a x^2 + c(n^2 - x^2) - m^2 = \mp bx \sqrt{n^2 - x^2},$$

et prenant le quarré de chaque membre, on formera l'équation

$$\left. \begin{array}{l} a^2 x^4 + c^2(n^2 - x^2)^2 + m^4 \\ + 2acx^2(n^2 - x^2) - 2am^2 x^2 - 2cm^2(n^2 - x^2) \end{array} \right\} = b^2 x^2 (n^2 - x^2)$$

qui ne contient plus de radical.

Le procédé qu'on vient d'employer pour faire disparaître le radical, doit être remarqué, parce qu'on a souvent occasion de s'en servir; il consiste à *isoler le radical qu'on veut faire disparaître, et ensuite à élever les deux membres de l'équation proposée à la puissance marquée par le degré de ce radical.*

187. L'emploi de ce procédé, qui devient très-compliqué lorsqu'il y a plusieurs radicaux, joint à la difficulté de résoudre l'une des équations proposées, par rapport à l'une des inconnues, difficulté qui est souvent insurmontable dans l'état actuel de l'algèbre, a fait chercher une méthode au moyen de laquelle on pût opérer sans cela l'élimination; en sorte que la

résolution des équations fût la dernière des opérations qu'exige la solution des problêmes.

Pour rendre les calculs plus faciles, on met les équations à deux inconnues sous la forme d'équations à une seule, en ne laissant en évidence que celle qu'on veut éliminer. Si on avait, par exemple,

$$x^2 + axy + bx = cy^2 + dy + e,$$

on transposerait tous les termes dans un seul membre ; en ordonnant par rapport à x, il viendrait

$$x^2 + (ay + b)\, x - cy^2 - dy - e = 0,$$

et faisant pour abréger,

$$ay + b = P; \quad -cy^2 - dy - e = Q;$$

on aurait

$$x^2 + Px + Q = 0.$$

L'équation générale du degré m à deux inconnues doit contenir toutes les puissances de x et de y, qui ne passent pas ce degré, ainsi que les produits dans lesquels la somme des exposans de x et de y ne s'élève pas au-delà de m ; on peut donc représenter ainsi l'équation générale du degré m, à deux inconnues :

$$x^m + (a+by)x^{m-1} + (c+dy+ey^2)x^{m-2} + (f+gy+hy^2+ky^3)x^{m-3}$$

$$+ (p+qy+ry^2 \ldots + uy^{m-1})x + p' + q'y + r'y^2 \ldots + v'y^m = 0.$$

On ne donne point de coefficient à x^m dans cette équation, parce qu'on peut toujours, par la division, dégager de son multiplicateur tel terme qu'on veut d'une équation ; et si l'on fait

$$a+by = P, \quad c+dy+ey^2 = Q, \quad f+gy+hy^2+ky^3 = R,$$

$$p+qy \ldots + uy^{m-1} = T, \quad p'+q'y \ldots + v'y^m = U;$$

l'équation ci-dessus prendra la forme

$$x^m + Px^{m-1} + Qx^{m-2} + Rx^{m-3} \ldots + Tx + U = 0.$$

188. Il est bon de remarquer que l'élimination de x entre deux équations du second degré,

$$x^2 + Px + Q = 0, \quad x^2 + P'x + Q' = 0,$$

peut s'effectuer immédiatement en retranchant la seconde équation de la première. Cette opération donne

$$(P - P')x + Q - Q' = 0,$$

d'où

$$x = -\frac{Q - Q'}{P - P'};$$

substituant cette valeur dans l'une des deux équations proposées, la première, par exemple, on trouvera

$$\frac{(Q - Q')^2}{(P - P')^2} - \frac{P(Q - Q')}{P - P'} + Q = 0;$$

faisant disparaître les dénominateurs, on aura

$$(Q - Q')^2 - P(P - P')(Q - Q') + Q(P - P')^2 = 0;$$

enfin, développant les deux derniers termes, et réduisant

$$(Q - Q')^2 + (P - P')(PQ' - QP') = 0.$$

Il ne restera plus qu'à substituer pour P, Q, P' et Q', les valeurs particulières au cas qu'on examine (*).

(*) On donne quelquefois pour éliminer une inconnue entre deux équations de degrés supérieurs, un procédé que je vais appliquer aux suivantes :

$$Nx^3 + Px^2 + Qx + R = 0$$
$$N'x^3 + P'x^2 + Q'x + R' = 0.$$

En multipliant la première par N', la seconde par N, et retranchant le second produit du premier, comme dans le numéro 84, il viendra

$$(N'P - NP')x^2 + (N'Q - NQ')x + N'R - NR' = 0 \text{ (a)}.$$

189. Avant de passer à des équations où l'inconnue
x, qu'il faut éliminer, s'élève au-delà du second degré, je vais montrer comment on reconnaît que la
valeur de l'une quelconque des inconnues satisfait en
même temps aux deux équations. Afin de mieux fixer
les idées, je prendrai un exemple particulier; mais
le raisonnement n'en sera pas moins général.

Soient les équations

$$x^3 + 3x^2y + 3xy^2 - 98 = 0 \dots (1),$$
$$x^2 + 4xy - 2y^2 - 10 = 0 \dots (2)$$

que je supposerai données par une question d'après
laquelle on doit avoir $y = 3$.

Pour vérifier cette dernière assertion, il faut d'abord
substituer 3 à la place de y, dans les équations proposées, ce qui donne

$$x^3 + 9x^2 + 27x - 98 = 0 \dots (a)$$
$$x^2 + 12x - 28 = 0 \dots (b)$$

équations qui doivent admettre la même valeur de x, si
celle qu'on a assignée pour y est vraie. Si l'on désigne la

Multipliant encore la première des équations proposées par R', la
seconde par R, et retranchant le second produit du premier, on
trouvera

$$(R'N - RN')x^3 + (R'P - RP')x^2 + (R'Q - RQ')x = 0;$$

divisant tout par x, on obtiendra

$$(R'N - RN')x^2 + (R'P - RP')x + R'Q - RQ' = 0 \quad (b):$$

on aura donc, à la place des équations proposées, deux équations,
(a) et (b), du second degré seulement, par rapport à x. Si on les
représente par

$$nx^2 + px + q = 0,$$
$$n'x^2 + p'x + q' = 0,$$

et qu'on les traite comme les deux proposées, on en déduira facilement deux équations du premier degré, par rapport à x. Je n'en
dirai pas davantage sur un procédé absolument incomplet, qui ne
donne aucune lumière sur la manière dont plusieurs équations
peuvent s'accorder entr'elles, et sur la détermination de l'inconnue
éliminée.

$$x^3 + 3x^2y + 3y^2x - 98 \quad \big| \quad x^2 + 4xy - 2y^2 - 10$$
$$\underline{-x^3 - 4x^2y + 2y^2x + 10x} \quad \big| \quad x - y$$
$$-\ x^2y + 5y^2x + 10x - 98$$
$$+\ x^2y + 4y^2x - 2y^3 - 10y$$

1er Reste . . . . . . $+ (9y^2 + 10)x - 2y^3 - 10y - 98$

$$x^2 + 4xy - 2y^2 - 10 \quad \big| \quad (9y^2 + 10)x - 2y^3 - 10y - 98$$
ou bien $(9y^2 + 10)x^2 + 36xy^3 - 18y^4 - 110y^2 - 100 \quad \big| \quad (9y^2 + 10)x - 2y^3 - 10y - 98$
$$\qquad\qquad\qquad +40xy$$

$$-(9y^2 + 10)x^2 + 2xy^3 + 98x \qquad\qquad\qquad x + 38y^3 + 50y + 98$$
$$\qquad\qquad\qquad +10xy$$

$$+38xy^3 - 18y^4 - 110y^2 - 100$$
$$+50xy$$
$$+98x$$

ou bien $(38y^3 + 50y + 98)(9y^2 + 10)x - 162y^6 - 1170y^4 - 2000y^2 - 1000$
$$-(38y^3 + 50y + 98)(9y^2 + 10)x + 76y^6 + 480y^4 + 3920y^3 + 500y^2 + 5880y + 9604$$

2e Reste . . . . $- 86y^6 - 690y^4 + 3920y^3 - 1500y^2 + 5880y + 8604$

Divisant tous les termes de ce reste par 2 , rendant le premier terme positif et l'égalant à zéro, il vient

$$43y^6 + 345y^4 - 1960y^3 + 750y^2 - 2940y - 4302 = 0.$$

valeur de x par α, il faudra, en vertu de ce qui a été prouvé numéro 179, que l'équation (a) et l'équation (b) soient divisibles l'une et l'autre par $x - \alpha$; elles auront donc un diviseur commun dont $x - \alpha$ doit faire partie; et en effet, on trouve pour ce commun diviseur $x - 2$ (48) : on a donc $\alpha = 2$. Ainsi, la valeur $y = 3$ convient à la question, et correspond à $x = 2$.

S'il restait quelque doute que le commun diviseur des équations (a) et (b) dût donner la valeur de x, on le lèverait en observant que ces équations reviennent à

$$(x^2 + 11x + 49)\, (x - 2) = 0,$$
$$(x + 14)\, (x - 2) = 0,$$

d'où il est visible qu'elles sont satisfaites lorsque l'on y met 2 pour x.

190. Le moyen que je viens d'indiquer pour trouver la valeur de x, quand celle de y est connue, peut s'appliquer immédiatement à l'élimination.

Puisque les équations (1) et (2) acquièrent, lorsque y est déterminé conformément à la nature de la question, un diviseur commun qu'elles n'avaient pas auparavant, il n'y a qu'à chercher la condition d'où dépend l'existence de ce diviseur. Pour cela, il faudra opérer sur les équations proposées, comme on ferait pour trouver le diviseur commun, s'il existait (48); et lorsqu'on sera parvenu à un reste indépendant de x, en l'égalant à zéro, on exprimera la condition demandée, que doivent remplir les valeurs de y, pour que les deux équations données puissent admettre en même temps une même valeur pour x. L'équation formée ainsi sera l'*équation finale* de la question proposée.

Le tableau ci-joint contient les détails de l'opération relative aux équations ;.

$$x^3 + 3x^2y + 3xy^2 - 98 = 0$$
$$x^2 + 4xy - 2y^2 - 10 = 0,$$

R 4

qui m'ont occupé dans le numéro précédent : on trouve pour le dernier diviseur,

$$(9y^2 + 10)\,x - 2y^3 - 10y - 98;$$

et le reste étant égalé à zéro, donne

$$43y^6 + 345y^4 - 1960y^3 + 750y^2 - 2940y - 4302 = 0,$$

équation qui admet, outre la valeur $y = 3$ indiquée ci-dessus, toutes les autres valeurs de y dont la ques— tion proposée est susceptible.

191. Lorsqu'on a obtenu une valeur de y dans l'équa- tion finale, pour parvenir à celle de x, il faut substi- tuer la première dans l'avant-dernier reste, qui devient diviseur commun des deux équations proposées. Sa- chant, par exemple, que $y = 3$, on mettra ce nombre dans la quantité

$$(9y^2 + 10)\,x - 2y^3 - 10y - 98,$$

qu'on égalera ensuite à zéro, et il viendra l'équation du premier degré

$$91\,x - 182 = 0 \quad \text{ou} \quad x = 2.$$

Il pourrait arriver que la valeur de y rendît nul de lui-même l'avant-dernier reste; ce serait alors le reste précédent, ou celui dans lequel x entre au second de- gré, qui serait le diviseur commun des deux équations proposées. En y mettant la valeur de y, et l'égalant ensuite à zéro, on aurait une équation du second degré en x seul, dont les deux valeurs correspondraient à la valeur connue de y. Si cette valeur rendait encore nul le reste du second degré, il faudrait recourir au pré- cédent, où x monterait au troisième degré, parce qu'il serait, dans ce cas, le diviseur commun des deux équations proposées; et la valeur de y correspondrait à trois valeurs de x. En général, il faudra remonter jus- qu'à un reste qui ne s'anéantisse point par la substitution de la valeur de y.

Il peut encore arriver qu'on ne trouve pas de reste, ou bien que le reste ne renferme que des quantités connues.

Dans le premier cas, les deux équations ont un diviseur commun sans aucune détermination de y; elles sont donc de la forme

$$P \times D = 0, \qquad Q \times D = 0,$$

D étant le diviseur commun. Il est visible qu'on satisfait à toutes deux en même temps, en faisant d'abord $D = 0$; et cette équation déterminera l'une des inconnues par l'autre, quand le facteur D les contiendra toutes deux; mais s'il n'en renferme qu'une, celle-ci sera déterminée, et l'autre restera entièrement indéterminée. Si on fait ensuite

$$P = 0, \qquad Q = 0,$$

conjointement, on se procurera encore deux équations qui pourront fournir des solutions déterminées de la question proposée.

Soit, par exemple,

$$(ax + by - c)(mx + ny - d) = 0,$$
$$(a'x + b'y - c')(mx + ny - d) = 0;$$

en supposant d'abord nul le second facteur, commun aux deux équations, on n'aura, entre les inconnues x et y, que la seule équation

$$mx + ny - d = 0;$$

et sous ce point de vue, la question sera indéterminée : mais en supprimant ce facteur, on tombera sur les équations

$$ax + by - c = 0, \qquad a'x + b'y - c' = 0,$$
ou $\qquad ax + by = c, \qquad a'x + b'y = c';$

et dans ce sens, la question sera déterminée, puisqu'on aura autant d'équations que d'inconnues.

Dans le cas où le reste ne contient que des quan-

tités données, les deux équations proposées sont con-
tradictoires; car le diviseur commun qui établit leur
existence simultanée, ne peut avoir lieu que par une
condition qu'il est impossible de remplir, puisqu'elle
tombe sur des quantités données, et qu'elle présente
un résultat absurde. Ce cas se rapporte à ce qu'on a vu
n° 68 pour les équations du premier degré.

192. Tout ce que je viens de dire s'applique évidemment à deux équations quelconques,

$$x^m + Px^{m-1} + Qx^{m-2} + Rx^{m-3} \ldots + Tx + U = 0,$$
$$x^n + P'x^{n-1} + Q'x^{n-2} + R'x^{n-3} \ldots + Y'x + Z' = 0,$$

où la seconde inconnue y est enveloppée dans les coefficiens P, Q, etc. P', Q', etc. On opèrerait comme
pour trouver le plus grand commun diviseur de leurs
premiers membres; on égalerait à zéro le reste indépendant de x : ce serait l'équation finale en y, et l'on
remonterait aux restes précédens pour avoir le diviseur
commun qui doit donner x.

Il faut soigneusement écarter tous les facteurs communs qui pourraient s'introduire par les multiplications qu'on effectue dans la vue de rendre le premier
terme de l'un des polynomes, divisible par le premier
terme de l'autre ; sans cette précaution, on parviendrait à un résultat plus compliqué que ne doit l'être
celui qu'on cherche. Quand on a l'attention de n'employer pour ces multiplications que les facteurs les plus
simples, il n'est pas à craindre que l'équation finale en
soit altérée. Si on en doutait, il suffirait, pour s'en
convaincre, d'omettre ces opérations subsidiaires; alors
les coefficiens des diverses puissances de x dans chaque
terme du quotient, seraient des fractions, ainsi que
les différens termes du reste; mais en réduisant ceux-
ci au même dénominateur, il viendrait pour numérateur le même résultat que donne le procédé ordinaire,

ce qui conduirait parconséquent à la même équation
finale (*).

193. Euler, au lieu de chercher le diviseur commun
par la méthode ordinaire, emploie un procédé plus
commode, et que ce qui suit fera suffisamment connaître.

Soient les deux équations

$$x^3 + Px^2 + Qx + R = 0,$$
$$x^4 + P'x^3 + Q'x^2 + R'x + S' = 0;$$

en représentant par $x - \alpha$ le facteur qui doit être commun à l'une et à l'autre, on pourra considérer la première comme le produit de $x - \alpha$, par le facteur du
deuxième degré, $x^2 + px + q$, et la seconde comme le
produit de $x - \alpha$, par le facteur du troisième degré,
$x^3 + p'x^2 + q'x + r'$, p et q, p', q' et r', étant des
coefficiens indéterminés : on aura donc

$$x^3 + Px^2 + Qx + R = (x - \alpha)(x^2 + px + q),$$
$$x^4 + P'x^3 + Q'x^2 + R'x + S' = (x - \alpha)(x^3 + p'x^2 + q'x + r').$$

En éliminant le binome $(x - \alpha)$ comme une inconnue
au premier degré (84), on trouvera

$$(x^3 + Px^2 + Qx + R)(x^3 + p'x^2 + q'x + r') =$$
$$(x^4 + P'x^3 + Q'x^2 + R'x + S')(x^2 + px + q).$$

(*) Il suit de ce qui précède que la recherche de l'équation finale
tirée de deux équations à deux inconnues, est, en général, un problème déterminé; mais la même équation finale peut répondre à
une infinité de systèmes d'équations à deux inconnues. En renversant le procédé par lequel on obtient le plus grand commun diviseur de deux quantités, il serait extrêmement facile de former à
volonté ces systèmes; mais cette question a trop peu d'usage dans
les mathématiques élémentaires, pour s'y arrêter ici, et pour s'ap-
pesantir sur les remarques minutieuses auxquelles elle pourrait
donner lieu. Ce sont de ces objets qu'il faut laisser à la sagacité
des lecteurs intelligens, qui ne manquent jamais de les trouver d'eux-
mêmes, si quelque circonstance leur en fait sentir le besoin.

Ce résultat doit se vérifier sans qu'il soit besoin d'assigner à x aucune valeur particulière ; c'est ce qui ne
peut arriver, à moins que le premier membre ne soit
composé des mêmes termes que le second ; il faudra
donc, après avoir effectué les multiplications indiquées,
égaler entr'eux les coefficiens que chaque puissance de
x aura dans les deux membres, et on obtiendra ainsi
les équations suivantes :

$$P+p'=P'+p \qquad Rp'+Qq'+Pr'=S' +R'p+Q'q$$
$$Q+Pp'+q'=Q'+P'p+q \qquad Rq'+Qr'=S'p+R'q$$
$$R+Qp'+Pq'+r'=R'+Q'p+P'q \qquad Rr'=S'q$$

Comme ces équations sont au nombre de six, et qu'elles
ne renferment que cinq quantités indéterminées ; savoir
p, q, p', q' et r', on pourra chasser ces quantités qui
ne montent qu'au premier degré, et arriver à une
équation qui ne renfermera plus que les quantités
P, Q, R, P', Q', R', et S', et sera par conséquent
l'équation finale en y (*).

(*) La méthode d'Euler exposée ici revient à multiplier chacune
des équations proposées par un facteur dont les coefficiens soient
indéterminés, à égaler les produits, et à disposer des coefficiens de
manière que les termes affectés de l'inconnue x se détruisent entr'eux.
C'est ainsi qu'il l'a présentée dans son Introduction à l'analyse des
infinis. Là, k désignant l'exposant du degré des produits, celui
des facteurs se trouve $k-m$ pour l'équation du degré m, et
$k-n$ pour celle du degré n. Le premier terme de chacun de ces
facteurs ayant l'unité pour coefficient, l'un contient $k-m$ coefficiens
indéterminés, et l'autre $k-n$. La somme des produits renferme un
nombre k de termes affectés de x ; mais il n'en faut détruire que
$k-1$, parce que celui qui contient la plus haute puissance de x,
s'évanouit par lui-même. Il suit de là que le nombre total $2k-m-n$
des coefficiens indéterminés doit être égal à $k-1$, et que par conséquent $k=m+n-1$: on doit donc multiplier l'équation du degré m
par un facteur du degré $n-1$, celle du degré n par un facteur du
degré $m-1$, et égaler les produits terme à terme, règle semblable
à celle qu'on donne dans le texte. Il est bon de remarquer que cette
première méthode d'Euler contient le germe de celle que Bezout a

194. Soient d'abord pour exemple les équations

$$x^2 + Px + Q = 0, \qquad x^2 + P'x + Q' = 0;$$

les facteurs qui multiplient $x - \alpha$ seront ici du premier degré, ou $x + p$ et $x + p'$ seulement : on aura donc

$$R = 0, \ R' = 0, \ S' = 0, \ q = 0, \ q' = 0, \ r' = 0,$$

et il viendra

$$\left.\begin{array}{l} P + p' = P' + p \\ Q + Pp' = Q' + P'p \\ Qp' = Q'p \end{array}\right\} \ \text{ou} \ \left\{\begin{array}{l} p - p' = P - P' \\ P'p - Pp' = Q - Q' \\ Q'p - Qp' = 0. \end{array}\right.$$

On tirera des deux premières équations,

$$p = \frac{(P - P')P - (Q - Q')}{P - P'},$$

$$p' = \frac{(P - P')P' - (Q - Q')}{P - P'}.$$

Substituant dans la troisième, il en résultera

$$(P - P')Q'P - (Q - Q')Q' = (P - P')P'Q - (Q - Q')Q,$$

ou $\quad (P - P')(PQ' - QP') + (Q - Q')^2 = 0\dots$

Maintenant il faut diviser l'équation $x^2 + Px + Q$ par le facteur supposé $x + p$, afin d'avoir au quotient le facteur $x - \alpha$, qui doit être commun aux deux équations proposées, et qui étant égalé à zéro, donne la valeur de x représentée par α. En effectuant cette division, on négligera le reste, qui est précisément l'équation finale en y : on aura pour quotient $x + P - p$, d'où on tirera

$$x = p - P;$$

et mettant pour p sa valeur trouvée ci-dessus, il en résultera

$$x = -\frac{Q - Q'}{P - P'}.$$

195. Afin de donner au lecteur l'occasion de s'exercer,

développée d'une manière si longue et si pénible dans sa Théorie des Équations.

j'indiquerai les calculs à faire pour éliminer x entre les deux équations

$$x^3 + Px^2 + Qx + R = 0, \quad x^3 + P'x^2 + Q'x + R' = 0.$$

Dans ce cas, on aura

$$S' = 0, \quad r' = 0 \ (193),$$

et il viendra ces cinq équations :

$$P + p' = P' + p,$$
$$Q + Pp' + q' = Q' + P'p + q,$$
$$R + Qp' + Pq' = R' + Q'p + P'q,$$
$$Rp' + Qq' = R'p + Q'q,$$
$$Rq' = R'q,$$

auxquelles je donnerai la forme suivante :

$$p - p' = P - P',$$
$$P'p - Pp' + q - q' = Q - Q',$$
$$Q'p - Qp' + P'q - Pq' = R - R',$$
$$R'p - Rp' + Q'q - Qq' = 0,$$
$$R'q - Rq' = 0.$$

On pourrait, par les règles du n° 88, tirer immédiatement de quatre quelconques de ces équations, les valeurs des inconnues p, p', q et q' ; mais la simplicité de la première et de la dernière de ces mêmes équations, permet d'arriver plus promptement au résultat. Je fais, pour abréger,

$$P - P' = e, \quad Q - Q' = e', \quad R - R' = e'' ;$$

et je déduis ensuite de la première et de la dernière des équations proposées,

$$p' = e - p, \quad q' = \frac{R'q}{R} ;$$

puis, substituant dans les trois autres et faisant disparaître le dénominateur R, il vient

$$(P + P')Rp + (R - R')q = R(Pe + e') \dots (a),$$
$$(Q + Q')Rp + (RP' - PR')q = R(Qe + e'') \dots (b),$$
$$(R + R')Rp + (RQ' - QR')q = R^2e \dots \dots (c).$$

Si maintenant on tire des équations (a) et (b) les valeurs de p et de q (88) , et qu'on y supprime le facteur R qui sera commun aux numérateurs et au dénominateur , on aura

$$p = \frac{(Pe+e')\,(RP'-PR') - (R-R')\,(Qe+e'')}{(P+P')\,(RP'-PR') - (R-R')\,(Q+Q')},$$

$$q = \frac{(P+P')\,(Qe+e'')R - R(Pe+e')(Q+Q')}{(P+P')\,(RP'-PR') - (R-R')\,(Q+Q')};$$

mettant ces valeurs dans l'équation (c), on obtiendra une équation finale divisible par R et se réduisant à

$$(R+R')[(Pe+e')(RP'-PR')-(R-R')(Qe+e'')]$$
$$+(RQ'-QR')[(P+P')\,(Qe+e'') - (Pe+e')\,(Q+Q')]$$
$$= Re\;[(P+P')(RP'-PR')-(R-R')(Q+Q')],$$

où il ne reste plus qu'à remplacer les lettres e, e', e'', par les quantités qu'elles désignent.

196. Si on avait entre les trois inconnues x, y et z, un pareil nombre d'équations désignées par (1), (2) et (3), et qu'on voulût déterminer ces inconnues, on pourrait combiner, par exemple, l'équation (1) avec (2) et avec (3), pour éliminer x, et chasser ensuite y des deux résultats qu'on aurait obtenus; mais il faut observer que, par cette élimination *successive*, les trois équations proposées ne concourent pas de la même manière à former l'équation finale : l'équation (1) est employée deux fois, tandis que (2) et (3) ne le sont qu'une, et il arrive de là que le résultat auquel on parvient est compliqué d'un facteur étranger à la question (84). Bezout, dans sa Théorie des Equations, a fait usage d'une méthode qui n'est point sujette à cet inconvénient, et par laquelle il prouve que *le degré de l'équation finale, résultante de l'élimination entre un nombre quelconque d'équations complètes, renfermant un pareil nombre d'inconnues et de degrés quelconques, est égal au produit des exposans qui mar-*

quent le degré de ces équations. M. Poisson, professeur à l'Ecole polytechnique, a donné de la même proposition, une démonstration plus directe et plus courte que celle de Bezout : les notions préliminaires qu'elle exige ne me permettent pas de l'exposer ici ; mais on la trouvera dans le *Complément.*

De la recherche des racines commensurables, et des racines égales des équations numériques.

197. Après avoir fait connaître les principales propriétés des équations algébriques, et la manière d'en éliminer les inconnues, lorsqu'il y en a plusieurs, je vais m'occuper de la résolution numérique des équations à une seule inconnue, c'est-à-dire, de la recherche de leurs racines, lorsque leurs coefficiens sont exprimés en nombres (*).

Je commencerai par montrer que *quand l'équation proposée n'a pour coefficiens que des nombres entiers, et que celui de son premier terme est l'unité, ses racines réelles ne sauraient s'exprimer par des fractions ; et ne peuvent être par conséquent que des nombres entiers, ou des nombres incommensurables.*

Pour le prouver, soit l'équation

$$x^n + P x^{n-1} + Q x^{n-2} \ldots\ldots + T x + U = 0,$$

dans laquelle on substitue une fraction irréductible $\frac{a}{b}$ à la place de x ; elle deviendra

$$\frac{a^n}{b^n} + P \frac{a^{n-1}}{b^{n-1}} + Q \frac{a^{n-2}}{b^{n-2}} \ldots\ldots + T \frac{a}{b} + U = 0 ;$$

(*) On n'a point, pour les degrés supérieurs au quatrième, de résolution générale ; il n'y a même, à proprement parler, que celle des équations du second degré, que l'on puisse regarder comme complète. Les expressions des racines des équations du troisième et du quatrième degré sont fort compliquées, sujettes à des exceptions, et beaucoup moins commodes dans la pratique, que celles que je vais donner ; on les trouvera d'ailleurs dans le *Complément.*

et

et en réduisant tous ses termes au même dénominateur, on aura

$$a^n + P a^{n-1} b + Q a^{n-2} b^2 \ldots\ldots + T a b^{n-1} + U b^n = 0,$$

ce qui revient à

$$a^n + b(P a^{n-1} + Q a^{n-2} b \ldots\ldots + T a b^{n-2} + U b^{n-1}) = 0.$$

Le premier membre de cette dernière équation est formé de deux parties entières, dont l'une est divisible par b, et l'autre ne l'est pas (98), puisqu'on suppose la fraction $\frac{a}{b}$ réduite à sa plus simple expression, où que a et b n'ont aucun diviseur commun; l'une de ces parties ne peut donc détruire l'autre.

198. C'est d'après cette remarque qu'on a reconnu l'utilité de faire disparaître les fractions d'une équation, ou de rendre ses coefficiens entiers, mais de manière néanmoins que le premier terme n'en acquière point d'autre que l'unité, et l'on y parvient *en faisant l'inconnue proposée égale à une nouvelle inconnue divisée par le produit de tous les dénominateurs de l'équation*; puis en réduisant tous les termes au même dénominateur, par le procédé du n° 52.

Soit pour exemple l'équation

$$x^3 + \frac{q x^2}{m} + \frac{b x}{n} + \frac{c}{p} = 0;$$

on prendra $x = \frac{y}{m\,n\,p}$, et mettant cette expression de x dans l'équation proposée, on obtiendra

$$\frac{y^3}{m^3 n^3 p^3} + \frac{a y^2}{m^3 n^2 p^2} + \frac{b y}{m\,n^2\,p} + \frac{c}{p} = 0;$$

le diviseur du premier terme contenant tous les facteurs des autres diviseurs, on multiplie par ce diviseur; et on

Élémens d'Algèbre. S

réduit chaque terme à sa plus simple expression : ou trouve alors

$$y^3 + anpy^2 + bm^2np^2y + cm^3n^3p^2 = 0.$$

Quand les dénominateurs m, n, p, ont des diviseurs communs, il ne faut alors diviser y que par le plus petit nombre qui puisse se diviser en même temps par tous les dénominateurs. Ces simplifications sont trop faciles à appercevoir, pour qu'il soit besoin de s'y arrêter ; je me bornerai seulement à faire observer que si tous les dénominateurs étaient égaux à m, il suffirait de faire $x = \dfrac{y}{m}$.

L'équation proposée, qui serait alors

$$x^3 + \frac{ax^2}{m} + \frac{bx}{m} + \frac{c}{m} = 0,$$

deviendrait

$$\frac{y^3}{m^3} + \frac{ay^2}{m^3} + \frac{by}{m^2} + \frac{c}{m} = 0,$$

et l'on aurait

$$y^3 + ay^2 + bmy + m^2c = 0.$$

Il est visible que l'opération ci-dessus revient à multiplier toutes les racines de la proposée par le nombre m, puisque $x = \dfrac{y}{m}$ donne $y = mx$.

199. Maintenant, puisque a étant la racine de l'équation $x^n + Px^{n-1} + Qx^{n-2} \ldots + Tx + U = 0$, on a

$$U = -a^n - Pa^{n-1} - Qa^{n-2} \ldots - Ta\ (179),$$

il en résulte que a est nécessairement un des diviseurs du nombre entier U, et que par conséquent lorsque ce nombre a peu de diviseurs, il suffira de les substituer successivement à la place de x, dans l'équation proposée, pour reconnaître si elle a une racine en nombres entiers ou non.

Si l'on a, par exemple, l'équation

$$x^3 - 6x^2 + 27x - 38 = 0,$$

le nombre 38 n'ayant pour diviseurs que les nombres

$$1, \quad 2, \quad 19, \quad 38,$$

on les essaiera, tant positivement que négativement, et on trouvera que le seul nombre entier $+2$ satisfait à l'équation proposée, ou que $x = 2$. On divisera ensuite l'équation proposée par $x - 2$; égalant à zéro le quotient, on formera l'équation

$$x^2 - 4x + 19 = 0,$$

dont les racines sont imaginaires; et en la résolvant, on trouvera que $x^3 - 6x^2 + 27x - 38 = 0$ admet trois racines,

$$x = 2, \quad x = 2 + \sqrt{-15}, \quad x = 2 - \sqrt{-15}.$$

200. Le procédé que je viens d'indiquer pour découvrir le nombre entier qui satisfait à une équation, devient impraticable lorsque le dernier terme de cette équation a beaucoup de diviseurs; mais l'équation

$$U = -a^n - P a^{n-1} - Q a^{n-2} \ldots - T a,$$

fournit de nouvelles conditions qui abrègent beaucoup le calcul. Afin de rendre la methode plus claire, je prendrai comme exemple, l'équation

$$x^4 + P x^3 + Q x^2 + R x + S = 0,$$

a désignant toujours la racine, on aura

$$a^4 + P a^3 + Q a^2 + R a + S = 0,$$

ou $\quad S = -R a - Q a^2 - P a^3 - a^4,$

d'où l'on tirera

$$\frac{S}{a} = -R - Q a - P a^2 - a^3.$$

S 2

On voit d'abord par cette dernière équation, que $\dfrac{S}{a}$ doit être un nombre entier.

Passant ensuite R dans le second membre, il viendra

$$\frac{S}{a} + R = -Qa - Pa^2 - a^3;$$

faisant pour abréger $\dfrac{S}{a} + R = R'$, et divisant les deux membres de l'équation

$$R' = -Qa - Pa^2 - a^3$$

par a, on aura

$$\frac{R'}{a} = -Q - Pa - a^2,$$

d'où l'on conclura que $\dfrac{R'}{a}$ doit encore être un nombre entier.

Passant Q dans le premier membre, faisant $\dfrac{R'}{a} + Q = Q'$, puis divisant les deux membres par a, on obtiendra

$$\frac{Q'}{a} = -P - a,$$

d'où l'on conclura que $\dfrac{Q'}{a}$ doit être un nombre entier.

Passant enfin P dans le premier membre, faisant $\dfrac{Q'}{a} + P = P'$, et divisant par a, on aura

$$\frac{P'}{a} = -1.$$

Réunissant les conditions que je viens d'énoncer, on

verra que le nombre a sera la racine de l'équation proposée, s'il satisfait aux équations

$$\frac{S}{a} + R = R',$$

$$\frac{R'}{a} + Q = Q',$$

$$\frac{Q'}{a} + P = P',$$

$$\frac{P'}{a} + 1 = 0,$$

de manière que R', Q' et P', soient des nombres entiers.

Il suit de là, que pour s'assurer si l'un des diviseurs a du dernier terme S peut être la racine de l'équation proposée, il faut,

1°. *Diviser le dernier terme par le diviseur* a, *et ajouter au quotient le coefficient du terme affecté de* x,

2°. *Diviser cette somme par le diviseur* a, *et ajouter au quotient le coefficient du terme affecté de* x²,

3°. *Diviser cette somme par le diviseur* a, *et ajouter au quotient le coefficient du terme affecté de* x³,

4°. *Diviser cette somme par le diviseur* a, *et ajouter au quotient l'unité ou le coefficient du terme affecté de* x⁴; *le résultat devra être égal à zéro, si* a *est en effet la racine.*

Les règles ci-dessus conviennent à un degré quelconque, en observant que l'on ne doit trouver zéro pour résultat que lorsqu'on sera parvenu au premier terme de l'équation proposée (*).

_____

(*) Il ne serait pas difficile de s'assurer par la formule des quotiens donnée dans le numéro 180, que les quantités $\frac{S}{a}$, $\frac{R'}{a}$, $\frac{Q'}{a}$, prises avec le signe —, sont les coefficiens du quotient du polynome.

201. Lorsqu'on applique ces règles à un exemple numérique, on peut disposer le calcul de manière à faire subir chaque épreuve à tous les diviseurs du dernier terme en même temps.

Voici, pour l'équation

$$x^4 - 9x^3 + 23x^2 - 20x + 15 = 0,$$

le tableau du calcul :

$$
\begin{array}{rrrrrrrr}
+15, & +5, & +3, & +1, & -1, & -3, & -5, & -15, \\
+1, & +3, & +5, & +15, & -15, & -5, & -3, & -1, \\
-19, & -17, & -15, & -5, & -35, & -25, & -23, & -21, \\
 & & -5, & -5, & +35, & & & \\
 & & +18, & +18, & +58, & & & \\
 & & +6, & +18, & -58, & & & \\
 & & -3, & +9, & -67, & & & \\
 & & -1, & +9, & +67, & & & \\
 & & & 0. & & & &
\end{array}
$$

Tous les diviseurs du dernier terme 15 sont rangés par ordre de grandeur, tant avec le signe $+$ qu'avec le signe $-$, sur une même ligne (c'est la ligne des diviseurs a.)

La seconde ligne contient les quotiens du nombre 15, divisé successivement par tous ses diviseurs (c'est la ligne des quantités $\dfrac{S}{a}$).

La troisième ligne a été formée en ajoutant à la précédente le coefficient -20 qui multiplie x (c'est la ligne des quantités $R' = \dfrac{S}{a} + R$).

$$x^4 + P x^3 + Q x^2 + R x + S,$$

divisé par $x - a$, et qui est par conséquent

$$x^3 - \frac{Q'}{a} x^2 - \frac{R'}{a} x - \frac{S}{a}.$$

La quatrième ligne contient les quotiens de chaque nombre de la précédente par le diviseur qui lui correspond $\left(\text{c'est la ligne des quantités } \dfrac{R'}{a}\right)$. On a négligé dans cette ligne tous les nombres qui n'étaient pas entiers.

La cinquième ligne résulte des nombres écrits dans la précédente, ajoutés avec le nombre 23 qui multiplie x^2 (cette ligne comprend les quantités Q').

La sixième ligne contient les quotiens des nombres de la précédente par le diviseur qui leur correspond, $\left(\text{elle renferme les quantités } \dfrac{Q'}{a}\right)$.

La septième comprend les sommes des nombres de la précédente et du coefficient — 9 qui multiplie x^3 (on y trouve les quantités $\dfrac{Q'}{a} + P$).

La huitième enfin s'obtient en divisant chacun des nombres de la précédente par le diviseur correspondant $\left(\text{c'est la ligne de } \dfrac{P}{a}\right)$; et comme on ne trouve — 1 que dans la colonne marquée + 3, on en conclut que l'équation proposée n'a qu'une racine commensurable, savoir + 3 ; ensorte qu'elle est divisible par x — 3 (*).

On peut se dispenser de comprendre dans le tableau les diviseurs + 1 et — 1, que l'on éprouve plus facilement par leur substitution immédiate dans l'équation proposée.

202. Soit encore pour exemple l'équation

(*) En formant le quotient d'après la note précédente, on trouve
$$x^3 - 6x^2 + 5x - 5.$$

$$x^3 - 7\,x^2 + 36 = 0.$$

Après s'être assuré que les nombres $+1$ et -1 ne satisfont point à cette équation, on formera, d'après les règles précédentes, le tableau ci-dessous, en observant que le terme multiplié par x, manquant à cette équation, il doit être censé avoir 0 pour coefficient; il faut donc supprimer la troisième ligne, et déduire immédiatement la quatrième de la seconde.

+36,+18,+12,+9,+6,+4,+ 3,+ 2,— 2,— 3,—4,—6,—9,—12,—18,—36
+ 1,+ 2,+ 3,+4,+6,+9,+12,+18,—18,—12,—9,—6,—4,— 3,— 2,— 1
****

+1,	+ 4,+ 9,+ 9,+ 4,	+1
—6,	— 3,+ 2,+ 2,— 3,	—6
—1,	— 1,	— 1,+ 1,	+1
0,	0,	0.	

On trouve dans cet exemple trois nombres qui satisfont à toutes les conditions, savoir: $+6$, $+3$ et -2. Ainsi on obtient par conséquent, en même temps, les trois racines dont l'équation proposée est susceptible, et l'on reconnaît qu'elle est le produit des trois facteurs simples $x-6$, $x-3$ et $x+2$.

203. Il est bon d'observer qu'il y a des équations littérales qui se transforment sur-le-champ en équations numériques.

Si l'on avait, par exemple,

$$y^3 + 2\,p\,y^2 - 33\,p^2 y + 14 p^3 = 0,$$

en faisant $y = p\,x$, il viendrait

$$p^3 x^3 + 2\,p^3 x^2 - 33\,p^3 x + 14 p^3 = 0,$$

résultat divisible par p^3, et qui se réduit à

$$x^3 + 2\,x^2 - 33\,x + 14 = 0.$$

Le diviseur commensurable de cette dernière équation étant $x+7$, et donnant $x = -7$, on aura

$$y = -7 p.$$

L'équation en y est de celles que l'on appelle *équations homogènes*, parce qu'en faisant abstraction des coefficiens numériques, chacun de ses termes renfermé le même nombre de facteurs (*).

204. Lorsqu'on connaît une des racines d'une équation, on peut prendre pour inconnue la différence entre cette racine et l'une quelconque des autres; on parvient par ce moyen à une équation d'un degré moindre que la proposée, et qui jouit de plusieurs propriétés remarquables.

Soit l'équation générale

$$x^m + P x^{m-1} + Q x^{m-2} + R x^{m-3} \ldots\ldots + T x + U = 0,$$

et soient a, b, c, d, etc. ses racines; en y substituant $a + y$ au lieu de x, et développant les puissances, on aura

$$
\begin{aligned}
&a^m \quad + m a^{m-1} y \qquad + \quad \frac{m(m-1)}{2} \; a^{m-2} y^2 + \ldots + y^m \\
&+ P a^{m-1} + (m-1) P a^{m-2} y + \frac{(m-1)(m-2)}{2} P a^{m-3} y^2 + \ldots \\
&+ Q a^{m-2} + (m-2) Q a^{m-3} y + \frac{(m-2)(m-3)}{2} Q a^{m-4} y^2 + \ldots \\
&+ R a^{m-3} + (m-3) R a^{m-4} y + \frac{(m-3)(m-4)}{2} R a^{m-5} y^2 + \ldots \\
&\ldots\ldots\ldots\ldots\ldots\ldots\ldots\ldots\ldots\ldots \\
&+ T a \quad + T y \\
&+ U
\end{aligned} \Bigg\} = 0,
$$

(*) Les lecteurs qui voudraient plus de détails sur la recherche des *diviseurs commensurables* des équations, les trouveront dans la IIIᵉ partie des Elémens d'Algèbre de Clairaut. Ce Géomètre s'est occupé des équations littérales aussi bien que des équations numériques.

résultat dont la première colonne, semblable à l'équation proposée, s'évanouit d'elle-même, puisque a est une des racines de cette équation; on peut donc supprimer cette colonne, et diviser ensuite par y tous les termes restans : il vient alors

$$
\left.
\begin{aligned}
& ma^{m-1}+ \frac{m(m-1)}{2}\ a^{m-2}y+\ldots+y^{m-1} \\[4pt]
& +(m-1)Pa^{m-2}+\frac{(m-1)(m-2)}{2}Pa^{m-3}y+\ldots \\[4pt]
& +(m-2)Qa^{m-3}+\frac{(m-2)(m-3)}{2}Qa^{m-4}y+\ldots \\[4pt]
& +(m-3)Ra^{m-4}+\frac{(m-3)(m-4)}{2}Ra^{m-5}y+\ldots \\[4pt]
& \ldots\ldots\ldots\ldots\ldots\ldots\ldots\ldots\ldots \\[4pt]
& +T
\end{aligned}
\right\}=0.
$$

Cette équation aura visiblement pour ses $m-1$ racines

$$y=b-a, \quad y=c-a, \quad y=d-a\ldots\text{etc.}$$

Je la représenterai par

$$A+\frac{B}{2}y+\frac{C}{2.3}y^2\ldots\ldots+y^{m-1}=0.\ldots\ldots(d),$$

en faisant, pour abréger,

$$ma^{m-1}+(m-1)Pa^{m-2}+(m-2)Qa^{m-3}\ldots\ldots+T=A$$
$$m(m-1)a^{m-2}+(m-1)(m-2)Pa^{m-3}\ldots\ldots=B$$
etc.

et je désignerai par V l'expression

$$a^m+Pa^{m-1}+Qa^{m-2}\ldots\ldots+Ta+U.$$

205. Si l'équation proposée a deux racines égales, si l'on a, par exemple, $a=b$, l'une des valeurs de y, savoir : $b-a$, deviendra nulle; il faudra donc que l'équation (d) soit satisfaite en y faisant $y=0$; or cette hypothèse fait évanouir tous les termes, excepté le terme tout

connu A : ce dernier doit donc être nul par lui–même ; la valeur de a doit donc satisfaire en même temps aux équations

$$V = 0 \quad \text{et} \quad A = 0.$$

Quand la proposée aura trois racines égales à a, savoir : $a = b = c$, deux des racines de l'équation (d) deviendront nulles en même temps, savoir : $b - a$ et $c - a$; dans ce cas, l'équation (d) sera divisible deux fois de suite par $y - 0$ (179) ou y ; or c'est ce qui ne peut arriver que quand les coefficiens A et B sont nuls : il faut donc que la valeur de a satisfasse en même temps aux trois équations

$$V = 0, \quad A = 0, \quad B = 0.$$

En poursuivant ces raisonnemens, on verra que lorsque la proposée aura quatre racines égales, l'équation (d) aura trois racines égales à zéro, ou sera divisible trois fois de suite par y, ce qui exige que les coefficiens A, B et C, soient nuls en même temps, et que la valeur de a satisfasse par conséquent à-la-fois aux quatre équations

$$V = 0, \quad A = 0, \quad B = 0, \quad C = 0.$$

Non-seulement on peut, par ce moyen, reconnaître si une racine donnée a se trouve plusieurs fois parmi celles de l'équation proposée ; mais on déduit encore un procédé pour s'assurer si cette équation a des racines répétées dont on ignore la valeur.

Pour cela, il faut observer que dans le cas où l'on a $A = 0$, ou

$$m \, a^{m-1} + (m-1) \, P \, a^{m-2} + (m-2) \, Q \, a^{m-3} \ldots + T = 0,$$

on peut regarder a comme la racine de l'équation

$$m x^{m-1} + (m-1) P x^{m-2} + (m-2) Q x^{m-3} \ldots + T = 0,$$

x désignant alors une inconnue quelconque ; et puisque a se trouve aussi la racine de l'équation $V = 0$, ou

$$x^m + P x^{m-1} + \text{etc.} = 0,$$

il suit du n° 189 , que $x-a$ est un facteur commun des deux équations ci-dessus.

Changeant de même a en x dans les quantités B , C,. etc. le binome $x-a$ deviendra pareillement facteur des nouvelles équations $B=$o , $C=$o , etc. si la racine a annulle les quantités primitives B , C , etc.·

Ce que l'on vient de dire pour la racine a conviendrait également à toute autre racine qui serait répétée plusieurs fois; ainsi, en cherchant, par la méthode du plus grand commun diviseur , les facteurs communs aux équations

$$V=\text{o}, \quad A=\text{o}, \quad B=\text{o}, \quad C=\text{o}, \text{ etc.}$$

ces facteurs donneront les racines égales de la proposée, dans l'ordre suivant :

Les facteurs communs aux deux premières équations seulement , sont des facteurs doubles de la proposée , c'est-à-dire, que si l'on trouve pour commun diviseur entre $V=$o et $A=$o , une expression de la forme· $(x-\alpha) (x-\zeta)$, par exemple, l'inconnue x aura deux valeurs égales à α , et deux autres égales à ζ , ou la proposée aura ces quatre facteurs :

$$(x-\alpha), (x-\alpha), (x-\zeta); (x-\zeta).$$

Les facteurs communs à-la-fois aux trois premières des équations ci-dessus , indiquent des facteurs triples dans la proposée ; c'est-à-dire, que si les premiers sont de la forme $(x-\alpha) (x-\zeta)$, par exemple, les seconds seront de celle-ci : $(x-\alpha)^3 (x-\zeta)^3$. Il est facile de pousser ces considérations aussi loin qu'on voudra.

206. Il est à propos de remarquer que l'équation $A=$o , qui, par le changement de a en x , devient

$$mx^{m-1}+(m-1)Px^{m-2}+(m-2)Qx^{m-3}\ldots+T=\text{o},$$

se déduit immédiatement de l'équation $V=$o , ou de la proposée

$$x^m+Px^{m-1}+Qx^{m-2}\ldots+Tx+U=\text{o},$$

en multipliant chacun des termes de cette dernière par l'exposant de la puissance de x qu'il renferme, et diminuant ensuite cet exposant d'une unité; sur quoi il faut observer que le terme U étant équivalent à $U \times x^0$, doit s'anéantir dans cette opération, où il se trouve multiplié par 0. L'équation $B = 0$ se tire de $A = 0$, comme $A = 0$ se tire de $V = 0$; $C = 0$ se tire de $B = 0$, comme celle-ci se tire de $A = 0$, et ainsi de suite (*).

207. Pour éclaircir ceci par un exemple, je prendrai l'équation

$$x^5 - 13x^4 + 67x^3 - 171x^2 + 216x - 108 = 0;$$

l'équation $A = 0$ devient dans ce cas

$$5x^4 - 52x^3 + 201x^2 - 342x + 216 = 0;$$

son diviseur commun avec la proposée est

$$x^3 - 8x^2 + 21x - 18.$$

Ce diviseur étant du troisième degré, doit renfermer lui-même plusieurs facteurs; il faut donc chercher s'il n'en aurait pas de communs avec l'équation $B = 0$, qui est ici

$$20x^3 - 156x^2 + 402x - 342 = 0;$$

et on trouve en effet pour résultat $x - 3$: donc la proposée a trois racines égales à 3, ou admet $(x-3)^3$ au nombre de ses facteurs. Divisant ensuite le premier diviseur commun par $x - 3$ autant de fois de suite qu'il est possible, c'est-à-dire deux fois, on trouve $x - 2$. Ce diviseur n'étant commun qu'à l'équation proposée et à l'équation $A = 0$, n'entre que deux fois dans la pro-

---

(*) On démontre dans la plupart des livres élémentaires, mais fort incomplètement, que le diviseur commun entre les équations $V = 0$ et $A = 0$, contient les facteurs égaux élevés à une puissance moindre d'une unité que dans la proposée; on le conclurait facilement de ce qui précède; mais j'ai renvoyé cette proposition au *Complément*, où elle est prouvée d'une manière qui me paraît simple et nouvelle.

posée. On voit enfin que cette équation est équivalente à

$$(x-3)^3 (x-2)^2 = 0.$$

208. L'équation (d) donnant les différences entre
la racine b et chacune des autres, lorsqu'on y met b
pour a, les différences entre la racine c et chacune des
autres, lorsqu'on y met c pour a, etc. ne changeant
point de forme par ces diverses substitutions, et conservant les mêmes coefficiens ainsi que la proposée, peut-
être généralisée de manière à renfermer toutes les différences des racines combinées deux à deux. Pour cela
il suffit d'en éliminer a au moyen de l'équation

$$a^m + Pa^{m-1} + Qa^{m-2} \ldots\ldots + Ta + U = 0;$$

car le résultat ne dépendant que des coefficiens, et ne
conservant aucune trace de la racine qu'on a considérée en particulier, conviendra également à toutes.

Il est visible que l'équation finale doit s'élever au
degré $m(m-1)$; car ses racines

$$\begin{array}{llll} a-b, & a-c, & a-d, & \text{etc.} \\ b-a, & b-c, & b-d, & \text{etc.} \\ c-a, & c-b, & c-d, & \text{etc.} \end{array}$$

sont en même nombre que les permutations qu'on peut
former en arrangeant deux à deux les m lettres a, b,
c, etc. De plus, puisque les quantités

$a-b$ et $b-a$, $a-c$ et $c-a$, $b-c$ et $c-b$, etc.

ne diffèrent que par le signe, les racines de l'équation
seront égales deux à deux, abstraction faite du signe;
ensorte que quand on aura $y = \alpha$, on aura en même
temps $y = -\alpha$. Il résulte de là que cette équation ne
doit renfermer que des termes où l'inconnue monte à
un degré pair; car son premier membre doit être le
produit d'un certain nombre de facteurs du second

degré de la forme

$$y^2 - a^2 = (y - a)(y + a) \quad (184);$$

elle sera donc elle-même de la forme

$$y^{2n} + py^{2n-2} + qy^{2n-4} \ldots + ty^2 + u = 0.$$

En faisant $y^2 = z$, on la changera en

$$z^n + pz^{n-1} + qz^{n-2} \ldots + tz + u = 0;$$

et l'inconnue z étant le quarré de y, aura pour valeurs les quarrés des différences des racines de la proposée.

Il est à-propos de remarquer que les différences entre les racines réelles de la proposée, étant nécessairement réelles, leurs quarrés seront positifs, et que par conséquent l'équation en z n'aura que des racines positives, si la proposée n'en a que de réelles.

Soit pour exemple l'équation

$$x^3 - 7x + 7 = 0;$$

en y faisant $x = a + y$, on aura

$$\left.\begin{array}{l} a^3 + 3a^2y + 3ay^2 + y^3 \\ -7a - 7y \\ +7 \end{array}\right\} = 0.$$

En supprimant les termes $a^3 - 7a + 7$, dont l'ensemble est nul, d'après l'équation proposée, et divisant le reste par y, il viendra

$$3a^2 + 3ay + y^2 - 7 = 0;$$

éliminant a entre cette équation et l'équation

$$a^3 - 7a + 7 = 0,$$

on aura

$$y^6 - 42y^4 + 441y^2 - 49 = 0;$$

faisant $z = y^2$, il viendra

$$z^3 - 42z^2 + 441z - 49 = 0.$$

209. La substitution de $a + y$ au lieu de x dans l'équation

$$x^m + Px^{m-1} + Qx^{m-2} \ldots + U = 0 \ (294),$$

s'emploie aussi quelquefois pour faire disparaître un des termes de cette équation. On ordonne alors le résultat par rapport aux puissances de y, qui remplace l'inconnue x; et on regarde la quantité a comme une seconde inconnue, qu'on détermine en égalant à zéro le coefficient du terme qu'on veut faire disparaître. On a de cette manière

$$\left.\begin{array}{l} y^m + may^{m-1} + \dfrac{m(m-1)}{1 \cdot 2} a^2 y^{m-2} \ldots + a^m \\ \ + Py^{m-1} + (m-1)\, Pay^{m-2} \ldots + Pa^{m-1} \\ \ \qquad + \qquad\quad Q\, y^{m-2} \ldots + Qa^{m-2} \\ \ldots \ldots \ldots \ldots \ldots \ldots \ldots \ldots \ldots \\ \qquad\qquad\qquad\qquad + U \end{array}\right\} = 0.$$

Si le terme qu'on veut ôter est le second, ou celui qui est affecté de y^{m-1}, on fait $ma + P = 0$, d'où on tire $a = -\dfrac{P}{m}$. Substituant cette valeur dans le résultat, il ne reste que les termes affectés de

$$y^m, \quad y^{m-2}, \quad y^{m-3}, \quad \text{etc.}$$

Il suit de là, *qu'on fait évanouir le second terme d'une équation, en substituant à l'inconnue de cette équation une nouvelle inconnue, à laquelle on joint le coefficient du second terme pris avec un signe contraire à celui dont il est affecté, et divisé par l'exposant du premier terme.*

Soit pour exemple l'équation

$$x^3 + 6x^2 - 3x + 4 = 0;$$

la règle donne

$$x = y - \tfrac{6}{3} = y - 2,$$

et substituant, il viendra

y

$$\left.\begin{array}{c} y^3 - 6y^2 + 12y - 8 \\ + 6y^2 - 24y + 24 \\ - 3y + 6 \\ + 4 \end{array}\right\} = 0,$$

ce qui se réduit à

$$y^3 - 15y + 26 = 0,$$

où le terme affecté de y^2 n'entre plus. On ferait dis=paraître le troisième terme (affecté de y^{m-2}), en égalant à zéro l'assemblage des quantités qui le mul-tiplient, c'est-à-dire en posant l'équation

$$\frac{m.(m-1)}{1 \cdot 2} a^2 + (m-1) Pa + Q = 0.$$

En suivant cette marche, on reconnaîtra facilement que l'évanouissement du quatrième terme dépendra d'une équation du troisième degré, et ainsi de suite jusqu'au dernier, qu'on ne pourra faire évanouir qu'en posant l'équation

$$a^m + Pa^{m-1} + Qa^{m-2} \ldots \ldots + U = 0,$$

absolument semblable à la proposée.

La raison de cette ressemblance est aisée à dé-couvrir. Egaler à zéro le dernier terme de l'équation en y, c'est supposer que l'une des valeurs de cette in-connue est zéro; et si l'on fait cette hypothèse dans l'équation $x = y + a$, il en résulte $x = a$; c'est-à-dire que dans ce cas la quantité a est nécessairement une des valeurs de x.

210. On a quelquefois besoin de décomposer une équation en facteurs d'un degré supérieur au premier; je ne saurais exposer ici en détail les divers pro-cédés que l'on peut employer à cet effet; je don-nerai seulement un exemple de cette recherche.
Soit l'équation

Elémens d'Algèbre.   T

$$x^5 - 24x^3 + 12x^2 - 11x + 7 = 0,$$

dont il faut déterminer les facteurs du troisième degré ; e représente l'un de ces facteurs par

$$x^3 + px^2 + qx + r,$$

les coefficiens p, q et r étant indéterminés. Ils doivent être tels que le premier membre de l'équation proposée soit exactement divisible par le facteur

$$x^3 + px^2 + qx + r,$$

indépendamment d'aucune valeur de x ; mais en faisant actuellement la division, on trouve pour reste

$$- (p^3 - 2pq - 24p + r - 12) x^2$$
$$- (p^2q - pr - q^2 - 24q + 11) x$$
$$- (p^2r - qr - 24r - 7),$$

expression qui s'annullerait d'elle-même, et indépendamment de x, si l'on y mettait pour les lettres p, q, et r, les valeurs qui conviennent à l'état de la question, on aurait donc alors

$$p^3 - 2pq - 24p + r - 12 = 0$$
$$p^2q - pr - q^2 - 24q + 11 = 0$$
$$p^2r - qr - 24r - 7 = 0.$$

Ces trois équations renferment les conditions nécessaires pour déterminer les inconnues p, q, et r, et c'est à leur résolution que se réduit la question proposée.

De la résolution par approximation des équations numériques.

211. Après avoir épuisé la recherche des diviseurs commensurables, il faut recourir aux méthodes d'approximation qui reposent sur le principe suivant :

Lorsqu'on a trouvé deux quantités qui, substituées dans une équation à la place de l'inconnue, donnent deux résultats de signe contraire, on peut en conclure qu'une des racines de l'équation proposée est comprise entre ces deux quantités, et est par conséquent réelle.

Soit, pour exemple, l'équation

$$x^3 - 13x^2 + 7x - 1 = 0;$$

si l'on substitue successivement 2 et 20 à la place de x, le premier membre, au lieu de se réduire à zéro, sera égal à -31 dans le premier cas, et à $+2939$ dans le second : on en peut conclure que cette équation a une racine réelle comprise entre 2 et 20, c'est-à-dire, plus grande que 2 et moindre que 20.

Comme j'aurai souvent besoin d'exprimer cette relation, j'emploierai les signes $>$ et $<$ dont se servent les algébristes pour marquer l'inégalité de deux grandeurs, en plaçant la plus grande des deux quantités devant l'ouverture du signe, et l'autre à la pointe. J'écrirai, en conséquence,

$$x > 2, \quad \text{pour } x \text{ plus grand que 2,}$$
$$x < 20, \quad \text{pour } x \text{ plus petit que 20.}$$

Pour prouver l'assertion précédente, voici comment on peut raisonner : en réunissant d'un côté les termes positifs de l'équation proposée, et de l'autre les termes négatifs, on a.

$$x^3 + 7x - (13x^2 + 1).$$

Cette quantité s'est trouvée négative lorsqu'on a fait $x = 2$, parce que, dans cette hypothèse,

$$x^3 + 7x < 13x^2 + 1,$$

et elle s'est trouvée positive lorsqu'on a fait $x = 20$, parce qu'alors

$$x^3 + 7x > 13x^2 + 1.$$

Les quantités

$$x^3 + 7x \quad \text{et} \quad 13x^2 + 1,$$

T 2

augmentent chacune de leur côté, lorsqu'on donne à x des valeurs de plus en plus grandes, valeurs qu'on peut prendre aussi proches les unes des autres qu'on voudra, ensorte qu'on pourra faire croître les quantités proposées par des degrés de telle petitesse qu'on le jugera à propos; mais puisque la première des quantités cidessus, d'abord plus petite que la seconde, est devenue ensuite plus grande, il est évident qu'elle a un accroissement plus rapide que l'autre, au moyen duquel elle compense l'excès que cette dernière avait sur elle, et la dépasse ensuite : il y a donc un moment où ces deux quantités sont égales. « C'est ainsi, dit La
» grange, que deux mobiles qu'on suppose parcourir
» une même droite, et qui, partant à-la-fois de deux
» points différens, arrivent en même temps à deux
» autres points, mais de manière que celui qui était
» d'abord en arrière se trouve ensuite plus avancé que
» l'autre, doivent nécessairement se rencontrer dans
» leur chemin. »

La valeur de x, quelle qu'elle soit (mais dont l'existence vient d'être prouvée), qui rend

$$x^3 + 7x = 13x^2 + 1,$$

donnant

$$x^3 + 7x - (13x^2 + 1) = 0,$$

ou

$$x^3 - 13x^2 + 7x - 1 = 0,$$

est nécessairement la racine de l'équation proposée.

Ce qu'on vient de voir sur l'équation particulière

$$x^3 - 13x^2 + 7x - 1 = 0,$$

peut s'appliquer à une équation quelconque, dont je désignerai les termes positifs par P, et les négatifs par N. Soit a la valeur de x qui a donné un résultat négatif, et b celle qui en a donné un positif; ces deux circonstances n'ont pu avoir lieu que parce que, par la première substitution, on avait $P < N$, et par la seconde, $P > N$: P ayant donc dépassé N, on en conclura, comme ci-dessus, qu'il existe une valeur de x comprise entre a et b, qui donne $P = N$.

Le raisonnement ci-dessus semble exiger que les valeurs qu'on donne à x soient toutes deux positives ou toutes deux négatives; car lorsqu'elles ont des signes différens, celle qui est négative fait changer de signe les termes de l'équation proposée, qui contiennent des puissances impaires de x, et par conséquent les expressions P et N ne sont pas composées de la même manière dans une substitution et dans l'autre. Cette difficulté disparaît en faisant $x = 0$; par-là l'équation proposée se réduit à son dernier terme, qui se trouve nécessairement de signe contraire au résultat de la première ou de la seconde substitution. Soit, par exemple, l'équation

$$x^4 - 2x^3 - 3x^2 - 15x - 3 = 0,$$

dont le premier membre, lorsqu'on y fait

$$x = -1 \quad \text{et} \quad x = 2,$$

devient $+12$ et -45. En supposant $x = 0$, il se réduit à -3; les deux substitutions

$$x = 0 \quad \text{et} \quad x = -1,$$

donnent donc deux résultats de signes contraires; mais en mettant $-y$ au lieu de x, l'équation proposée se change en

$$y^4 + 2y^3 - 3y^2 + 15y - 3 = 0,$$

et on a

$$P = y^4 + 2y^3 + 15y, \quad N = 3y^2 + 3,$$

d'où

T 3

$$P < N, \text{ lorsque } y = 0,$$
$$P > N, \text{ lorsque } y = 1.$$

On peut donc raisonner dans le cas actuel comme dans le précédent, et en conclure que l'équation en y a une racine réelle comprise entre 0 et $+ 1$; d'où il suit que celle de l'équation en x se trouve entre 0 et $- 1$, et par conséquent entre $+ 2$ et $- 1$.

La proposition que j'ai énoncée ne pouvant présenter que des cas qui rentrent dans l'un ou l'autre de ceux que je viens d'examiner, est suffisamment prouvée.

212. Avant d'aller plus loin, je ferai remarquer *que quel que soit le degré d'une équation et ses coefficiens, on peut toujours assigner un nombre qui, substitué à l'inconnue, rende le premier terme supérieur à la somme de tous les autres.* On sent d'abord la vérité de cette assertion, pour peu qu'on ait observé la marche que suivent les accroissemens des diverses puissances d'un nombre plus grand que l'unité (126). Parmi ces puissances, la plus élevée surpasse d'autant plus celles qui lui sont inférieures, que le nombre dont il s'agit est plus considérable; ensorte que rien ne limite l'excès de la première sur chacune des autres; et voici comment on peut trouver un nombre qui remplisse la condition énoncée.

Il est visible que le cas le plus défavorable serait celui où l'on rendrait tous les coefficiens de l'équation négatifs, et égaux au plus grand, c'est-à-dire, si au lieu de

$$x^m + P x^{m-1} + Q x^{m-2} \ldots + T x + U = 0,$$

on prenait

$$x^m - S x^{m-1} - S x^{m-2} \ldots - S x - S = 0,$$

S désignant le plus fort des coefficiens $P, Q, \ldots T, U$.

Le premier membre de cette dernière équation étant mis sous la forme

$$x^m - S(x^{m-1} + x^{m-2} \ldots + 1),$$

on remarquera que

$$x^{m-1} + x^{m-2} \ldots + 1 = \frac{x^m - 1}{x - 1} \quad (158):$$

cette expression changera la précédente en

$$x^m - \frac{S(x^m - 1)}{x - 1}, \text{ ou en } x^m - \frac{S \cdot x^m}{x - 1} + \frac{S}{x - 1};$$

et si l'on met M au lieu de x, il viendra

$$M^m - \frac{S\, M^m}{M - 1} + \frac{S}{M - 1},$$

quantité qu'on rendra évidemment positive, si l'on fait

$$M^m = \frac{S\, M^m}{M - 1}.$$

Maintenant, si l'on divise chaque membre de cette équation par M^m, on aura

$$1 = \frac{S}{M - 1} \quad \text{ou} \quad M = S + 1.$$

En substituant donc au lieu de x le plus grand des coefficiens de l'équation, augmenté de l'unité, on rendra le premier terme plus fort que la somme de tous les autres.

Le nombre M pourrait être plus petit, si l'on ne voulait que rendre la partie positive de l'équation proposée plus grande que la partie négative; car il suffirait, pour cela, de rendre le premier terme supérieur à la somme que donneraient tous les autres, quand même leurs coefficiens seraient égaux au plus grand des

T 4

coefficiens négatifs. On n'aurait donc qu'à prendre pour M ce coefficient augmenté de l'unité (*).

Il suit de là que les racines positives de l'équation proposée sont nécessairement comprises entre 0 et S + 1.

On peut aussi découvrir par le même moyen une limite des racines négatives; il faut pour cela substituer —y au lieu de x, dans l'équation proposée, et faire ensorte de rendre le premier terme positif, s'il devient négatif (178). Il est évident, par cette transformation, que les valeurs positives de y répondent aux valeurs négatives de x, et réciproquement. Si R est le plus grand coefficient négatif après ce changement, R + 1 sera une limite des valeurs positives de y; par conséquent — R — 1 sera celle des valeurs négatives de x.

Enfin si l'on voulait obtenir pour la plus petite des racines une limite plus approchante que zéro, on y parviendrait en substituant $\frac{1}{y}$ à la place de x dans l'équation proposée, et en préparant la transformée en y, comme on l'a prescrit dans le n° 178. Les valeurs de y étant inverses de celles de x, la plus grande des premières correspondrait à la plus petite des secondes, et réciproquement. Si donc S + 1 désignait la limite supérieure des valeurs de y, ou qu'on eût

$$y < S + 1,$$

ce qui donnerait

(*) On trouve dans la résolution des équations numériques de Lagrange, des formules qui donnent des limites plus resserrées; mais ce que j'ai dit ci-dessus suffit pour rendre indépendantes de la considération de l'infini, les propositions fondamentales de la résolution des équations.

$$\frac{1}{x} < S' + 1,$$

il en résulterait successivement

$$1 < (S' + 1)\,x, \quad \frac{1}{S' + 1} < x.$$

En effet, il est facile de voir qu'on peut, sans troubler l'ordre de grandeur de deux quantités séparées par des signes $<$ ou $>$, les multiplier ou les diviser par une même quantité, et qu'on peut aussi ajouter ou soustraire la même quantité de chaque côté des signes $>$ et $<$, qui jouissent à cet égard des mêmes propriétés que le signe d'égalité.

213. Il suit de ce qui précède, que *toute équation de degré impair a nécessairement une racine réelle d'un signe contraire à celui de son dernier terme;* car si on prend le nombre M tel que le signe de la quantité

$$M^m + P\,M^{m-1} + Q\,M^{m-2} \ldots \ldots + T.M \pm U$$

ne dépende que de celui de son premier terme M^m, l'exposant m étant impair, le terme M^m sera de même signe que le nombre M (128). Cela posé, si le dernier terme U a le signe $+$, et qu'on fasse $x = -M$, on aura un résultat de signe contraire à celui que donne la supposition de $x = 0$; d'où on voit que la proposée a une racine entre 0 et $-M$, c'est-à-dire négative. Si le dernier terme U a le signe $-$, on fait alors $x = +M$; il vient un résultat de signe contraire à la supposition de $x = 0$; et dans ce cas, la racine se trouve entre 0 et $+M$, c'est-à-dire positive.

214. Lorsque l'équation proposée est d'un degré pair, le premier terme M^m restant positif, quelque signe qu'on donne à M, on ne peut s'assurer, par ce qui précède, de l'existence d'une racine réelle, si le dernier

terme a le signe $+$, puisque', soit qu'on fasse $x = 0$, ou $x = \pm M$, on a toujours un résultat positif ; mais quand ce terme est négatif, on trouve, en faisant

$$x = + M, \quad x = 0, \quad x = - M,$$

trois résultats affectés respectivement des signes $+$, $-$ et $+$, et par conséquent l'équation proposée a au moins deux racines réelles dans ce cas, l'une positive, comprise entre M et 0, l'autre négative, comprise entre 0 et $- M$: donc *toute équation de degré pair dont le dernier terme est négatif, a au moins deux racines réelles, l'une positive et l'autre négative.*

215. Je viens maintenant à la résolution des équations par approximation, et afin de rendre plus clair ce que j'ai à dire sur ce sujet, je prends d'abord un exemple. Soit l'équation

$$x^4 - 4x^3 - 3x + 27 = 0 ;$$

son plus grand coefficient négatif étant $- 4$, il suit du n.° 212 que sa plus grande racine positive sera moindre que 5. En y substituant $- y$ au lieu de x, elle devient

$$y^4 + 4y^3 + 3y + 27 = 0 ;$$

et ce résultat ayant tous ses termes positifs, montre que y doit être négatif, d'où il suit que x est nécessairement positif, et que l'équation proposée ne saurait avoir de racines négatives : les racines réelles sont donc comprises entre 0 et $+ 5$.

La première méthode qui se présente pour parvenir à des limites plus approchées, consiste à supposer successivement

$$x = 1, \quad x = 2, \quad x = 3, \quad x = 4 ;$$

et si deux de ces nombres, substitués dans l'équation

proposée, donnent des résultats de signes contraires, ils seront de nouvelles limites des racines. Or, en faisant

$x = 1$, son premier membre devient $+ 21$,

$x = 2 \ldots\ldots\ldots\ldots\ldots\ldots\ldots\ldots + 5,$

$x = 3 \ldots\ldots\ldots\ldots\ldots\ldots\ldots\ldots - 9,$

$x = 4 \ldots\ldots\ldots\ldots\ldots\ldots\ldots\ldots + 15 ;$

on voit donc que cette équation a deux racines réelles, l'une comprise entre 2 et 3, et l'autre entre 3 et 4. Pour approcher encore plus de la première, on prendra le milieu entre les deux nombres qui la renferment, ce qui donnera 2,5 (*Arithm.* 129); on supposera ensuite $x = 2,5$: le résultat de cette substitution, qui est

$$+ 39,0625 - 62,5 - 7,5 + 27 = - 3,9375,$$

fait voir, puisqu'il est négatif, que la racine cherchée est entre 2 et 2,5. Prenant le milieu de ces deux nombres, il viendra 2,25 ; en se bornant à $x = 2,3$, on aura la racine cherchée, à moins d'un dixième près de sa valeur ; et on en approchera très-rapidement par le procédé suivant, dû à Newton.

On fera $x = 2,3 + y$; il est évident que l'inconnue y ne sera qu'une petite fraction dont on pourra négliger le quarré et les puissances supérieures : on aura de cette manière

$$x^4 = (2,3)^4 + 4 (2,3)^3 y$$
$$- 4 x^3 = - 4 (2,3)^3 - 12 (2,3)^2 y$$
$$- 3 x = - 3 (2,3) - 3 y ;$$

par ces substitutions, l'équation proposée deviendra

$$- 0,5839 - 17,812 y = 0,$$

et donnera

$$y = - \frac{0,5839}{17,812}.$$

Dans cette première opération, on n'ira pas au-delà des centièmes, et il en résultera

$$y = -0,03 \text{ et } x = 2,3 - 0,03 = 2,27.$$

Pour obtenir une nouvelle valeur de x plus exacte que la précédente, on supposera $x = 2,27 + y'$; et en substituant dans l'équation proposée, on ne tiendra compte que des premières puissances de y'. On trouvera

$$-0,0459535g - 18,046468y' = 0,$$

d'où

$$y' = -\frac{0,0459535g}{18,046468} = -0,0025,$$

et par conséquent $x = 2,2675$. On peut, en continuant ce procédé, approcher aussi près qu'on voudra de la vraie valeur de x.

La seconde racine réelle comprise entre 3 et 4, calculée de cette manière, sera

$$x = 3,6797;$$

en s'arrêtant à la quatrième décimale.

216. On appréciera l'exactitude de la méthode que je viens d'exposer, en cherchant la limite des valeurs des termes qu'on néglige.

Si l'équation proposée était

$$x^m + P x^{m-1} + Q x^{m-2} \ldots\ldots + Tx + U = 0,$$

la substitution de $a+y$, au lieu de x, donnerait pour résultat le premier de ceux que j'ai trouvés dans le n° 204, parce que a n'étant pas la racine de l'équation, mais seulement une valeur approchée de x, ne rend pas nulle la quantité

$$a^m + Pa^{m-1} + Qa^{m-2} \ldots\ldots + Ta + U.$$

En représentant cette dernière par V, on aura, au lieu de l'équation (d) du n° cité, la suivante,

$$V + \frac{A}{1}y + \frac{B}{1.2}y^2 + \frac{C}{1.2.3}y^3 \ldots\ldots + y^m = 0,$$

de laquelle on tirera

$$Ay = -V - \frac{B}{1.2}y^2 - \frac{C}{1.2.3}y^3 \ldots\ldots - y^m,$$

$$y = -\frac{V}{A} - \frac{By^2}{1.2A} - \frac{Cy^3}{1.2.3A} \ldots\ldots - \frac{y^m}{A}.$$

En négligeant les puissances de y, supérieures à la première, on s'arrête à

$$y = -\frac{V}{A},$$

et l'erreur est

$$-\frac{By^2}{1.2A} - \frac{Cy^3}{1.2.3A} \ldots\ldots - \frac{y^m}{A}.$$

Si a ne diffère de la vraie valeur de x que d'une quantité moindre que $\frac{1}{p}a$, l'erreur ci-dessus deviendra moindre que le nombre qu'on obtiendrait en y mettant $\frac{1}{p}a$ au lieu de y, ce qui donnerait

$$-\frac{B}{1.2A}\left(\frac{a}{p}\right)^2 - \frac{C}{1.2.3A}\left(\frac{a}{p}\right)^3 \ldots\ldots - \frac{1}{A}\left(\frac{a}{p}\right)^m.$$

En calculant cette quantité, on s'assurera si elle peut être négligée vis-à-vis de $\frac{V}{A}$ et si on la trouvait trop considérable pour cela, il faudrait chercher pour a un nombre plus près de la vraie valeur de x.

Au reste, lorsqu'on a calculé plusieurs des nombres y, y', y'', etc. et que les résultats obtenus forment une suite décroissante, l'approximation ne saurait être douteuse.

217. La méthode, dont je viens de faire usage, est connue sous le nom de *Méthode des Substitutions successives*. Lagrange l'a considérablement perfectionnée dans les Mémoires de l'Académie de Berlin (années 1767 et 1768). Il a d'abord remarqué qu'en ne substituant que des nombres entiers, on pouvait passer au-delà de plusieurs racines sans les appercevoir. En effet, si on avait, par exemple, l'équation

$$(x-\tfrac{1}{3})\,(x-\tfrac{1}{2})\,(x-3)\,(x-4) = 0,$$

et qu'on substituât au lieu de x, les nombres 0, 1, 2, 3, etc., on passerait au-delà des racines $\tfrac{1}{3}$ et $\tfrac{1}{2}$, sans en reconnaître l'existence, car on aurait

$$(0-\tfrac{1}{3})\,(0-\tfrac{1}{2})\,(0-3)\,(0-4) = +\,\tfrac{1}{3}\times\tfrac{1}{2}\times 3\times 4$$

$$(1-\tfrac{1}{3})\,(1-\tfrac{1}{2})\,(1-3)\,(1-4) = +\,\tfrac{2}{3}\times\tfrac{1}{2}\times 2\times 3,$$

résultats de même signe. Il est facile de voir que cette circonstance tient à ce que la substitution de 1 au lieu de x, fait changer en même tems de signe aux deux facteurs $x-\tfrac{1}{3}$ et $x-\tfrac{1}{2}$, qui, de négatifs qu'ils étaient lorsqu'on mettait 0 à la place de x, deviennent tous deux positifs; mais si l'on eût remplacé x par un nombre compris entre $\tfrac{1}{3}$ et $\tfrac{1}{2}$, le facteur $x-\tfrac{1}{3}$ seul aurait changé de signe, et on aurait obtenu un résultat négatif.

On tombera nécessairement sur un pareil nombre en substituant, au lieu de x, des nombres dont la différence soit moindre que celle des racines $\tfrac{1}{3}$ et $\tfrac{1}{2}$. Si par exemple on fait les substitutions $\tfrac{1}{7}$, $\tfrac{2}{7}$, $\tfrac{3}{7}$, $\tfrac{4}{7}$, $\tfrac{5}{7}$, etc., on trouvera deux changemens de signe.

On pourrait objecter à l'exemple ci-dessus, que lorsqu'on a fait disparaître les coefficiens fractionnaires
d'une équation, elle ne peut avoir pour racines que des
nombres entiers ou irrationnels, et non pas des fractions;
mais il est facile de voir que les nombres irrationnels,
qu'on a remplacés ici par des fractions pour plus de simplicité, peuvent différer de moins que l'unité.

En général, les résultats seront de même signe toutes
les fois que les substitutions changeront le signe d'un
nombre pair de facteurs. Pour obvier à cet inconvénient, il faut mettre entre les nombres à substituer,
depuis la plus petite limite jusqu'à la plus grande, une
différence moindre que la plus petite des différences
que peuvent avoir entr'elles les racines de l'équation
proposée ; par ce moyen les substitutions tomberont nécessairement entre les racines consécutives, et ne feront
changer de signe qu'à un seul facteur. Cette opération
n'exige pas qu'on connaisse la plus petite différence des
racines, mais seulement qu'on ait une limite au-dessous
de laquelle elle ne saurait tomber.

Pour se procurer cette limite, on formera l'équation
au quarré des différences des racines (208).

Soit

$$z^n + p z^{n-1} + q z^{n-2} \ldots + t z + u = 0 \ldots (D),$$

cette équation : pour obtenir la plus petite limite de ses
racines, on fera (212) $z = \dfrac{1}{v}$, et il viendra

$$\frac{1}{v^n} + p \frac{1}{v^{n-1}} + q \frac{1}{v^{n-2}} \ldots + t \frac{1}{v} + u = 0,$$

ou en réduisant tous les termes au même dénominateur ,

$$1 + pv + qv^2 \ldots\ldots + tv^{n-1} + uv^n = 0;$$

puis en dégageant v^n,

$$v^n + \frac{t}{u}v^{n-1} \ldots + \frac{q}{u}v^2 + \frac{p}{u}v + \frac{1}{u} = 0;$$

et si $\frac{r}{u}$ désigne le plus grand coefficient négatif de cette équation, on aura

$$\frac{1}{\frac{r}{u} + 1} < z.$$

Il ne faut considérer ici que la limite positive, la seule qui se rapporte aux racines réelles de la proposée.

Connaissant la limite

$$\frac{1}{\frac{r}{u} + 1} = \frac{u}{r + u},$$

moindre que le quarré de la plus petite différence des racines de la proposée, on en extraira la racine quarrée, ou du moins on prendra le nombre rationnel immédiatement au-dessous de cette racine; ce nombre, que je désignerai par k, marquera l'intervalle qu'il faudra mettre entre chacun des nombres à substituer. On formera ainsi les deux suites

$$0, \ +k, \ +2k, \ +3k, \ \text{etc.}$$
$$-k, \ -2k, \ -3k, \ \text{etc.}$$

desquelles on ne prendra que les termes compris entre les limites de la plus petite et de la plus grande des racines positives, et entre celle de la plus petite et de

la

la plus grande des racines négatives de l'équation proposée. Les changemens de signes qu'offrira la série des
résultats obtenus par la substitution de chacun de ces
nombres à la place de x, dans l'équation proposée, ma-
nifesteront ses diverses racines réelles, soit positives,
soit négatives.

218. Soit pour exemple l'équation

$$x^3 - 7x + 7 = 0,$$

qui m'a conduit, dans le n° 208, à l'équation

$$z^3 - 42z^2 + 441z - 49 = 0.$$

En faisant $z = \frac{1}{v}$, et en ordonnant, par rapport à v,
le résultat de cette substitution, on a

$$v^3 - 9v^2 + \frac{42}{49}v - \frac{1}{49} = 0,$$

d'où on tire

$$v < 10, \quad z > \frac{1}{10},$$

il faudra donc prendre $k = $ ou $< \frac{1}{\sqrt{10}}$. On satisferait
à cette condition en prenant $k = \frac{1}{4}$; mais il suffit de
supposer $k = \frac{1}{3}$: car en mettant 9 à la place de v dans
l'équation précédente, on obtient un résultat positif, et
qui ne peut devenir que plus grand lorsqu'on donnera
à v une valeur plus considérable, puisque les termes v^3
et $9v^2$ se détruisent déjà, et que $\frac{42}{49}v$ l'emporte sur $\frac{1}{49}$.

La plus grande limite des racines positives de l'équation proposée

$$x^3 - 7x + 7 = 0,$$

Élémens d'Algèbre. V

est 8 , et celle des racines négatives est — 8 ; on aura donc à substituer pour x les nombres

$$0, \frac{1}{3}, \frac{2}{3}, \frac{3}{3}, \frac{4}{3} \ldots\ldots\ldots \frac{24}{3},$$

$$-\frac{1}{3}, -\frac{2}{3}, -\frac{3}{3}, -\frac{4}{3} \ldots\ldots\ldots -\frac{24}{3}.$$

On peut éviter les fractions en faisant $x = \dfrac{x'}{3}$; car alors les différences entre les valeurs de x', seront triples de celles qui se trouvent entre les valeurs de x, et surpasseront par conséquent l'unité : il n'y aura plus qu'à substituer successivement

$$0, \quad 1, \quad 2, \quad 3, \ldots\ldots\ldots 24$$
$$-1, -2, -3, \ldots\ldots\ldots -24$$

dans l'équation

$$x'^3 - 63 x' + 189 = 0.$$

Les signes des résultats changeront de $+4$ à $+5$, de $+5$ à $+6$, et de -9 à -10, ensorte qu'on aura les valeurs positives.

$$\left. \begin{array}{l} x' > 4 \text{ et} < 5 \\ x' > 5 \text{ et} < 6 \end{array} \right\} \text{d'où} \left\{ \begin{array}{l} x > \frac{4}{3} \text{ et} < \frac{5}{3} \\ x > \frac{5}{3} \text{ et} < \frac{6}{3} \end{array} \right.$$

et la valeur négative de x' tombant en -9 et -10, celle de x sera entre $-\dfrac{9}{3}$ et $-\dfrac{10}{3}$.

Connaissant maintenant les diverses racines de l'équation proposée, à $\frac{1}{3}$ près, on pourrait en approcher davantage, comme dans le numéro 215.

219. Ce qu'on a pratiqué sur l'exemple du n° 215 et sur celui du numéro précédent, s'appliquera à une équa-

tion, d'un degré quelconque, et fera connaître les valeurs approchées de toutes les racines réelles de cette équation. On ne saurait disconvenir néanmoins que le calcul ne devienne pénible, lorsque l'équation proposée s'élève un peu haut; mais dans beaucoup de cas il ne sera pas nécessaire d'avoir recours à l'équation (D); ou bien on y suppléera par des moyens que l'étude des branches ultérieures de l'Analyse fera connaître (*).

Je ferai remarquer cependant que les substitutions successives des nombres 0, 1, 2, 3; etc. à la place de x, offrent souvent des indices suffisans pour faire soupçonner l'existence des racines dont la différence est moindre que l'unité. Dans l'exemple qui m'occupe, elles donnent les résultats

$$+7, \quad +1, \quad +1, \quad +13,$$

qui redeviennent croissans après avoir décru de $+7$ à $+1$. Cette marche rétrograde porte naturellement à croire qu'entre les deux nombres $+1$ et $+2$, il tombe deux racines; ou égales, ou presque égales. Pour vérifier ce soupçon, il faut multiplier l'inconnue. En faisant $x = \dfrac{y}{10}$, on trouve

$$y^3 - 700 x + 7000 = 0,$$

équation qui a deux racines positives, l'une entre 13 et 14, et l'autre entre 16 et 17.

Le nombre des tâtonnemens nécessaires pour découvrir ces racines, n'est pas très-grand; car ce n'est qu'entre 10 et 20 qu'il faut chercher y; et les valeurs de cette

(*) On peut voir aussi dans le Traité de la Résolution numérique des Equations, une méthode très-élégante donnée par Lagrange, pour éviter l'emploi de l'équation (D).

inconnue étant déterminées en nombres entiers, on en conclut celles de x à un dixième d'unité près.

220. Lorsque les coefficiens de l'équation que l'on se propose de résoudre, sont des nombres très-considérables, il est commode de la transformer en une autre dont les coefficiens soient resserrés dans des limites plus étroites. Si on avait, par exemple ,

$$x^4 - 80\,x^3 + 1998\,x^2 - 14937\,x + 5000 = 0,$$

on ferait $x = 10\,z$; il viendrait

$$z^4 - 8\,z^3 + 19,98\,z^2 - 14,937\,z + 0,5. = 0.$$

Dans ce résultat, on se contenterait d'abord de prendre les nombres entiers qui approchent le plus des coefficiens, et on aurait ainsi

$$z^4 - 8\,z^3 + 20\,z^2 - 15\,z + 0,5 = 0.$$

On trouverait sans peine que z a deux-valeurs réelles comprises entre 0 et 1, entre 1 et 2, d'où il suit que celles de la proposée sont entre 0 et 10, et entre 10 et 20.

Je ne parlerai point ici de la recherche des racines imaginaires, parce qu'elle repose sur des principes dont l'exposition me mènerait trop loin ; je la renvoie au *Complément* de ce Traité.

221. Lagrange a donné aux substitutions successives une forme qui a l'avantage de faire connaître immédiatement à chaque opération de combien on s'est approché de la vraie racine , et qui n'exige pas qu'on en ait d'abord la valeur à moins d'un dixième près.

Je représente par a le nombre entier immédiatement au-dessous de la racine cherchée ; il ne faudra , pour obtenir cette racine , qu'augmenter a d'une fraction : on aura donc $x = a + \dfrac{1}{y}$. L'équation en y qui résultera de la substitution de cette valeur dans la proposée, aura nécessairement une racine plus grande que l'unité; nommant b le nombre entier immédiatement au-dessous de cette racine, il viendra pour seconde approximation $x = a + \dfrac{1}{b}$.

Mais b n'étant, par rapport à y, que ce que a est par rapport à x, on pourra, dans l'équation en y, faire $y = b + \dfrac{1}{y'}$, et y' sera nécessairement plus grand que l'unité ; nommant b' le nombre entier immédiatement au-dessous de la racine de l'équation en y', on aura

$$y = b + \frac{1}{b'} = \frac{b\,b' + 1}{b'} :$$

remettant cette valeur dans celle de x, il en résultera

$$x = a + \frac{b'}{b\,b' + 1},$$

pour la troisième valeur approchée de x. On en trouvera une quatrième en faisant $y' = b' + \dfrac{1}{y''}$; car si b'' désigne le nombre entier immédiatement au-dessous de y'', on aura

$$y' = b' + \frac{1}{b''} = \frac{b'\,b'' + 1}{b''},$$

d'où

$$y = b + \frac{b''}{b'\,b'' + 1} = \frac{b\,b'\,b'' + b'' + b}{b'\,b'' + 1},$$

$$x = a + \frac{b'\,b'' + 1}{b\,b'\,b'' + b'' + b},$$

et ainsi de suite.

222. Je vais appliquer cette méthode à l'équation
$$x^3 - 7x + 7 = 0.$$
On a déjà vu (218) que la plus petite des racines

V 3

positives de cette équation était entre $\frac{4}{3}$ et $\frac{5}{3}$, c'est-à-dire,

entre 1 et 2 ; je ferai donc $x = 1 + \dfrac{1}{y}$, et j'aurai

$$y^3 - 4y^2 + 3y + 1 = 0.$$

La limite des racines positives de cette dernière est 5, et en substituant successivement 0, 1, 2, 3, 4, au lieu de y, on reconnaîtra bientôt qu'elle a deux racines plus grandes que l'unité, savoir, une entre 1 et 2, et l'autre entre 2 et 3. Il en résultera donc

$$x = 1 + \tfrac{1}{1} \quad \text{et} \quad x = 1 + \tfrac{1}{2},$$

c'est-à-dire,

$$x = 2 \quad \text{et} \quad x = \tfrac{3}{2}.$$

Ces deux valeurs correspondent à celles que j'ai trouvées entre $\frac{6}{3}$ et $\frac{5}{3}$, entre $\frac{5}{3}$ et $\frac{4}{3}$, et qui ne diffèrent pas d'une unité.

Pour porter plus loin le degré d'exactitude de la première, qui répond à $y = 1$, on fera

$$y = 1 + \frac{1}{y'},$$

et on aura

$$y'^3 - 2y'^2 - y' + 1 = 0.$$

On ne trouvera à cette équation qu'une seule racine plus grande que l'unité, et comprise entre 2 et 3, ce qui donnera

$$y = 1 + \tfrac{1}{2} = \tfrac{3}{2},$$

d'où

$$x = 1 + \tfrac{2}{3} = \tfrac{5}{3}.$$

Supposant ensuite $y' = 2 + \dfrac{1}{y''}$, il en résultera

$$y''^3 - 3y''^2 - 4y'' - 1 = 0;$$

on trouvera y'' entre 4 et 5. En prenant la plus petite

limite 4, il viendra

$$y' = 2 + \tfrac{1}{4}, \quad y = 1 + \tfrac{4}{9} = \tfrac{13}{9}, \quad x = 1 + \tfrac{9}{13} = \tfrac{22}{13}.$$

Rien n'est plus facile que de poursuivre ce procédé, en faisant $y'' = 4 + \dfrac{1}{y'''}$, et ainsi de suite.

Je reviens maintenant à la seconde valeur de x, que j'ai trouvée égale à $\tfrac{7}{7}$ par une première approximation, et qui répond à $y = 2$, je fais $y = 2 + \dfrac{1}{y'}$, et je substitue dans l'équation en y; j'aurai, après avoir changé les signes pour rendre le premier terme positif,

$$y'^3 + y'^2 - 2y' - 1 = 0.$$

Cette équation n'aura, comme sa correspondante dans l'opération ci-dessus, qu'une racine qui surpasse l'unité, savoir, entre 1 et 2. Prenant $y' = 1$, il en résultera

$$y = 3, \qquad x = \tfrac{4}{3}.$$

Posant encore

$$y' = 1 + \dfrac{1}{y''},$$

il viendra

$$y''^3 - 3y''^2 - 4y'' - 1 = 0,$$

équation qui donne y'' entre 4 et 5, et d'où il suit par conséquent

$$y' = \tfrac{5}{4}, \quad y = \tfrac{14}{5}, \quad x = \tfrac{19}{14}.$$

Pour aller au-delà, on fera $y'' = 4 + \dfrac{1}{y'''}$, et ainsi de suite.

L'équation $x^3 - 7x + 7 = 0$ a aussi une racine négative comprise entre -3 et -4. Pour en approcher davantage, on fera $x = -3 - \dfrac{1}{y}$; ce qui donnera

$$y^3 - 20y^2 - 9y - 1 = 0, \quad y > 20 \text{ et} < 21,$$

d'où il résultera

$$x = -3 - \tfrac{1}{20} = -\tfrac{61}{20}.$$

En poussant plus loin, on supposera $y = 20 + \dfrac{1}{y'}$, etc. et on obtiendra successivement des valeurs de plus en plus exactes.

Les différentes transformées en y, y', y'', etc. n'auront jamais qu'une racine plus grande que l'unité, tant que deux ou un plus grand nombre de racines de la proposée ne seront pas comprises entre les mêmes limites a et $a + 1$; mais quand cette circonstance aura lieu, comme on l'a vu dans l'exemple ci-dessus, on trouvera dans quelques-unes des équations en y, y', etc. plusieurs valeurs plus grandes que l'unité, desquelles partiront les suites d'équations qui feront connaître en particulier les diverses racines que la proposée a entre les limites a et $a + 1$.

Le lecteur pourra s'exercer encore sur l'équation

$$x^3 - 2x - 5 = 0,$$

dont la racine réelle tombe entre 2 et 3; il trouvera pour les valeurs entières de y, y', etc.

$$10, 1, 1, 2, 1, 3, 1, 1, 12, \text{ etc.}$$

et pour les valeurs approchées de x,

$$\tfrac{2}{1}, \tfrac{21}{10}, \tfrac{23}{11}, \tfrac{44}{21}, \tfrac{111}{53}, \tfrac{155}{74}, \tfrac{176}{275}, \tfrac{711}{349}, \tfrac{1107}{624}, \tfrac{16415}{7837}.$$

Des proportions et des progressions.

223. On a vu dans l'Arithmétique la définition et les propriétés fondamentales de la *proportion* et de l'*équidifférence*, c'est-à-dire, de ce qu'on appelait la *proportion géométrique* et la *proportion arithmétique*; j'appliquerai ici l'Algèbre à ces notions, et j'arriverai par ce moyen

à quelques résultats qui sont d'un usage fréquent dans la géométrie.

Je commencerai par faire observer que l'équidiffé-rence et la proportion peuvent s'exprimer par des équations. Soient A, B, C, D, les quatre termes de la première, a, b, c, d, ceux de la seconde ; on aura

$$B-A=D-C \,(\textit{Arithm.}\,127), \quad \frac{b}{a}=\frac{d}{c} \;\;(\textit{Arithm.}\,111),$$

équations qui doivent être regardées comme équivalentes aux expressions

$$A \,.\, B \,:\, C \,.\, D, \qquad a : b :: c : d,$$

et qui donnent

$$A+D=B+C, \qquad ad=bc.$$

Il suit de là que, *dans l'équidifférence, la somme des termes extrêmes égale celle des termes moyens, et que dans la proportion, le produit des termes extrêmes est égal à celui des termes moyens*, ainsi qu'on l'a vu dans l'Arithmétique (127 113), par des raisonnemens dont les équations ci-dessus ne sont que la traduction.

Les propositions réciproques des précédentes se démontrent facilement ; car des équations

$$A+D=B+C, \qquad ad=bc,$$

on revient sur-le-champ à

$$D-C=B-A, \quad \frac{b}{a}=\frac{d}{c},$$

et par conséquent, *lorsque quatre quantités sont telles, que deux d'entr'elles donnent la même somme ou le même produit que les deux autres, les premières sont les moyens et les secondes les extrêmes* (ou réciproquement) *d'une équidifférence ou d'une proportion.*

Quand $B=C$, l'équidifférence est dite *continue*, il

en est de même de la proportion, quand $b = c$: et on a alors

$$A + D = 2B, \qquad ad = b^2 :$$

c'est-à-dire, que *dans une équidifférence continue, la somme des extrêmes est égale au double du moyen; et que dans une proportion continue, le produit des extrêmes est égal au quarré du moyen.* On tire de là

$$B = \frac{A + D}{2}, \qquad b = \sqrt{ad};$$

la quantité B est le *milieu* (ou la moyenne proportionnelle arithmétique) entre A et D, et la quantité b la *moyenne proportionnelle* (géométrique) entre a et d.

Les équations fondamentales

$$B - A = D - C, \qquad \frac{b}{a} = \frac{d}{c},$$

conduisent encore aux suivantes :

$$C - A = D - B, \qquad \frac{c}{a} = \frac{d}{b};$$

ce qui fait voir que l'on peut, dans les expressions $A.B:C.D$, $a:b::c:d$, changer les moyens de place, et en déduire $A.C:B.D$, $a:c::b:d$. En général, on pourra faire toutes les transpositions de termes qui s'accorderont avec les équations

$$A + D = B + C \text{ et } ad = bc \ (Arithm. \ 114).$$

Je laisserai maintenant de côté l'équidifférence, pour m'occuper de la proportion.

224. On peut, aux deux membres de l'équation $\frac{b}{a} = \frac{d}{c}$, ajouter ou retrancher une même quantité m, ensorte qu'on aura

$$\frac{b}{a} \pm m = \frac{d}{c} \pm m;$$

réduisant les termes de chaque membre au même dénominateur, il viendra

$$\frac{b \pm m a}{a} = \frac{d \pm m c}{c},$$

équation qu'on peut mettre sous la forme

$$\frac{c}{a} = \frac{d \pm m c}{b \pm m a},$$

et qui revient à cette proportion :

$$b \pm m a : d \pm m c :: a : c;$$

et comme $\frac{c}{a} = \frac{d}{b}$, on aura pareillement

$$\frac{b \pm m c}{d \pm m a} = \frac{d}{b}$$

ou $$b \pm m a : d \pm m c :: b : d.$$

Ces deux proportions peuvent s'énoncer ainsi : *Le premier conséquent, plus ou moins un certain nombre de fois son antécédent, est au second conséquent, plus ou moins le même nombre de fois son antécédent, comme le premier terme est au troisième, ou comme le second est au quatrième.*

En comparant séparément les sommes entr'elles et les différences entr'elles, on aura

$$\frac{d + m c}{b + m a} = \frac{c}{a}, \qquad \frac{d - m c}{b - m a} = \frac{c}{a},$$

d'où l'on conclura

$$\frac{d + m c}{b + m a} = \frac{d - m c}{b - m a},$$

c'est-à-dire,

$$b + m a : d + m c :: b - m a : d - m c.$$

ou bien , en changeant les moyens de place

$$b + ma : b - ma :: d + mc : d - mc,$$

et si on fait $m = 1$, on aura seulement,

$$b + a : b - a :: d + c : d - c,$$

ce qui s'énonce ainsi

La somme des deux premiers termes est à leur différence comme la somme des deux derniers est à leur différence.

225. La proportion $a : b :: c : d$ pouvant s'écrire ainsi :

$$a : c :: b : d,$$

on aura

$$\frac{c}{a} \pm m = \frac{d}{b} \pm m,$$

d'où

$$\frac{c \pm ma}{a} = \frac{d \pm mb}{b},$$

et enfin ;

$$c \pm ma : d \pm mb :: a : b \quad \text{ou} \quad :: c : d,$$

d'où il résulte *que le second antécédent , plus ou moins un certain nombre de fois le premier, est au second conséquent , plus ou moins le même nombre de fois le premier, comme l'un quelconque des antécédens est à son conséquent.*

Cette proposition peut aussi se conclure immédiatement de celle du numéro précédent ; car en changeant de place les moyens dans la proportion primitive

$$a : b :: c : d,$$

puis en lui appliquant la proposition citée, on a successivement

$$a : c :: b : d,$$
$$c \pm ma : d \pm mb :: a : b \quad \text{ou} \quad :: c : d,$$

et rendant pour cette dernière, aux lettres a, b, c, d, la dénomination qu'elles ont dans la proportion primitive, on a l'énoncé précédent.

Faisant $m = 1$, on en tirera les proportions particulières

$$c \pm a : d \pm b :: a : b$$
$$:: c : d,$$
$$c + a : c - a :: d + b : d - b;$$

ce qui veut dire que *la somme ou la différence des antécédens est à la somme ou à la différence des conséquens, comme un antécédent est à son conséquent, et que la somme des antécédens est à leur différence comme celle des conséquens est à leur différence.*

En général, si l'on a

$$\frac{b}{a} = \frac{d}{c} = \frac{f}{e} = \frac{h}{g}, \text{ etc.}$$

et qu'on fasse $\frac{b}{a} = q$, on aura

$$\frac{d}{c} = q; \quad \frac{f}{e} = q, \quad \frac{h}{g} = q, \text{ etc.}$$

ce qui donnera

$$b = aq, \quad d = cq, \quad f = eq, \quad h = gq, \text{ etc.,}$$

et en ajoutant ces équations membre à membre, il viendra

$$b + d + f + h = aq + cq + eq + gq$$

ou $\quad b + d + f + h = q(a + c + e + g),$

d'où il suit

$$\frac{b + d + f + h}{a + c + e + g} = q = \frac{b}{a}.$$

On énonce ce résultat en disant que *dans une suite de rapports égaux, $a : b :: c : d :: e : f :: g : h$, etc.,*

*la somme d'un nombre quelconque d'antécédens est à la
somme d'un pareil nombre de conséquens, comme
un antécédent est à son conséquent.*

226. Lorsqu'on a ces deux équations,

$$\frac{b}{a} = \frac{d}{c}, \quad \text{et} \quad \frac{f}{e} = \frac{h}{g},$$

on en peut multiplier les premiers membres entr'eux,
et les seconds entr'eux, et il viendra

$$\frac{bf}{ae} = \frac{dh}{cg};$$

équation équivalente à la proportion

$$ae : bf :: cg : dh,$$

laquelle s'obtiendrait aussi en multipliant chaque terme
de la proportion,

$$a : b :: c : d,$$

par celui qui lui correspond dans la proportion

$$e : f :: g : h.$$

Deux proportions multipliées ainsi terme par terme,
sont dites *multipliées par ordre;* et les produits qui en
résultent sont, comme on voit, en proportion : les
nouveaux rapports sont les rapports *composés* des rapports primitifs (*Arith.* 123).

Il est aisé de se convaincre qu'on arriverait également à une proportion, en divisant deux proportions
terme à terme, ou par *ordre.*

227. Lorsqu'on a

$$\frac{b}{a} = \frac{d}{c},$$

on en peut conclure que

$$\frac{b^m}{a^m} = \frac{d^m}{c^m},$$

ce qui donne

$$a^m : b^m :: c^m : d^m \, ;$$

d'où il suit que *les quarrés, les cubes, et en général les puissances semblables de quatre quantités en proportion, sont aussi en proportion.*

La même chose aurait lieu pour des puissances fractionnaires, puisque

$$\sqrt[m]{\frac{b}{a}} = \frac{\sqrt[m]{b}}{\sqrt[m]{a}} \, ;$$

et que

$$\sqrt[m]{\frac{d}{c}} = \frac{\sqrt[m]{d}}{\sqrt[m]{c}} \, ;$$

car il en résulte

$$\frac{\sqrt[m]{b}}{\sqrt[m]{a}} = \frac{\sqrt[m]{d}}{\sqrt[m]{c}} \, ,$$

ou

$$\sqrt[m]{a} : \sqrt[m]{b} :: \sqrt[m]{c} : \sqrt[m]{d} \, ,$$

si $a : b :: c : d$: c'est-à-dire, *que les racines du même degré, de quatre quantités en proportion, sont elles-mêmes en proportion.*

Tels sont les principaux points de la théorie des proportions. Cette théorie n'a été inventée que pour découvrir des quantités, en les comparant avec d'autres. On a conservé pendant long-temps les noms latins attachés aux différens changemens ou transformations que peut subir une proportion : on commence aujourd'hui à n'en plus charger la mémoire de ceux qui étudient les mathématiques; et tout l'échafaudage des proportions deviendrait inutile, si on leur substituait les équations correspondantes, ce qui donnerait, je pense, plus d'uniformité aux méthodes, et plus de netteté aux idées.

228. Des proportions aux progressions le passage est facile. Ayant conçu, dans l'équidifférence continue, trois quantités, dont la dernière surpassait la seconde autant que celle-ci surpassait la première, on a bientôt imaginé de considérer un nombre indéfini de quantités, a, b, c, d, etc., telles que chacune d'elles surpassât celle qui la précède d'une même quantité δ, ensorte que

$$b = a + \delta, c = b + \delta, d = c + \delta, e = d + \delta, \text{ etc.}$$

L'ensemble de ces quantités s'écrit ainsi :

$$\div a \cdot b \cdot c \cdot d \cdot e \cdot f \cdot \text{ etc.,}$$

et se nommait *progression arithmétique*; mais j'ai cru devoir changer ce nom en celui de *progression par différences*. (Voyez *Arith.* note du n° 127).

On peut calculer un terme quelconque de cette progression, sans le secours des intermédiaires. En effet, si on met pour b sa valeur dans celle de c, il en résultera

$$c = a + 2\delta;$$

avec cette dernière on trouvera

$$d = a + 3\delta, \text{ puis } e = a + 4\delta,$$

et ainsi de suite; d'où on voit qu'en nommant l le terme dont le rang serait marqué par n, on aurait

$$l = a + (n - 1)\delta.$$

Soit

Soit, par exemple, la progression

$$\div 3 . 5 . 7 . 9 . 11 . 13 . 15 . 17 , \text{etc.} ;$$

ici le premier terme $a = 3$, la différence (ou la *raison*) $\delta = 2$; on trouvera pour le huitième terme ,

$$3 + (8 - 1) 2 = 17 ,$$

ainsi qu'on le conclut en calculant tous ceux qui le précèdent.

La progression que je viens de considérer était *croissante*; en l'écrivant dans un ordre inverse, tel que celui-ci :

$$\div 17 . 15 . 13 . 11 . 9 . 7 . 5 . 3 . 1 . - 1 . - 3 , \text{etc.} ;$$

elle serait *décroissante*. On en trouverait encore un terme quelconque au moyen de la formule $a + (n - 1) \delta$, en observant que δ doit y être supposé négatif, puisque la différence doit alors se retrancher d'un terme quelconque pour obtenir le suivant.

229. On parvient aussi très-simplement à connaître la somme d'un nombre quelconque de termes de la progression par différences. Cette progression étant représentée par

$$\div a . b . c \ldots\ldots\ldots i . k . l ,$$

et S désignant la somme de tous ses termes, on aura

$$S = a + b + c \ldots\ldots\ldots + i + k + l.$$

En écrivant les termes du second membre de cette équation, dans un ordre inverse du précédent, on aura encore

$$S = l + k + i \ldots\ldots\ldots + c + b + a.$$

Si on ajoute ces équations, et qu'on réunisse les termes qui se correspondent, il viendra

$$2S = (a + l) + (b + k) + (c + i) + (i + c) + (k + b) + (l + a)$$

Elémens d'Algèbre.   X

mais par la nature de la progression, on a, en partant du premier terme,

$$a+\delta=b,\ b+\delta=c,\ \dots\dots i+\delta=k,\ k+\delta=l,$$

et par conséquent, en partant du dernier,

$$l-\delta=k,\ k-\delta=i,\ \dots\dots c-\delta=b,\ b-\delta=a:$$

l'addition des équations correspondantes fait voir sur-le-champ que

$$a+l=b+k=c+i,\text{etc.},$$

et que par conséquent

$$2S=n(a+l);$$

d'où il suit

$$S=\frac{n(a+l)}{2},$$

En appliquant cette formule à la progression

$$\div 3.5.7.9.\text{etc.};$$

on trouvera pour la somme des huit premiers termes,

$$\frac{(3+17)8}{2}=80.$$

230. L'équation

$$l=a+(n-1)\delta,$$

jointe à

$$S=\frac{(a+l)n}{2},$$

donne le moyen de trouver deux quelconques des cinq quantités a, δ, n, l et S, lorsqu'on connaît les trois autres; je ne m'arrêterai pas à traiter chacun des cas qui peuvent se présenter.

231. On a tiré de la proportion, la progression par *quotiens* (ou la progression *géométrique*), qui consiste dans une suite de termes tels que le quotient d'un

terme divisé par celui qui le précède, est le même, quelque part que soient pris ces deux termes. Les suites

$$\div\ 2 : 6 : 18 : 54 : 162 : \text{etc.},$$
$$\div\ 45 : 15 : 5 : \tfrac{5}{3} : \tfrac{5}{9} : \text{etc.},$$

sont des progressions de ce genre; le quotient (ou la *raison*) est 3 dans l'une et $\tfrac{1}{3}$ dans l'autre : la première est croissante, et la seconde décroissante. Chacune de ces progressions forme une suite de rapports égaux, et c'est pour cela qu'on les écrit comme ci-dessus.

Soient

$$a, b, c, d, \dots\dots\dots k, l,$$

les termes d'une progression quelconque par quotiens : faisant $\dfrac{b}{a} = q$, j'aurai, par la nature de cette progression,

$$q = \frac{b}{a} = \frac{c}{b} = \frac{d}{c} = \frac{e}{d} \dots = \frac{l}{k};$$

où $b = aq,\ c = bq,\ d = cq,\ e = dq,\ \dots\ l = kq.$ Mettant successivement la valeur de b dans celle de c, cette dernière dans celle de d, et ainsi des autres, il viendra

$$b = aq,\ c = aq^2,\ d = aq^3,\ e = aq^4, \dots l = aq^{n-1},$$

en désignant par n le rang du terme l, ou le nombre des termes que l'on considère dans la progression proposée.

À l'aide de la formule $l = aq^{n-1}$, on peut calculer un terme quelconque sans passer par tous les intermédiaires. Le dixième terme de la progression

$$\div\ 2 : 6 : 18 : \text{etc.},$$

par exemple, est égal $2 \times 3^9 = 39366.$

232. On peut obtenir aussi la somme d'autant de termes qu'on voudra de la progression

$\div a : b : c : d$, etc.,

en ajoutant entr'elles les équations

$$b = a q, \; c = b q, \; d = c q, \; e = d q; \; \ldots l = k q;$$

car il en résultera

$$b + c + d + e \ldots + l = (a + b + c + d \ldots + k) q;$$

et en nommant S la somme cherchée, on aura

$$b + c + d + e \ldots + l = S - a$$
$$a + b + c + d \ldots + k = S - l,$$

d'où l'on conclura

$$S - a = q(S - l),$$

et par conséquent,

$$S = \frac{q l - a}{q - 1}.$$

Dans l'exemple ci-dessus, on trouverait pour la somme des dix premiers termes de la progression

$$\div 2 : 6 : 18 : \text{etc.,}$$

$$\frac{2 \times 3^{10} - 2}{2} = 3^{10} - 1 = 59048.$$

233. Les deux équations

$$l = a q^{n-1}, \; S = \frac{q l - a}{q - 1},$$

renferment les relations que les cinq quantités a, q, n, l et S, doivent avoir entr'elles dans la progression par quotiens, et feront connaître deux quelconques de ces quantités, lorsque les trois autres seront données.

234. Si on substitue $a q^{n-1}$ à la place de l, dans l'expression de S, il viendra

$$S = \frac{a (q^{n} - 1)}{q - 1}.$$

Lorsque q sera un nombre entier, la quantité q^n sera d'autant plus grande, que le nombre n sera plus considérable ; et S sera susceptible de surpasser telle quantité que l'on voudra, en donnant à n une valeur convenable, c'est-à-dire, en prenant un nombre suffisant de termes de la progression proposée. Mais si q est une fraction représentée par $\frac{1}{m}$, on aura

$$S = \frac{a\left(\frac{1}{m^n}-1\right)}{\frac{1}{m}-1} = \frac{a\,m\left(1-\frac{1}{m^n}\right)}{m-1} = \frac{a\,m - \dfrac{a}{m^{n-1}}}{m-1};$$

et il est évident que plus le nombre n deviendra grand, plus le terme $\frac{a}{m^{n-1}}$, deviendra petit, et plus par conséquent la valeur de S approchera de la quantité $\frac{a\,m}{m-1}$, dont elle ne diffère que de

$$\frac{a}{(m-1)\,m^{n-1}};$$

donc, plus on prendra de termes dans la progression proposée, plus leur somme approchera de $\frac{a\,m}{m-1}$. Elle pourra même en différer de moins que telle petite quantité qu'on puisse assigner, sans jamais lui être rigoureusement égale.

La quantité $\frac{a\,m}{m-1}$, que je désignerai par L, est, comme on voit, une limite dont les sommes partielles représentées par S, s'approchent de plus en plus.

En appliquant ces considérations à la progression

$$\div 1 : \tfrac{1}{2} : \tfrac{1}{4} : \tfrac{1}{8} : \tfrac{1}{16}, \text{ etc.},$$

on aura

Lorsque q sera un nombre entier, la quantité q^n sera d'autant plus grande, que le nombre n sera plus considérable ; et S sera susceptible de surpasser telle quantité que l'on voudra, en donnant à n une valeur convenable, c'est-à-dire, en prenant un nombre suffisant de termes de la progression proposée. Mais si q est une fraction représentée par $\frac{1}{m}$, on aura

$$S = \frac{a\left(\frac{1}{m^n} - 1\right)}{\frac{1}{m} - 1} = \frac{a\,m\left(1 - \frac{1}{m^n}\right)}{m - 1} = \frac{a\,m - \frac{a}{m^{n-1}}}{m - 1};$$

et il est évident que plus le nombre n deviendra grand, plus le terme $\frac{a}{m^{n-1}}$, deviendra petit, et plus par conséquent la valeur de S approchera de la quantité $\frac{a\,m}{m-1}$, dont elle ne diffère que de

$$\frac{a}{(m-1)\,m^{n-1}}:$$

donc, plus on prendra de termes dans la progression proposée, plus leur somme approchera de $\frac{a\,m}{m-1}$. Elle pourra même en différer de moins que telle petite quantité qu'on puisse assigner, sans jamais lui être rigoureusement égale.

La quantité $\frac{a\,m}{m-1}$, que je désignerai par L, est, comme on voit, une limite dont les sommes partielles représentées par S, s'approchent de plus en plus.

En appliquant ces considérations à la progression

$$1 : \tfrac{1}{2} : \tfrac{1}{4} : \tfrac{1}{8} : \tfrac{1}{16}, \text{ etc.},$$

on aura

$$\div a : b : c : d, \text{ etc.},$$

en ajoutant entr'elles les équations

$$b = aq, \ c = bq, \ d = cq, \ e = dq; \ldots l = kq;$$

car il en résultera

$$b + c + d + e \ldots + l = (a + b + c + d \ldots + k) q;$$

et en nommant S la somme cherchée, on aura

$$b + c + d + e \ldots + l = S - a$$
$$a + b + c + d \ldots + k = S - l,$$

d'où l'on conclura

$$S - a = q (S - l),$$

et par conséquent,

$$S = \frac{q l - a}{q - 1}.$$

Dans l'exemple ci-dessus, on trouverait pour la somme des dix premiers termes de la progression

$$\div 2 : 6 : 18 : \text{etc.},$$

$$\frac{2 \times 3^{10} - 2}{2} = 3^{10} - 1 = 59048.$$

233. Les deux équations

$$l = a q^{n-1}, \ S = \frac{q l - a}{q - 1},$$

renferment les relations que les cinq quantités a, q, n, l et S, doivent avoir entr'elles dans la progression par quotiens, et feront connaître deux quelconques de ces quantités, lorsque les trois autres seront données.

234. Si on substitue $a q^{n-1}$ à la place de l, dans l'expression de S, il viendra

$$S = \frac{a \ (q^{n} - 1)}{q - 1}.$$

$$a = 1, \quad q = \frac{1}{m} = \frac{1}{2},$$

d'où

$$m = 2, \quad L = \frac{am}{m-1} = 2;$$

et plus on prendra de termes dans la progression ci-dessus, plus leur somme approchera d'être égale à 2. On trouve en effet

$$1 \qquad\qquad = 1 = 2 - 1$$
$$1 + \tfrac{1}{2} \qquad\qquad = \tfrac{3}{2} = 2 - \tfrac{1}{2}$$
$$1 + \tfrac{1}{2} + \tfrac{1}{4} \qquad = \tfrac{7}{4} = 2 - \tfrac{1}{4}$$
$$1 + \tfrac{1}{2} + \tfrac{1}{4} + \tfrac{1}{8} \qquad = \tfrac{15}{8} = 2 - \tfrac{1}{8}$$
$$1 + \tfrac{1}{2} + \tfrac{1}{4} + \tfrac{1}{8} + \tfrac{1}{16} = \tfrac{31}{16} = 2 - \tfrac{1}{16}$$

etc.

L'expression de L peut être considérée comme la somme de la progression décroissante par quotiens, continuée à l'infini, et c'est ainsi qu'on la présente ordinairement; mais on ne peut cependant s'en former une idée bien nette, qu'en l'envisageant sous le point de vue d'une limite.

235. On peut tirer de l'expression

$$S = \frac{a(q^n - 1)}{q - 1},$$

tous les termes qui composent la progression dont elle représente la somme; car si on effectue la division de $q^n - 1$ par $q - 1$ (158), on trouvera

$$\frac{q^n - 1}{q - 1} = \frac{1 - q^n}{1 - q} = 1 + q + q^2 + q^3 + q^4 \ldots \ldots + q^{n-1},$$

ce qui donne

$$S = a + aq + aq^2 \ldots \ldots + aq^{n-1}.$$

La valeur de L remplit le même but, lorsqu'on effectue la division de m par $m - 1$, comme il suit :

$$
\begin{array}{c|l}
m & m-1 \\
\hline
-m+1 & 1 + \dfrac{1}{m} + \dfrac{1}{m^2} + \dfrac{1}{m^3} + \text{etc.}
\end{array}
$$

$$-1 + \frac{1}{m}$$

$$-\frac{1}{m} + \frac{1}{m^2}$$

$$-\frac{1}{m^2} + \frac{1}{m^3}$$

etc.

On divise d'abord m, comme à l'ordinaire, par le premier terme du diviseur; ce qui donne pour quotient 1; on multiplie ce quotient par le diviseur, et on retranche le produit du dividende; on divise ensuite le reste 1 par le premier terme du diviseur; on trouve pour quotient $\frac{1}{m}$, qu'on multiplie par le diviseur, et on a pour reste $\frac{1}{m}$: on opère sur ce reste comme sur le précédent. En continuant ainsi, on apperçoit bientôt la loi que suivent tous les quotiens partiels, et l'on voit que l'expression $\frac{m}{m-1}$ est équivalente à la série

$$1 + \frac{1}{m} + \frac{1}{m^2} + \frac{1}{m^3} + \text{etc.},$$

continuée à l'infini; mettant pour m sa valeur $\frac{1}{q}$, et multipliant par a, on retrouve

$$a + aq + aq^2 + aq^3 + \text{etc.};$$

pour la progression dont L exprime la limite.

236. On regarde le développement

$$1 + \frac{1}{m} + \frac{1}{m^2} + \frac{1}{m^3} + \text{etc.},$$

X 4

comme la valeur de la fraction $\dfrac{m}{m-1}$, toutes les fois qu'il est *convergent*, c'est-à-dire, que les termes qui le composent diminuent en s'éloignant du premier.

En effet ; si on arrête la division précédente successivement au premier, au second, au troisième .... reste, on trouve

les quotiens 1 | et les restes 1

$$1 + \frac{1}{m} \qquad\qquad \frac{1}{m}$$

$$1 + \frac{1}{m} + \frac{1}{m^2} \qquad\qquad \frac{1}{m^2}$$

etc. | etc.

les uns n'approchent de la vraie valeur qu'autant que les autres vont en diminuant; et cette circonstance n'a lieu que lorsque m surpasse l'unité. Dans tous les autres cas, on ne peut se permettre de négliger les restes, qui, croissant sans cesse, font voir que les quotiens s'éloignent de plus en plus de la vraie valeur.

Pour éclaircir ceci, il suffit de faire successivement $m = 2$, $m = 1$, $m = \frac{1}{2}$. La première supposition donne

$$\frac{m}{m-1} = 2 = 1 + \frac{1}{2} + \frac{1}{4} + \frac{1}{8} + \frac{1}{16} + \text{etc. ;}$$

et l'on a déjà vu (234) qu'en effet la série qui compose le second membre s'approchait de plus en plus de 2.

La seconde supposition conduit à

$$\frac{m}{m-1} = \frac{1}{0} = 1 + 1 + 1 + 1 + 1 + 1 + \text{etc.}$$

Ce résultat, $1 + 1 + 1 + 1 + 1$, etc. continué à l'infini, donne bien une quantité infinie, comme le demande la nature de l'expression $\frac{1}{0}$: cependant, si l'on ne tenait pas compte des restes dans cet exemple, on tomberait dans une absurdité ; car puisque le diviseur , multiplié par le quotient , doit reproduire le dividende , il faut que

$$1 = (1 + 1 + 1 + 1 + \ldots) \, 0 \,;$$

or le second membre s'anéantit rigoureusement : on aurait donc $1 = 0$.

La troisième supposition mène à des conséquences non moins absurdes , quand on néglige les restes , et qu'on regarde la série résultante comme exprimant la valeur de la fraction dont elle dérive. En faisant $m = \frac{1}{2}$, on trouve

$$\frac{m}{m-1} = -1 = 1 + 2 + 4 + 8 + 16 + \text{etc.} \,,$$

ce qui est bien évidemment faux.

Ces contradictions disparaissent en observant que , dans le second cas , les restes

$$1 , \frac{1}{m} , \frac{1}{m^2} , \frac{1}{m^3} , \text{etc.,}$$

sont tous égaux à 1 ; et que puisqu'ils ne diminuent pas, il n'est pas permis de les négliger , quelque loin que l'on pousse la série. En ajoutant donc l'un de ces restes au second membre de l'équation

$$1 = (1 + 1 + 1 + 1 + 1 + \ldots) \, 0 \,,$$

elle devient exacte. Dans le troisième cas, les restes

$$1 , \frac{1}{m} , \frac{1}{m^2} , \frac{1}{m^3} , \text{etc.;}$$

forment la progression croissante 1, 2, 4, 8, 16 , etc., et en ajoutant à chaque quotient la fraction qui résulte du reste qui l'accompagne , les expressions rigoureuses de $\frac{m}{m-1}$, sont :

$$1 + \frac{1}{m-1}$$

$$1 + \frac{1}{m} + \frac{1}{m(m-1)}$$

$$1 + \frac{1}{m} + \frac{1}{m^2} + \frac{1}{m^2(m-1)}$$

etc.

qui toutes s'accordent à donner — 1, lorsque $m = \frac{1}{2}$.

Si on prenait $m = -n$, la fraction $\frac{m}{m-1}$ deviendrait

$\frac{n}{n+1}$; la série qui exprime le développement de cette fraction se changerait en

$$1 - \frac{1}{n} + \frac{1}{n^2} - \frac{1}{n^3} + \text{etc.,}$$

et en y faisant $n = 1$, on aurait

$$1 - 1 + 1 - 1 + 1 - 1 + \text{etc.,}$$

développement qui devient tantôt 1 et tantôt 0, et qui s'écarte par conséquent, tantôt par excès, tantôt par défaut, de la vraie valeur de $\frac{n}{n+1}$, égale dans ce cas à $\frac{1}{2}$: mais la série ci-dessus, n'étant point convergente, ne peut donner cette vraie valeur; et il faut nécessairement tenir compte du reste, à quelque terme que l'on s'arrête.

Si on suppose dans la série précédente $n = 2$, on aura

$$1 - \frac{1}{2} + \frac{1}{4} - \frac{1}{8} + \frac{1}{16} - \text{etc.}$$

suite dont les sommes partielles 1, $\frac{1}{2}$, $\frac{1}{4}$, $\frac{1}{8}$, etc. sont alternativement plus petites et plus grandes que la vraie valeur de $\frac{n}{n+1}$, qui est $\frac{2}{3}$, mais dont elles approchent indéfiniment, parce que la série proposée est convergente.

Quoique les séries *divergentes*, c'est-à-dire celles dont les termes vont en augmentant, s'écartent sans cesse de la vraie valeur de l'expression dont elles dérivent, considérées néanmoins comme développemens de cés expressions, elles peuvent faire connaître celles de leurs propriétés qui ne dépendent point de leur sommation.

237. En poussant quelque division algébrique que ce soit, comme j'ai fait ci-dessus (235), à l'égard de *m* par *m* — 1, on parviendra toujours à exprimer le quotient par une suite infinie de termes *monomes*. Les extractions des racines, continuées de la même manière sur les restes successifs, dans le cas des puissances imparfaites, conduiront aussi à des suites infinies; mais ces suites s'obtiendront plus facilement par la formule du *binome*, ainsi que je le ferai voir dans le *Complément*, où je traiterai des suites les plus connues.

Théorie des quantités exponentielles et des logarithmes.

238. Dans toutes les questions résolues jusqu'ici, les inconnues n'entraient pour rien dans les exposans; mais il n'en serait pas de même si on voulait déterminer le nombre des termes d'une progression par quotiens, dont le premier terme, le dernier et la raison seraient donnés. En effet, on aurait pour cela l'équation

$$l = a\,q^{n-1} \quad (231),$$

dans laquelle l'inconnue serait *n*; et en faisant, pour abréger, $n-1=x$, il viendrait $l = a\,q^x$. Les méthodes directes exposées précédemment ne sauraient résoudre cette équation; et les quantités telles que *x* ne peuvent être représentées par aucun des signes dont j'ai déjà fait usage. Pour répandre plus de lumière sur ce sujet, je rappellerai, d'après Euler, la liaison qui existe entre les diverses opérations de l'Algèbre, et comment chacune d'elles donne naissance à une nouvelle espèce de quantités.

239. Soient a et b deux quantités qu'on se propose d'ajouter ensemble; on a

$$a + b = c;$$

et si, de cette équation, on veut tirer a ou b, on trouve

$$a = c - b, \quad b = c - a:$$

voilà, comme on voit, l'origine de la soustraction; et quand cette dernière opération ne peut s'effectuer dans l'ordre où elle est indiquée, le résultat devient négatif. L'addition répétée d'une même quantité engendre la multiplication: a désignant le multiplicateur, b le multiplicande, et c le produit, on a

$$a b = c,$$

d'où on tire

$$a = \frac{c}{b}, \quad b = \frac{c}{a};$$

et de là naissent la division et les fractions qui en sont la suite, lorsqu'elle ne peut s'effectuer sans reste. La multiplication répétée d'une quantité par elle-même, produit les puissances de cette quantité; en exprimant par b le nombre de fois que a est facteur dans la puissance que l'on considère, on a

$$a^b = c.$$

Cette équation diffère essentiellement des précédentes, en ce que les quantités a et b n'y entrent pas toutes deux de la même manière, d'où il suit qu'on ne peut pas résoudre l'équation par rapport à l'une comme par rapport à l'autre. Si c'est a qu'on cherche, une simple extraction de racine suffit pour le trouver, et cette opération donne lieu à une nouvelle espèce de quantités, savoir : les irrationnelles; mais la détermination de b dépend de méthodes particulières que je ferai connaître lorsque j'aurai exposé les principales propriétés de l'équation $a^b = c$.

240. Il est facile de voir qu'en conservant la même valeur pour la lettre a, que je supposerai au-dessus de l'unité, et variant convenablement celle de b, on pourra obtenir pour c tous les nombres possibles. En effet, en faisant $b = o$, on a $c = 1$; puis lorsque b croîtra, les valeurs correspondantes de c surpasseront de plus en plus l'unité, et pourront augmenter autant qu'on voudra. Le contraire aura lieu si on prend b négatif; l'équation $a^b = c$ se changeant en $a^{-b} = c$; ou $\frac{1}{a^b} = c$, les valeurs de c iront sans cesse en diminuant, et pourront devenir aussi petites qu'on voudra. On peut donc de la même équation tirer tous les nombres positifs possibles, soit entiers, soit fractionnaires, dans le cas où a surpasse l'unité. Il en serait de même, si on avait $a < 1$: seulement, les valeurs de c marcheraient en sens inverse du cas précédent; mais en supposant $a = 1$, on trouverait toujours $c = 1$, quelque valeur qu'on donnât à b : on doit donc, dans tout ce qui va suivre, regarder a, comme différant essentiellement de l'unité.

Pour mieux désigner que a ne change point, et que les deux autres quantités b et c sont indéterminées, je les représenterai par les lettres x et y, et j'aurai l'équation $a^x = y$, dans laquelle à chaque valeur de y répond une valeur de x, ensorte que l'une de ces quantités est déterminée par l'autre, et réciproquement.

241. Cette génération des nombres par le moyen des

puissances d'une même quantité, est très-intéressante,
non-seulement par rapport à l'Algèbre, mais encore par
le secours qu'elle fournit pour abréger les calculs numériques. En effet, si on considère un autre nombre y',
et que l'on désigne par x' la valeur correspondante de x,
on aura $a^{x'}=y'$, et par conséquent si on multiplie y
par y', il viendra

$$y y' = a^x \times a^{x'} = a^{x+x'} ;$$

si on divise, on trouvera

$$\frac{y'}{y} = \frac{a^{x'}}{a^x} = a^{x'-x} ;$$

enfin, si on prend la puissance m de y et la racine n^{eme},
on aura

$$y^m = (a^x)^m = a^{mx}$$

pour l'une, et

$$y^{\frac{1}{n}} = (a^x)^{\frac{1}{n}} = a^{\frac{x}{n}}$$

pour l'autre.

Il suit des deux premiers résultats, que connaissant les
exposans x et x' relatifs aux nombres y et y', on trouvera, en prenant leur somme, l'exposant qui répond au
produit $y y'$, et en prenant leur différence, celui qui
répond au quotient $\frac{y'}{y}$. Les deux dernières équations
font voir que l'exposant relatif à la puissance m^{eme} de y
s'obtient par une simple multiplication, et celui qui répond à la racine n^{eme}, par une simple division.

Il est facile de conclure de là, que si on avait une table
dans laquelle, à côté de chacun des nombres y, se trouvas-
sent les valeurs correspondantes de x, ensorte qu'étant
donné y, on pût avoir x, et réciproquement, la *multiplication de deux nombres quelconques se réduirait à une
simple addition*; parce qu'au lieu d'opérer sur ces

nombres, on ajouterait les valeurs de x qui s'y rapportent, et cherchant ensuite dans la table le nombre auquel répond cette somme, on aurait aussi le produit demandé. Le quotient des nombres proposés se trouverait dans la même table, vis-à-vis de la différence des valeurs de x qui leur correspondent, et *la division s'effectuerait alors par une soustraction.*

Ces deux exemples font assez entrevoir l'utilité dont peuvent être des tables semblables à celle dont on vient de parler; aussi l'usage en est-il bien répandu depuis Neper, qui les imagina le premier. Les valeurs de x y sont désignées sous le nom de *logarithmes*, et par conséquent *les logarithmes sont les exposans des puissances auxquelles il faut élever un nombre invariable, pour en déduire successivement tous les nombres possibles.*

Le nombre invariable se nomme base de la table ou du système de logarithmes.

Dans la suite, je représenterai le logarithme de y, par $l\,y$; on aura $x = l\,y$, et à cause de $y = a^x$, il viendra $y = a^{l y}$.

242. Les propriétés des logarithmes étant indépendantes des valeurs particulières du nombre a ou de leur base, il s'ensuit qu'on peut former une infinité de tables différentes, en donnant à ce nombre toutes les valeurs possibles autres que l'unité. Prenant pour exemple $a = 10$, on aura $y = (10)^{ly}$, et on trouvera sur-le-champ que les nombres

1; 10, 100, 1000, 10000, 100000, etc.

qui sont tous des puissances de 10, ont pour logarithmes dans cette hypothèse, les nombres

0, 1, 2; 3, 4, 5, etc.

On peut déjà vérifier sur cette suite les propriétés que j'ai énoncées dans le numéro précédent : en ajoutant les logarithmes de 10 et de 1000, qui sont 1 et 3, on voit que leur somme 4 correspond au-dessous de 10000, qui est le produit des nombres proposés.

243. Les logarithmes des nombres intermédiaires entre 1 et 10, 10 et 100, 100 et 1000, etc., ne peuvent s'obtenir que par approximation. S'il s'agissait, par exemple, d'avoir le logarithme de 2, il faudrait résoudre l'équation $(10)^x = 2$; en y appliquant la méthode donnée n° 221, et trouver d'abord le nombre entier le plus approchant de la valeur de x. On voit bientôt que x est entre 0 et 1, puisque $(10)^0 = 1$, $(10)^1 = 10$; on fera donc $x = \dfrac{1}{z}$, et il viendra $(10)^{\frac{1}{z}} = 2$, ou $10 = 2^z$; or z se trouve entre 3 et 4 : on supposera donc $z = 3 + \dfrac{1}{z'}$, et il en résultera

$$10 = 2^{3 + \frac{1}{z'}} = 2^3 \times 2^{\frac{1}{z'}} = 8 \times 2^{\frac{1}{z'}},$$

ou

$$2^{\frac{1}{z'}} = \frac{10}{8} = \frac{5}{4},$$

ou enfin

$$2 = (\tfrac{5}{4})^{z'}.$$

La valeur de z' tombant entre 3 et 4, on fera

$$z' = 3 + \frac{1}{z''};$$

on aura

$$2 = (\tfrac{5}{4})^{3 + \frac{1}{z''}} = (\tfrac{5}{4})^3 \cdot (\tfrac{5}{4})^{\frac{1}{z''}},$$

d'où on tirera

$$(\tfrac{5}{4})^{\frac{1}{z''}} = 2 (\tfrac{4}{5})^3 = \tfrac{128}{125}, \text{ ou } (\tfrac{128}{125})^{z''} = \tfrac{5}{4};$$

et après un petit nombre d'essais, on trouvera que z'' est entre 9 et 10. On pourra pousser plus loin de la même manière;

manière; mais comme je n'ai indiqué ce procédé que pour montrer la possibilité de trouver les logarithmes de tous les nombres, je me bornerai à supposer $z'' = 9$, et en remontant, on obtiendra

$$z' = \tfrac{28}{9}; \quad z = \tfrac{93}{28}, \quad x = \tfrac{28}{93}.$$

Cette valeur de x, réduite en décimales, est exacte jusqu'au quatrième chiffre, car elle donne

$$x = 0,30107;$$

et des calculs portés à un plus haut degré de rigueur, ont appris qu'en poussant jusqu'à 7 décimales, on aurait

$$x = 0,3010300.$$

Pour interpréter cette valeur de x comme celle d'un exposant, il faut concevoir que si on élève le nombre 10 à la puissance marquée par le nombre 3010300, et qu'on extraye du résultat une racine du degré 10000000, on aura un nombre très-approchant de 2; c'est-à-dire, que $(10)^{\frac{3010300}{10000000}} = 2$, à fort peu près : le premier membre est un peu plus grand que 2; mais le nombre $(10)^{\frac{3010299}{10000000}}$ serait plus petit (*).

(*) La méthode indiquée dans ce numéro ne serait pas praticable pour des nombres un peu grands; mais en voici une autre donnée par Long, géomètre anglais, dans les Trans. philosophiques, pour l'année 1724, n° 339, qui peut être très-utile.

La détermination de x dans l'équation $(10)^x = y$ étant très-laborieuse, on peut procéder dans un ordre inverse, se donner x pour obtenir y; et former une table des valeurs de y correspondantes à celles de x; qui servira ensuite, comme on va le voir, à déterminer x par y.

On prend d'abord pour x des valeurs depuis 0,1 jusqu'à 0,9; et tout se réduit à déterminer la valeur de y, qui répond à $x = 0,1$, ou qui est $(10)^{\frac{1}{10}}$, parce que les autres valeurs de y, savoir:

Elémens d'Algèbre. Y

244. En multipliant successivement par 2, 3, 4, etc., le logarithme de 2, on obtient ceux des nombres 4, 8, 16, etc. qui sont les 2e, 3e, 4e, etc., puissances de 2.

En ajoutant au logarithme de 2 les logarithmes de 10, de 100, de 1000, etc., on en déduit ceux de 20, de 200, de 2000, etc. et il est évident qu'il suffit d'avoir les logarithmes des nombres premiers pour trouver les logarithmes de tous les nombres composés, qui ne peuvent être que des puissances ou des produits de nombres premiers. Le nombre 210, par exemple, étant égal à

$$2 \times 3 \times 5 \times 7,$$

son logarithme sera égal à

$$l2 + l3 + l5 + l7,$$

et à cause que $5 = \frac{10}{2}$, on aura

$$l5 = l10 - l2.$$

$(10)^{\frac{2}{16}}$, $(10)^{\frac{3}{16}}$, etc., sont les 2e, 3e, etc., puissances de la première.

L'extraction de la racine quarrée fait d'abord connaître

$$(10)^{\frac{1}{2}} \text{ ou } (10)^{\frac{8}{16}} = 3,162\,277\,660;$$

puis en extrayant la racine cinquième de ce résultat, on parvient à

$$(10)^{\frac{1}{16}} = 1,258925412.$$

Par un procédé semblable, on tirera de

$$(10)^{\frac{1}{16}} = 1,258925412$$

la valeur de

$$\sqrt{(10)^{\frac{1}{16}}} = (10)^{\frac{1}{32}} = (10)^{\frac{5}{160}} = 1,122018454;$$

puis prenant la racine cinquième, on formera

$$(10)^{\frac{1}{160}} = 1,023292992;$$

et remontant aux puissances 2e, 3e, ... 9e, on obtiendra les valeurs de y, correspondantes à celles de x, depuis 0,01 jusqu'à 0,09.

On conçoit facilement que de cette manière on formera encore les valeurs de y pour celles de x, depuis 0,001 jusqu'à 0,009, depuis

245. Les logarithmes, qui sont toujours exprimés en décimales, sont nécessairement composés de deux parties, savoir; des unités, placées à la gauche de la

0,0001 jusqu'à 0,0009, et qu'on pourra composer la table ci-dessous.

Log.	Nombres Natur.	Log.	Nombres Natur.
0,9	7,943282347	0,00009	1,000207254
8	6,309573445	8	1,000184224
7	5,011872336	7	1,000161194
6	3,981071706	6	1,000138165
5	3,162277660	5	1,000115136
4	2,511886432	4	1,000092106
3	1,995262315	3	1,000069080
2	1,584893193	2	1,000046053
1	1,258925412	1	1,000023026
0,09	1,230268771	0,000009	1,000020724
8	1,202264435	8	1,000018421
7	1,174897555	7	1,000016118
6	1,148153621	6	1,000013816
5	1,122018454	5	1,000011513
4	1,096478196	4	1,000009210
3	1,071519305	3	1,000006908
2	1,047128548	2	1,000004605
1	1,023292992	1	1,000002302
0,009	1,020939484	0,0000009	1,000002072
8	1,018591388	8	1,000001842
7	1,016248694	7	1,000001611
6	1,013911386	6	1,000001381
5	1,011579454	5	1,000001151
4	1,009252886	4	1,000000921
3	1,006931669	3	1,000000690
2	1,004615594	2	1,000000460
1	1,002305238	1	1,000000230
0,0009	1,002074475	0,00000009	1,000000207
8	1,001843766	8	1,000000184
7	1,001613109	7	1,000000161
6	1,001382506	6	1,000000138
5	1,001151956	5	1,000000115
4	1,000921459	4	1,000000092
3	1,000691015	3	1,000000069
2	1,000460623	2	1,000000046
1	1,000230285	1	1,000000023

virgule, et des chiffres décimaux qui se trouvent à la droite. La première porte le nom de *caractéristique*, parce que dans les logarithmes que je considère pour le moment, qui résultent de la supposition de $a = 10$,

---

Par le moyen de cette table, on trouvera le logarithme d'un nombre quelconque, en le divisant par 10, un nombre de fois suffisant. Pour obtenir, par exemple, celui de 2549, on divisera ce nombre d'abord par (10)³ ou 1000, qui est la plus grande puissance de 10 qu'il puisse contenir, et on aura

$$2549 = (10)^3 \times 2,549;$$

puis on cherchera dans la table la puissance de 10, immédiatement au-dessous de 2,549, on trouvera

$$(10)^{0,4} = 2,5118864 32,$$

et divisant 2,549 par ce dernier nombre, il viendra

$$2,549 = (10)^{0,4} \times 1,014775177.$$

Cherchant encore dans la table la puissance de 10, immédiatement au-dessous de 1,014775177, on trouvera

$$(10)^{0,006} = 1,013911386;$$

puis divisant par ce nombre le quotient précédent 1,014775177, on aura un 3ᵉ quotient .1,000851742.

On continuera d'opérer ainsi jusqu'à ce qu'on soit parvenu à un quotient qui ne diffère de l'unité que dans l'ordre de décimales qu'on se propose de négliger.

En regardant ici le troisième comme égal à l'unité, le nombre proposé sera décomposé en facteurs, qui seront des puissances de 10. car on aura

$$2549 = (10)^3 \times (10)^{0,4} \ (10)^{0,006} = (10)^{3,406};$$

d'où on voit que 3,406 est le logarithme du nombre 2549. En poussant les divisions jusqu'au nombre de 7, on trouvera que ce logarithme est 3,406369.

La même table sert encore plus facilement à trouver un nombre par son logarithme; en voici un exemple :

Soit 2,547 le logarithme donné, le nombre cherché sera

$$(10)^{2,547} = (10)^2 \times (10)^{0,5} \times (10)^{0,04} \times (10)^{0,007};$$

il sera donc égal au produit des nombres.

et qu'on appelle *logarithmes ordinaires*, cette partie fait connaître dans quel ordre d'unités tombe le nombre dont on a le logarithme. Tous les logarithmes des nombres compris entre 1 et 10, tombant entre 0 et 1, ont nécessairement 0 pour caractéristique; tous ceux des nombres compris entre 10 et 100, ont 1; tous ceux des nombres compris entre 100 et 1000, ont 2: en général, la caractéristique d'un logarithme a autant d'unités que le nombre proposé a de chiffres moins un.

246. Une remarque non moins importante, c'est que les logarithmes des nombres qui sont décuples, les uns des autres, ont la même partie décimale : par exemple,

$$
\begin{array}{ll}
54360 \text{ a pour log.} & 4,7352794 , \\
5436 & 3,7352794 , \\
543,6 & 2,7352794 , \\
54,36 & 1,7352794 , \\
5,436 & 0,7352794 ;
\end{array}
$$

car chacun de ces nombres étant le quotient de celui qui le précède, divisé par 10, le logarithme de l'un s'obtient en ôtant une unité à la caractéristique de l'autre (241 , 242).

247. D'après ce qui a été dit n° 240, les logarithmes

$$
\begin{array}{ll}
(10)^2 & = 100. \\
(10)^{0,5} & = 3,162277660. \\
(10)^{0,04} & = 1,096478196. \\
(10)^{0,007} & = 1,016248694
\end{array}
$$

pris dans la table citée; et on aura par conséquent

$$2,547 = l, 352,357.$$

M. Dodson a publié en Angleterre, sous le titre d'*anti-logarithmie-canon*, une table de même espèce que celle-ci, mais beaucoup plus étendue, et dont l'objet est de faire trouver à quel nombre répond un logarithme donné.

des nombres fractionnaires sont négatifs dans l'hypothèse
actuelle ; et on les déduit facilement de ceux des nombres entiers ; en observant qu'une fraction représente le
quotient de la division du numérateur par le dénominateur. Quand le numérateur est moindre que le dénominateur, son logarithme est aussi plus petit que celui du
dénominateur, et par conséquent, en retranchant le
dernier du premier, on a un reste négatif.

Pour obtenir le logarithme de la fraction $\frac{1}{2}$, par
exemple, on retranchera de 0, qui exprime le logarithme
de 1, la fraction 0,3010300, qui représente celui de 2,
et il viendra

$$— 0,3010300.$$

En retranchant de 0 le nombre 1,3010300, qui est le
logarithme de 20, on aura le logarithme de $\frac{1}{20}$, égal à

$$— 1,3010300 ;$$

le logarithme de 3 étant 0,4771213, celui de $\frac{2}{3}$ sera

$$0,3010300 — 0,4771213 = — 0,1760913.$$

248. Par la manière dont on les obtient, les logarithmes des fractions, abstraction faite de leur
signe, appartiennent (241) au quotient de la division
du dénominateur par le numérateur, et répondent
par conséquent au nombre par lequel il faudrait diviser l'unité pour obtenir la fraction proposée. En effet, $\frac{2}{3}$, par exemple, peut être mis sous la forme

$$\frac{1}{\frac{3}{2}} \quad \text{et} \quad l\,1\tfrac{1}{2} = l3 — l2 = 0,1760913.$$

Il serait peu commode, pour trouver la valeur de la
fraction à laquelle appartient un logarithme négatif donné, de chercher le nombre auquel il répond lorsqu'il est
positif, puisqu'il faudrait effectuer la division de l'u-
nité par ce nombre ; mais si on retranche ce loga-

rithme de 1, 2, 3, etc. unités, le reste appartiendra
au nombre qui exprime la fraction cherchée, lorsqu'on
la convertit en décimales, puisque cette soustraction
répond à la division des nombres 10, 100, 1000, etc.
par le nombre du logarithme proposé.

Soit pour exemple, — 0,3010300; si, en n'ayant
point égard à son signe, on ôte ce logarithme de 1,
ou 1,0000000, le reste 0,6989700 répondant à 5 montre
que la fraction cherchée est égale à 0,5, puisqu'on a
supposé l'unité composée de 10 parties.

Si, lorsqu'on cherche le logarithme d'une fraction, on conçoit tout de suite l'unité formée de
10, ou 100, ou 1000, ou etc. parties, ou, ce qui
revient au même, si on augmente la caractéristique
du logarithme du numérateur d'un nombre d'unités
suffisant pour qu'on puisse faire la soustraction de
celui du dénominateur, on aura de cette manière un
logarithme positif, qui pourra s'employer au lieu de
celui qu'on a indiqué plus haut.

Afin de mettre de l'uniformité dans les calculs, on
augmente le plus souvent de 10 unités la caractéristique du logarithme du numérateur. Relativement à
la fraction $\frac{3}{2}$, par exemple, on a

$$10,3010300 - 0,4771213 = 9,8239087.$$

Il est facile de voir que ce logarithme surpasse de
10 unités le logarithme négatif — 0,1760913, et que
par conséquent chaque fois qu'on l'ajoutera à d'autres,
on introduira 10 unités de trop dans le résultat;
mais la soustraction de ces 10 unités ne doit pas
compter pour une opération, et lorsqu'elle sera effectuée, on aura effectué en même temps celle de 0,1760913.
En effet, soit N le nombre auquel on ajoute le logarithme positif 9,8239087, le résultat de l'opération
sera représenté par

Y 4

$$N + 10 - 0,1760913;$$

et si on en retranche 10, on aura seulement

$$N - 0,1760913.$$

D'après ce qui précède, on change la soustraction, en addition, en employant, au lieu du nombre à sous-traire, son *complément arithmétique*, c'est-à-dire ce. qui reste lorsqu'on retranche ce nombre de l'un des nombres. 10, 100, 1000, etc., résultat qui s'obtient en ôtant de 10 les unités simples du nombre pro-posé, et toutes les autres de 9 cela fait, on ajoute ce complément au nombre dont il faudrait soustraire le proposé, et on retranche de la somme une unité de l'ordre sur lequel on a pris le complément.

Il est évident que si le complément est répété plu-sieurs fois, il faudra retrancher, après l'addition, au-tant d'unités de l'ordre sur lequel le complément a été pris, qu'il y en a dans son multiplicateur ; et par la même raison, si on emploie plusieurs complémens, il sera nécessaire de retrancher pour chacun l'unité sur laquelle il a été pris, ou autant d'unités qu'il y a de complémens, si tous sont pris sur une même unité.

Quelquefois cette soustraction ne peut s'effectuer ; le résultat est alors le Complément Arithmétique du logarithme d'une fraction, et il répond dans les tables à l'expression de cette fraction convertie en décimales. Quand il reste encore 10 unités à ôter de la caractéris-tique, ce qui est le cas le plus ordinaire, c'est comme si on avait multiplié par 10000000000 le numérateur de la frac-tion cherchée pour en effectuer la division par le dénomi-nateur ; la caractéristique du logarithme du quotient fait connaître quel est l'ordre le plus élevé des unités que renferme ce quotient, par rapport à celles du dividende. Dans 9,8239087, la caractéristique 9 montre que le

quotient doit avoir un chiffre de moins que le nombre
par lequel on a multiplié l'unité, et par conséquent si,
pour ramener le quotient à sa vraie valeur, on sépare
10 chiffres décimaux, son premier chiffre significatif vers
la gauche sera des dixièmes ; on ne trouverait que des
centièmes, des millièmes, etc. pour les nombres dont les
complémens arithmétiques auraient les caractéristiques
8, 7, etc.

249. Ce qu'on vient de lire sur le *système* de logarithmes
dans lequel $a = 10$, renferme les principes généraux nécessaires pour l'intelligence des tables, qui sont presque
toutes précédées d'une instruction relative à leur dispo-
sition particulière et à la manière de s'en servir, et à
laquelle je renvoie les lecteurs. Je leur indiquerai
cependant les tables de Callet (édition stéréotype),
et celles de Borda, comme étant très-étendues et très-
commodes.

250. Quand on a le logarithme d'un nombre y,
pour une valeur particulière de a, ou pour une base
particulière, il est facile d'obtenir le logarithme du
même nombre dans tout autre système. En effet, si on a
$a^x = y$, pour une autre base A, on aura $A^X = y$, X étant
différent de x ; on tirera de là $A^X = a^x$. En prenant les
logarithmes relativement au système dont la base est a,
il viendra

$$ l\, A^X = l\, a^x; $$

or $l\, a^x = x$ par l'hypothèse, et $l\, A^X = X\, l\, A$ (241) :
donc $X\, l\, A = x$, ou $X = \dfrac{x}{l\, A}$; mais en considérant A
comme base, X sera le logarithme de y, dans le système
relatif à cette base : si donc on désigne ce dernier par Ly,
pour le distinguer de l'autre, on aura

$$ Ly = \frac{l\, y}{l\, A}, $$

et *on trouvera le logarithme de y dans le second sys-*
tème, en divisant son logarithme pris dans le premier
par le logarithme de la base du second système.

L'équation précédente donne aussi $\dfrac{\mathrm{l}\,y}{\mathrm{L}\,y} = \mathrm{l}\,A$; ce qui
fait voir que, quel que soit le nombre y, il existe
entre les logarithmes $\mathrm{l}\,y$ et $\mathrm{L}\,y$, un rapport invariable
représenté par $\mathrm{l}\,A$.

251. Dans quelque système que ce soit, le logarithme
de 1 est toujours 0, puisque, quel que soit a, on a toujours $a^0 = 1$. Les logarithmes étant susceptibles de s'ac-
croître indéfiniment, on dit qu'ils deviennent infinis en
même temps que les nombres ; et comme lorsque y est un

nombre fractionnaire, on a $y = \dfrac{1}{a^x} = a^{-x}$, on voit que

plus y diminue, plus x doit augmenter négativement
mais que cependant on ne peut jamais assigner pour x
un nombre qui rende y exactement nul. Tel est le sens
dans lequel il faut entendre que *le logarithme de zéro*
est égal à l'infini négatif, ainsi qu'on le trouve dans
beaucoup de tables.

252. Je vais donner maintenant quelques exemples de
l'usage qu'on peut faire des logarithmes dans l'évalua-
tion numérique des formules. Il suit du numéro 241 et
de la définition des logarithmes, qui donne l'équation
$a^{\mathrm{l}\,y} = y$, que

$$\mathrm{l}\,(A\,B) = \mathrm{l}\,A + \mathrm{l}\,B, \quad \mathrm{l}\left(\frac{A}{B}\right) = \mathrm{l}\,A - \mathrm{l}\,B;$$

$$\mathrm{l}\,A^m = m\,\mathrm{l}\,A, \quad \mathrm{l}\,A^{\frac{1}{n}} = \frac{1}{n}\,\mathrm{l}\,A.$$

En appliquant ces règles à la formule

$$\frac{A^2\,\sqrt{B^2 - C^2}}{C\,\sqrt[5]{D^3\,E\,F}},$$

qui est assez compliquée, on trouvera

$$l(A^2 \sqrt{B^2 - C^2}) = l[A^2 \sqrt{(B+C)(B-C)}] =$$
$$2 l A + \tfrac{1}{2} l(B+C) + \tfrac{1}{2} l(B-C),$$

$$l(C\sqrt{D^3 E F}) = l C + \tfrac{1}{7} l D + \tfrac{1}{6} l E + \tfrac{1}{6} l F,$$

et par conséquent

$$l\left(\frac{A^2 \sqrt{B^2 - C^2}}{C \sqrt{D^3 E F}}\right) =$$

$$2 l A + \tfrac{1}{2} l(B+C) + \tfrac{1}{2} l(B-C) - l C - \tfrac{1}{7} l D - \tfrac{1}{6} l E - \tfrac{1}{6} l F.$$

Si on prenait les complémens arithmétiques de $l\,C, \tfrac{1}{7} l\,D,$ $\tfrac{1}{6} l\,E, \tfrac{1}{6}\,l'F$, et qu'on les désignât par C', D', E', F', au lieu du résultat précédent, on aurait

$$2 l A + \tfrac{1}{2} l(B+C) + \tfrac{1}{2} l(B-C) + C' + D' + E' + F',$$

en observant d'ôter de la somme autant d'unités de l'ordre sur lequel on a pris les complémens, qu'il y a de ces complémens, c'est-à-dire, 4. Lorsqu'on sera parvenu au logarithme de la formule proposée, les tables feront connaître le nombre auquel appartient ce logarithme, et qui est la valeur cherchée.

253. L'usage le plus fréquent des logarithmes est celui qu'on en fait pour trouver le quatrième terme d'une proportion. Il est visible que si $a : b :: c : d$, on aura

$$d = \frac{bc}{a}, \qquad \text{d'où} \qquad l d = l b + l c - l a;$$

c'est-à-dire, que *le logarithme du quatrième terme cherché est égal à la somme des logarithmes des deux moyens diminuée du logarithme de l'extrême connu, ou bien à la somme des logarithmes des moyens plus au complément arithmétique du logarithme de l'extrême connu.*

254. Si l'on prend les logarithmes de chaque membre

de l'équation $\dfrac{b}{a} = \dfrac{d}{c}$, qui exprime le caractère de la proportion, on aura

$$l\,b - l\,a = l\,d - l\,c \ (252);$$

d'où il résulte que les quatre logarithmes.

$$l\,a . l\,b : l\,c . l\,d$$

forment une équidifférence (223).

La suite d'équations

$$\frac{b}{a} = \frac{c}{b} = \frac{d}{c} = \frac{e}{d} \text{ etc. (231)}$$

conduit de même à

$$l\,b - l\,a = l\,c - l\,b = l\,d - l\,c = l\,e - l\,d, \text{ etc.}$$

et on en conclut qu'à la progression par quotiens

$$\div a : b : c : d : e, \text{ etc.,}$$

correspond la progression par différences

$$\div l\,a . l\,b . l\,c . l\,d . l\,e, \text{ etc.}$$

et que par conséquent *les logarithmes des nombres en progression par quotiens, sont en progression par diffé-rences.*

255. Si on avait l'équation $b^z = c$, on la résoudrait facilement au moyen des logarithmes; car $l\,b^z$ étant égal à $z\,l\,b$, on aurait $z\,l\,b = l\,c$, et par conséquent $z = \dfrac{l\,c}{l\,b}$.

L'équation $b^{c^z} = d$ se traiterait de la même manière; en faisant d'abord $c^z = u$, il viendrait

$$b^u = d, \quad u\,l\,b = l\,d, \quad u = \frac{l\,d}{l\,b}, \quad \text{ou} \quad c^z = \frac{l\,d}{l\,b}.$$

prenant de nouveau les logarithmes, on trouverait

$$z\, \mathrm{l}\, c = \mathrm{l}\!\left(\frac{\mathrm{l}\, d}{\mathrm{l}\, b}\right) = \mathrm{ll}\, d - \mathrm{ll}\, b \quad \text{et} \quad z = \frac{\mathrm{ll}\, d - \mathrm{ll}\, b}{\mathrm{l}\, c}.$$

Dans cette dernière expression, $\mathrm{ll}\,b$ désigne le logarithme du logarithme de b, et s'obtient en considérant ce logarithme comme un nombre. Les quantités b^z, b^{c^z}, et toutes celles qui en dérivent, se nomment *exponentielles*.

Questions relatives à l'intérêt de l'argent.

256. La théorie des progressions par quotiens et celle des logarithmes, trouvent leur application dans les spéculations relatives à l'intérêt de l'argent. Pour entendre ce que je vais dire sur ce sujet, il faut savoir que les avantages que procure une somme d'argent à celui qui la fait valoir, c'est-à-dire qui l'emploie, soit aux échanges du commerce, soit à faire exécuter des travaux productifs, sont d'autant plus grands, qu'il peut renouveler plus de fois ces échanges, ou multiplier ces travaux. Il suit de là qu'un homme qui emprunte une somme d'argent pour la faire valoir, doit, en rendant cette somme au bout d'un certain temps, y joindre une rétribution pour dédommager le prêteur des avantages qu'elle lui eût procurés s'il l'avait employée lui-même. Telle est l'idée qu'on doit se faire de l'intérêt de l'argent. Pour le déterminer, on compare toutes les sommes à celle de 100 fr. prise pour unité, et on convient de ce que doit rapporter cette dernière au bout d'un temps donné, d'une année, par exemple. Ce n'est pas ici le lieu d'exposer les considérations qui, dans chaque genre de spéculations, font hausser et baisser l'intérêt de l'argent; elles ne peuvent entrer que dans des élémens d'arithmétique politique et commerciale, qui doivent être précédés de ceux du calcul des probabilités; et mon objet, dans ce qui suit, n'est que de résoudre quelques-uns des problèmes qu'offrent les progressions par quotiens.

Je supposerai, en général, que l'on soit convenu de donner au bout d'un an, pour la somme 1, un intérêt désigné par r, r étant une fraction; il est évident que l'intérêt d'une somme 100, pendant le même temps, sera 100 r, que celui d'une somme quelconque a, sera exprimé par ar; et si on désigne ce dernier par α, on aura

$$\alpha = ar.$$

Par cette relation, il est facile de trouver l'intérêt pour une somme quelconque, lorsqu'on a celui que donne 100 fr. ou même toute autre somme pendant un temps connu; cette question s'appelle *calcul d'interêt simple.*

257. Mais si le prêteur, au lieu de retirer chaque année l'intérêt du capital qu'il a avancé, le laisse entre les mains de l'emprunteur, pour le faire valoir conjointement avec la somme primitive, pendant l'année suivante, au bout de cette année le capital aura acquis une valeur qu'on trouvera ainsi : le capital primitif étant a, augmenté de l'intérêt ar, il deviendra, au bout de la première année,

$$a + ar = a(1 + r).$$

Si maintenant on fait

$$a(1 + r) = a',$$

l'intérêt de la somme a' pour un an étant $a'r$, celui de la somme $a(1 + r)$, sera, pour une seconde année, $ar(1 + r)$; et de même qu'au bout de la première année, le capital a, augmenté de l'intérêt qu'il devait rapporter, est devenu $a(1 + r)$, le capital a' deviendra, à la fin de la seconde année,

$$a'(1 + r) = a(1 + r)^2 = a''.$$

Si le prêteur ne retire point encore le capital a'' à la fin de cette année, et qu'il le laisse pendant une troissième année ; au bout de celle-ci, il lui sera dû, d'après ce qui précède,

$$a'' (1+r) = a (1+r)^3 = a'''.$$

On voit sans peine qu'après la quatrième année, a''' serait changé en

$$a''' (1+r) = a (1+r)^4,$$

et ainsi de suite ; et que par conséquent la somme prêtée d'abord et les sommes à rendre à la fin de la première, de la seconde, de la troisième, de la quatrième, etc., année, forment cette progression par quotiens :

$$\div a : a(1+r) : a(1+r)^2 : a(1+r)^3 : a(1+r)^4 : \text{etc.},$$

dont le quotient est $1+r$, et le terme général

$$a (1+r)^n = A,$$

le nombre n marquant celui des années écoulées depuis l'instant du prêt.

Soit, par exemple, le taux d'intérêt à 5 pour 100, c'est-à-dire que pour 100 francs prêtés pendant un an, on doit rendre 105 francs : on a donc

$$100\,r = 5, \quad \text{ou} \quad r = \tfrac{5}{100} = \tfrac{1}{20}, \quad \text{et} \quad 1+r = \tfrac{21}{20}.$$

Si l'on voulait savoir ce que devient la somme a, abandonnée, ainsi qu'on vient de le dire, pendant 25 années, on aurait alors

$$n = 25, \quad \text{et} \quad a \left(\frac{21}{20}\right)^{25}$$

au lieu de la somme primitive. La 25e puissance de $\tfrac{21}{20}$, s'évalue promptement par le moyen des logarithmes, puisqu'on a (252)

$$l \left(\frac{21}{20}\right)^{25} = 25\,l\tfrac{21}{20} = 25 \,(l\,21 - l\,20) = 0,5297322,$$

ce qui donne

$$\left(\frac{21}{20}\right)^{25} = 3,386 \quad \text{environ}, \quad A = 3,386 \, a \, ;$$

et on voit par-là que 1000 francs prêtés de cette manière vaudraient 3386 francs au bout de 25 années, en y comprenant les intérêts, etc.

Si le placement durait 100 ans, on trouverait

$$A = a \left(\frac{21}{20}\right)^{100} = 131 \, a$$

environ ; ainsi 1000 francs produiraient, après cet espace de temps, une somme de 131000 francs environ. Ces exemples montrent avec quelle rapidité les fonds s'augmentent par l'accumulation des intérêts composés.

258. L'équation

$$A = a \, (1 + r)^n$$

donne lieu à quatre questions : la première, connaissant a, r et n, trouver A, se présente toutes les fois qu'on cherche ce que devient le capital après un nombre n d'années ; je viens d'en donner un exemple.

La seconde, connaissant a, A et n, trouver r, conduit au taux d'intérêt par le moyen de la somme primitive, de celle qui a été remboursée, et du temps qu'a duré le placement ; on a dans ce cas

$$1 + r = \sqrt[n]{\frac{A}{a}}.$$

La troisième, connaissant A, r et n, trouver a, et dans laquelle il vient

$$a = \frac{A}{(1 + r)^n},$$

a pour objet de déterminer le capital qu'il faut placer
pour

pour avoir droit, après un nombre n d'années, à une somme A.

La quatrième, connaissant A, a et r, trouver n, ne peut se résoudre que par les logarithmes (238, 252). En prenant celui de chaque membre de l'équation proposée, il vient

$$1A = 1a + n1.(1+r),$$

d'où

$$n = \frac{1A - 1a}{1(1+r)}.$$

Par cette dernière, on trouve dans combien d'années le capital a doit avoir produit une somme A.

Pour en donner un exemple, je suppose qu'on demande le temps qu'il faut pour que la somme primitive soit doublée, le taux de l'intérêt étant toujours à 5 p. $\frac{0}{0}$; on aura

$$A = 2a, \quad 1A = 1a + 12,$$

et par conséquent

$$n = \frac{1\,2}{1\frac{21}{20}} = \frac{1\,2}{1\,21 - 1\,20} = \frac{0,3010300}{0,0211893} = 14,21.$$

environ.

259. La question suivante est une des plus compliquées qu'on propose ordinairement sur ce sujet. On suppose que le prêteur place chaque année une nouvelle somme qu'il joint au capital de cette année, et cela pendant un nombre n d'années ; on demande quel ést, au bout de la dernière, le montant de toutes ces sommes accumulées avec leurs intérêts composés. Soient a, b, c, d, ... k, les sommes placées, la première, la seconde, la troisième, la quatrième, etc., année; la somme a demeurant entre les mains de l'emprunteur pendant un nombre n d'années, deviendra

Elémens d'Algèbre.   Z

$$a\,(1+r)^n;$$

la somme b, qui n'y reste que $n-1$ années, se changera en

$$b\,(1+r)^{n-1},$$

la somme c, prêtée pendant $n-2$ années seulement, deviendra

$$c\,(1+r)^{n-2},$$

et ainsi des autres; enfin la dernière, k, qui n'est employée que pendant un an, ne donne que

$$k\,(1+r) :$$

on aura donc

$$A = a(1+r)^n + b(1+r)^{n-1} + c(1+r)^{n-2} \ldots + k(1+r);$$

En calculant chaque terme du second membre séparément, on aura la valeur de A.

L'opération se simplifie beaucoup lorsque

$$a = b = c = d \ldots = k,$$

car dans ce cas on a

$$A = a(1+r)^n + a(1+r)^{n-1} + a(1+r)^{n-2} \ldots + a(1+r);$$

le second membre de cette équation forme une progression par quotiens, dont le premier terme est $a\,(1+r)$, le dernier $a\,(1+r)^n$, et le quotient $1+r$, et dont la somme est par conséquent

$$\frac{a\,(1+r)^{n+1} - a\,(1+r)}{r} \quad (232) :$$

on aura donc alors

$$A = \frac{a(1+r)\,[(1+r)^n - 1]}{r}.$$

Cette équation présente aussi quatre questions correspondantes à celles que j'ai énoncées sur l'équation

$$A = a\,(1+r)^n.$$

260. Les placemens qu'on nomme *annuités* sont inverses du précédent : c'est l'emprunteur qui s'acquitte d'un capital avec ses intérêts, en divers paiemens faits à des termes également éloignés. Les paiemens effectués par l'emprunteur avant la fin du remboursement, peuvent être considérés comme des avances faites au préteur sur ce remboursement, et dont la valeur dépend du temps qui s'écoule entre l'une de ces époques et l'autre. Ainsi, en désignant chaque paiement par a, le premier paiement qui a lieu $n - 1$ années avant l'expiration du dernier terme, rapporté à cette époque, vaut nécessairement $a(1+r)^{n-1}$; le second, rapporté à la même époque, ne vaut que $a(1+r)^{n-2}$; le troisième, $a(1+r)^{n-3}$, et ainsi des autres jusqu'au dernier, qui n'a que la valeur a. Mais d'un autre côté, la somme prêtée étant représentée par A, vaudra entre les mains de l'emprunteur, après n années, un capital $A(1+r)^n$, qui devra être égal à toutes les avances réunies que le prêteur a reçues de lui, on aura donc

$$A(1+r)^n = a(1+r)^{n-1} + a(1+r)^{n-2} + a(1+r)^{n-3} \ldots + a,$$

ou, en calculant la somme de la progression que forme le second membre,

$$A(1+r)^n = \frac{a[(1+r)^n - 1]}{r} ;$$

équation dans laquelle on peut prendre alternativement pour inconnue la quantité A, que j'appellerai le *prix* de l'annuité, parce que c'est la somme qu'elle représente, la quantité a, qui est la *quotité* de l'annuité, la quantité r, qui est le taux de l'intérêt, et enfin la quantité n, qui exprime la durée de l'annuité. Pour trouver cette dernière, il faut nécessairement recourir aux logarithmes ; on dégage d'abord $(1+r)^n$, ce qui donne

$$(1+r)^n = \frac{a}{a - Ar},$$

Z 2

et en prenant les logarithmes, il vient

$$n l (1+r) = l a - l(a - A r),$$

d'où

$$n = \frac{l a - l(a - A r)}{l(1+r)}.$$

261. Pour montrer l'usage des formules ci-dessus, je les appliquerai à la question suivante :

Trouver quelle somme il faut donner annuellement pour éteindre en 12 ans, une dette de 100 francs avec ses intérêts pendant ce temps, l'intérêt annuel étant à 5 p. %.

Dans cet exemple, on connaît les quantités

$$A = 100, \quad n = 12, \quad r = \frac{1}{20},$$

et on demande l'annuité a; l'équation

$$A (1+r)^n = \frac{a\left[(1+r)^n - 1\right]}{r},$$

étant résolue par rapport à la lettre a, donne

$$a = \frac{A r (1+r)^n}{(1+r)^n - 1}.$$

Il faut mettre dans cette expression les valeurs des lettres A, r et n, et pour plus de facilité, calculer d'abord, au moyen des logarithmes, la quantité $(1+r)^n$, qui revient à $(\frac{21}{20})^{12}$, et on trouvera

$$(\tfrac{21}{20})^{12} = 1,79586.$$

Au moyen de cette valeur, il viendra

$$a = \frac{100 \cdot \frac{1}{20} \cdot 1,79586}{1,79586 - 1} = \frac{5 \cdot 1,79586}{0,79586};$$

en évaluant la dernière expression, soit immédiatement, soit par les logarithmes, on trouvera

$$a = 11,2826.$$

il faudra donc une annuité de 11^{fr}, 28 pour éteindre en 12 ans le capital 100, le taux annuel d'intérêt étant à 5 pour %.

262. De plus grands détails sur ces questions pas-seraient les bornes que je me suis prescrites; j'observerai seulement que, pour comparer la valeur de plusieurs sommes, par rapport à celui qui doit les payer ou les re-cevoir, il faut les réduire à la même époque, c'est-à-dire, chercher ce qu'elles donneraient de capital à une même époque. Un banquier, par exemple, doit une somme a payable dans n années; pour s'acquitter, il donne un effet dont la valeur est représentée par b, et doit se payer dans p années; en rapportant la première somme au moment où il effectue son opération, elle ne vaut que $\frac{a}{(1+r)^n}$, parce qu'elle doit être considérée comme la valeur primitive d'un capital devenu a, après n années; la somme b ne vaut, par la même raison, à cette époque, que $\frac{b}{(1+r)^p}$: la différence

$$\frac{a}{(1+r)^n} - \frac{b}{(1+r)^p}$$

marquera donc, suivant qu'elle sera positive ou né-gative, ce que doit donner ou recevoir le banquier en retour de son échange; et si ce retour ne pouvait se payer que dans un nombre q d'années, en désignant par c sa valeur au moment de l'opération, il deviendrait

$$c(1+r)^q;$$

ensorte qu'il serait équivalent à

$$\left(\frac{a}{(1+r)^n} - \frac{b}{(1+r)^p}\right)(1+r)^q = a(1+r)^{q-n} - b(1+r)^{q-p}.$$

Les sommes a ; b . . . . . k, dans le nº 259 , ont toutes été réduites à l'époque où devait se payer la somme A , et dans le numéro 260 , chacun des paiemens, ainsi que la somme A , a été rapporté à l'époque où devait se terminer l'annuité.

F I N.